MARKO HANECKE

Nachhaltig drucken

Gestaltung umweltgerechter Druckprojekte

ANREGUNGEN

EMPFEHLUNGEN

INSPIRATIONEN

verlag hermann schmidt

Inhalt

9 Vorwort

12 Was dieses Buch nicht leistet

14 KAPITEL 1
Nachhaltigkeit. Worüber reden wir hier eigentlich?

16 Nachhaltigkeit als Handlungsprinzip und moralische Leitplanke?

17 Der Nachhaltigkeitsbegriff: Geschichte, Gegenwart und Zukunft
19 Das Drei-Säulen-Modell als Fundament nachhaltigen Handelns?
23 Drei Strategien für mehr Nachhaltigkeit (Öko-Effizienz, Öko-Effektivität und Suffizienz)
28 Denken Sie ganzheitlich: Nachhaltige Druckprojekte sind mehr als nur umweltschonend!

31 Hat Nachhaltigkeit ein Gewicht?

35 CO_2-Emissionen von Druckprodukten

41 Ordnen wir uns ein! Über die ökologische Relevanz von Druckprodukten

42 Emissionen von Druckprodukten und anderer Konsumgüter
45 Wie viel Wald steckt im Papier?

52 Zielkonflikte bei der Planung und Durchführung nachhaltiger Druckprojekte

56 Zusammenfassung

58 KAPITEL 2
Der Anfang ist die Hälfte des Ganzen: Nachhaltigkeit in der Konzeptionsphase

61 **Mit Menschlichkeit und vorausschauendem Handeln zu mehr Nachhaltigkeit**

61 Wertschätzende Arbeit und stabile Beziehungen
63 Stress und Zeitnot: Gegenspieler der Nachhaltigkeit
66 Qualitätssicherung zur Minimierung ökologischer, sozialer und finanzieller Folgen
71 Der Fauxpas als Chance: Mit einer offenen Fehlerkultur zu mehr Nachhaltigkeit

74 **Weniger ist mehr: So sparen Sie Kosten und Ressourcen durch Relevanz**

74 Die inhaltliche Relevanz Ihes nachhaltig gedachten Druckprojekts
81 Wie Sie mit Print-on-Demand Überproduktionen und Lagerkosten vermeiden
83 Wie Sie Druckauflagen passgenau ermitteln
86 Datengold oder Datenmüll? Adressqualität im ökonomischen und ökologischen Kontext
90 Kleckern, nicht Klotzen: Hinterfragen und verbessern Sie die Distributionspolitik Ihrer Kund:innen
91 Opulent oder puristisch? Grafikdesign, Platzbedarf und Papierverbrauch
94 Wie Sie mit A/B-Tests die Lust auf Veränderungen anregen und erfolgreichere Druckprodukte in die Welt bringen

98 **Zusammenfassung**

100 KAPITEL 3
Mit Brief und Siegel: Umweltkennzeichen

103 Alles geregelt? Was sind Umweltkennzeichen?

106 Der (auf-)richtige Umgang mit unregulierten Auszeichnungen und Behauptungen
111 Fallstricke beim Einsatz regulierter Umweltkennzeichen

113 Warum möchten Ihre Kund:innen Umweltzeichen einsetzen?

118 Ein Topf für jeden Deckel? Öko-Siegel mit der Umweltzeichen-Matrix auswählen

119 Umweltzeichen im Detail

120 Cradle to Cradle (C2C)
125 Blauer Engel für Druckerzeugnisse (RAL UZ 195)
128 EU Ecolabel
130 Forest Stewardship Council (FSC)
134 Programme for the Endorsement of Forest Certification Schemes (PEFC)
137 Klimaneutrales Drucken
140 Veganes Drucken

144 Zusammenfassung

146 KAPITEL 4
Das Produktdesign im Spannungsfeld von Ökologie, Ökonomie und sensorische Ästhetik

149 Warum die Wirkung zählt: Kreativität und relative Nachhaltigkeit

155 Nachhaltigkeits-Codes und kollektive Denkmuster

157 So reduzieren Sie Komplexität bei der Ideenfindung: Now-, Wow-, How- und Ciao-Produkte

159 Ist Papier ein nachhaltiges Naturprodukt?

160 Auf Dauer? Forstwirtschaft
163 Fasergewinnung aus Frischholz und Altpapier
168 Gelb, grau oder schneeweiß? Die Faserbleiche
170 Die Papierproduktion: Ressourcenbedarf und Papierzusammensetzung
173 Ist Papier nun nachhaltig? Ihre Perspektive entscheidet!

174 Die Qual der Wahl: Eine Hilfestellung beim Aufspüren geeigneter Bedruckstoffe

175 Federleicht oder bleischwer? Papiergrammaturen
177 Tragen Sie dick auf! Papiervolumen
179 Frischfaser- und/oder Recyclingpapier?
183 Freunde des Waldes? Baumfreie Papiere
191 Die Storyteller unter den Bedruckstoffen: Effektpapiere
193 Besondere Bedruckstoffe: Von Acryl bis Zedernholz
198 Praktische Tipps für die Papierauswahl

199 Technische und ästhetische Designaspekte der nachhaltigen Druckproduktion

200 Papiergrenzen: Druck- und Endformate
204 Ermitteln Sie günstige Seitenumfänge
204 Druckveredelungen: Ökologischer Unsinn oder sensorischer Mehrwert?
214 Festes Bündnis oder lockere Affäre? Wie Sie die richtige Bindung für ein Projekt finden

216 Gut behütet oder schutzlos ausgeliefert? Produktschutz, Versand- und Transportverpackungen

223 Zusammenfassung

226 KAPITEL 5
Die nachhaltige Druckproduktion

228 Druckverfahren

229 Offsetdruck
235 Digitaldruck
239 Digital oder analog? Druckverfahren im Vergleich

241 Druckjobs synchronisieren: Vorteile des Sammeldrucks

244 Nachhaltigkeitsaspekte bei Ihrer Suche nach Druckereien

245 Ökobilanzierung und Umweltmanagementsysteme
250 Qualität
252 Unternehmenskultur und Gemeinwohl
254 Kundenberatung
254 Mitarbeitersensibilisierung

255 Wie Sie Druckereien anhand individueller Kriterien auswählen

259 Günstig, digital und ökologisch? Online-Druckereien

264 Lokal, regional, national oder global? Wie beeinflusst der Druckereistandort die Öko-Bilanz ihrer Druckjobs?

268 Zusammenfassung

270 Ausgeliefert: Zurückblicken und nach vorne schauen

274 ANHANG

276 Tabelle Umweltzeichen-Matrix
277 Tabelle Druckveredelungen
278 Tabelle Öko-Siegel für Papier / Tabelle Bindetechniken
280 Glossar
284 Literaturempfehlungen
285 Über den Autor
286 Impressum

Nachhaltigkeit entsteht durch die Kraft Ihrer Kreativität!

Sie lesen dieses Buch, weil Sie als kreativer Kopf gedruckte Werbe- und Verlagsprodukte realisieren. Sie arbeiten als Grafiker:in, Mediengestalter:in, Hersteller:in, Produktioner:in oder vielleicht als Kreativberater:in in einem Verlag oder einer Agentur. Ihre Kund:innen und Sie möchten, dass Druckprojekte möglichst nachhaltig gelingen. Bei dem Versuch, diesem lobenswerten Vorhaben gerecht zu werden, stellen Sie schnell fest: Es ist nicht unbedingt klar, was eine nachhaltige Drucksache ausmacht. Sind es ausschließlich ökologische Fragestellungen und betrifft es nur die Auswahl bestimmter Papiere, Öko-Labels und Druckbetriebe? Ist es wirklich so simpel und ist Ihr Job mit der Bestimmung der »richtigen« Produktionsmittel schon erledigt? Spielt Ihr größtes Kapital – Ihre Kreativität – dabei überhaupt keine Rolle?

Auf der Suche nach Antworten finden Sie viele Stimmen, die Ihnen mitteilen möchten, was Sie unternehmen oder unterlassen müssen, um nachhaltige Druckprodukte in die Welt zu bringen. Die Herausforderung? Alle Marktteilnehmer verfolgen ganz eigene, meist wirtschaftliche Interessen und das drückt sich deutlich in den eingenommenen Perspektiven und Lösungsansätzen aus. Nachhaltigkeit ist aber ein vielschichtiges, gelegentlich ambivalentes Ansinnen, das nicht so dogmatisch, eingleisig und fantasielos daherkommt, wie es Ihnen Interessensvertreter:innen glauben machen möchten. Trauen Sie weder den Öko-Aussagen von Kritiker:innen, die in Papierprodukten nur tote Bäume sehen und auch nicht denjenigen, die das Gedruckte verteidigen und als besonders nachhaltig propagieren. Die Darstellungen beider Lager sind selten ausgewogen und fast immer stark verkürzt.

Ich glaube: Wenn Sie Printmedien nachhaltig gestalten möchten, dann müssen Sie Ihre Kreativarbeit um Nachhaltigkeitsaspekte bereichern. Nachhaltig gestaltete Druckprojekte sind nämlich keineswegs eine Folge von Einschränkungen, Restriktionen und Patentrezepten, sondern vielmehr eine Erweiterung Ihres kreativen Spielfelds auf dem Sie sich austoben dürfen.

Dieses Werk ist für Sie, weil Sie eine Schnittstellenfunktion zwischen Kreation und Produktion einnehmen. Sie sitzen meist früh mit am Tisch, an dem oft wenig nachhaltige Entscheidungen getroffen werden. Eine nachhaltige Druckproduktion gelingt aber nur, wenn Sie den Nachhaltigkeitsgedanken schon in der frühen Konzeptionsphase und über das gesamte Projekt hinweg verankern. Ihre Kund:innen werden diesen ganzheitlichen Ansatz schätzen, denn Ökologie und Ökonomie sind Brüder und Schwestern im Geiste. Künftige Druckvorhaben gestalten Sie nachhaltig, weil sie gleichzeitig umweltschonend, kosteneffizient, sensorisch attraktiv und zielführend sind.

Ich navigiere Sie unbefangen und ohne moralischen Zeigefinger durch den Gesamtprozess nachhaltig gedachter Druckprojekte. Dabei entscheiden Sie selbst, welche Aspekte für Sie, Ihre Kund:innen und den jeweiligen Auftrag relevant, umsetzbar und sinnvoll sind.

Sie werden nicht mit allen in diesem Buch geschilderten Gedankengängen d'accord sein. Ich finde das völlig okay und gleichzeitig unbedingt begrüßenswert. Denn Nachhaltigkeit ist kein Zustand, sondern ein Prozess, der von vielen verschiedenen Standpunkten und Denkarten genährt wird. Daher möchte ich zum Diskurs mit Ihnen selbst und mit Ihren Kund:innen, Kolleg:innen und Dienstleister:innen anregen, denn durch Reibung entsteht Glanz.

Dieses Werk bereichert Ihre Kreativarbeit um frische und um bewährte Nachhaltigkeitsaspekte. Es regt zum Entdecken, Nachdenken, Hinterfragen, Abwägen und Tüfteln an. Und es zeigt konkrete, praxisgerechte Tipps, Maßnahmen und Empfehlungen auf. Lesen und Erleben Sie dieses Buch und gestalten Sie Ihre eigene zukunftsfähige Arbeitswelt, in der Sie morgen (noch mehr als heute) daran gemessen werden, wie Sie Ihre Kreativität in den Geist der Nachhaltigkeit stellen.

Auch wenn ich ein großer Print-Liebhaber bin, habe ich mich um größtmögliche Objektivität bemüht. Eigene Meinungen sind stets als solche gekennzeichnet. Meine Quellen entspringen gewissenhaft ausgewählten Büchern, Fachmagazinen, Webseiten und Gesprächspartnern. Freuen Sie sich auf viele weiterführende und erhellende Artikel, Checklisten, Übersichten, Audiobeiträge, Interviews und Videos, denen Sie direkt aus diesem Buch heraus per QR-Code folgen können. Hier und dort entdecken Sie vielleicht Ihnen unbekannte Fachwörter. Schlagen Sie deren Bedeutung einfach im Glossar ab Seite 280 nach.

In diesem Druckwerk finden Sie eine kleine und feine Auswahl an Papieren, die der Verlag und ich im ökologisch-ästhetischen Spannungsfeld für herausragend halten. Lassen Sie sich auch von allen anderen verwendeten Materialien, Druckverfahren und Druckveredelungen inspirieren.

Dieses Buch und seine Machart belegen: Nachhaltigkeit ein facettenreicher, kreativer und geistreicher Akt, der sich nicht in der Wahl eines Recyclingpapiers, eines Öko-Labels oder einer umweltfreundlichen Druckerei erschöpft.

Ich wünsche Ihnen viele neue Erkenntnisse bei dieser manchmal unkonventionellen Reise durch die Welt der nachhaltigen Druckproduktion. Bleiben Sie hellwach, spitzen Sie Ihre Sinne und denken Sie Druckjobs ganzheitlich. Viel nachhaltigen Erfolg bei Ihrem neuen Auftrag wünscht

Marko Hanecke

Pureprint Nature Ivory

MERKMALE Holzfreies Offsetpapier | **GRAMMATUREN** 80, 90, 100, 120, 160, 200, 250, 300 g/m² | **FÄRBUNGEN** Ivory, White, White Design | **ZERTIFIKATE** Cradle to Cradle silver, EU Ecolabel, FSC Mix | **FASERHERKUNFT** Frischfaser | **VOLUMEN** 1,28 | **OPTISCHE AUFHELLER** Nein | **BLEICHUNG** TCF | **DRUCKVERFAHREN** Offsetdruck, Digitaldruck und andere gängige Druckverfahren | **VEREDELUNGEN** Lacke, Prägungen uva. | **HÄNDLER** gugler* DruckSinn, Melk / Donau, Österreich | **OPAZITÄT** 91 % | **DIESES MUSTER** 120 g/m², bedruckt im Offsetdruck von gugler* DruckSinn, Melk/Donau

Was dieses Buch nicht leistet

Jedes Druckvorhaben, jeder Kunde und jede Kundin ist individuell und hat ganz eigene Anforderungen, Bedürfnisse und Perspektiven. Meine Ausführungen liefern kein Patentrezept und sie sind nur innerhalb der von mir festgelegten Systemgrenzen gültig. Bevor Sie mit der Lektüre beginnen, bitte ich Sie daher, zunächst zu verinnerlichen, was dieses Buch nicht leistet:

KAPITALISMUSKRITIK In diesem Werk finden Sie keine Kritik am Kapitalismus, grenzenlosen Konsum und der Idee des stetigen Wirtschaftswachstums. Auch wenn ich denke, dass diese Aspekte nicht unbedingt mit einer nachhaltigen Lebensweise vereinbar sind.

»GRÜNES« WIRTSCHAFTEN Den Grundgedanken der Bioökonomie reklamiere ich nicht. »Grüne« Innovationen sind wichtig und richtig, jedoch stellt die Bioökonomie die Idee des permanenten Wirtschaftswachstums nicht in Frage. Dem Konsumrausch weiter zu frönen und diesen lediglich auf umweltfreundlichere Alternativen umzustellen, ist meiner Meinung nach keine Lösung dringender ökologischer und sozialer Herausforderungen

WERBEKRITIK In diesem Buch finden Sie keine tiefere Auseinandersetzung mit Werbung im Kontext ökologischer Folgen. Sie dürfen sich aber durchaus die Frage stellen, ob Werbung, analog oder digital, überhaupt umweltverträglich sein kann, wenn sie doch zu mehr Konsum anstiften soll und für dieses Ansinnen riesige Mengen an Ressourcen benötigt. Auch die ethische und moralische Dimension von Werbung beleuchte ich nicht.

NATURVERBRAUCH Mit der Frage, ob es legitim ist, Naturgüter wie Bäume, Mineralien oder Erdöl, die für die Herstellung von Druckprodukten notwendig sind, zu verwenden, beschäftige ich mich nicht. Dieses Werk übt keine Kritik daran, dass wir die Natur als ökonomische Ressource verstehen, auch wenn das praktizierte Ausmaß sicherlich in vielerlei Hinsicht problematisch ist.

ABGRENZUNG Mehr als eine Nachhaltigkeitsberatung in Bezug auf Druckprojekte leistet dieses Buch nicht. Dennoch hoffe ich, dass einige Gedanken und Perspektiven auf andere Bereiche Ihres privaten und beruflichen Lebens wirken. Nachhaltig hergestellte Printmedien, was immer Sie und Ihre Kund:innen darunter verstehen möchten, macht Unternehmen noch lange nicht zukunftsfähig. Dazu gehört weitaus mehr.

VOLLSTÄNDIGKEIT Dieses Buch ist nicht vollständig – das kann es aufgrund der enormen Komplexität des Themas auch nicht sein. Ich konzentriere mich daher auf die in meinen Augen relevantesten Kriterien und zielführendsten Manöver einer nachhaltigen Druckproduktion. Der Fokus liegt auf Werbe- und Verlagsprodukten, die im Bogen-Offsetdruck und Bogen-Digitaldruck hergestellt werden. Viele der vorgestellten Maßnahmen, Empfehlungen und Vorschläge können Sie jedoch problemlos auf weitere Druckverfahren und Druckprodukte übertragen. Ich erhebe keinen Anspruch auf ultimatives Wissen. Technische Fortschritte, wissenschaftliche sowie gesellschaftliche Erkenntnisse und Übereinkünfte sind hoch dynamisch und in einem stetigen Wandel. Neben wenigen Wahrheiten auf dem Gebiet der Nachhaltigkeit existieren viele unterschiedliche Sichtweisen, Meinungen und Graustufen.

enviro harmony

MERKMALE Hochweiß, matt mit samtiger Oberfläche, »echtes« Recyclingpapier durch eigenes Deinking-Verfahren innerhalb der Papierfabrik | **GRAMMATUR** 100-340 g/m² | **ZERTIFIKATE** Blauer Engel, FSC Recycled, HP Indigo zertifiziert | **FASER-HERKUNFT** 100 % Altpapier | **VOLUMEN** 1,3 | **CIE-WEISSE** 130 | **BLEICHUNG** ECF | **DRUCKVERFAHREN** HP Indigo, Laser- und Trockentonersysteme geeignet | **VEREDELUNGEN** Für Lackierungen mit Öldruck- und Dispersionslack, für Heißfolienprägung sowie für Prägen und Stanzen geeignet. Eine Anwendung mit UV-Lack ist zu prüfen und kann unter Umständen ein Vorprimern erfordern. | **FABRIK** Koehler Paper, Greiz, Thüringen | **HÄNDLER** Inapa Deutschland, Hamburg | **OPAZITÄT** 90–99% | **DIESES MUSTER** 100 g/m², bedruckt im Risographiedruck von Herr & Frau Rio, München

Nachhaltigkeit. Worüber reden wir hier eigentlich?

Nachhaltigkeit ist ein undurchsichtiges, vielschichtiges und kontroverses Anliegen. Verstehen Sie diese kleine Einführung daher nicht als eine allgemeine, umfassende Abhandlung. Vielmehr geht es mir darum, ein paar spezifische Grundlagen zu schaffen, frische Perspektiven einzubringen und Gedrucktes im Nachhaltigkeitskontext zu verorten. Ich habe Aspekte zusammengetragen, die einen ganzheitlichen Blick auf das Anliegen einer nachhaltigen Druckproduktion schärfen, Orientierung geben und sensibilisieren. Dieser Einstieg bildet ein Fundament, das Ihnen dabei behilflich ist, die praxisgerechten Tipps, Empfehlungen und Vorschläge, die ich ab dem zweiten Kapitel vorstelle, besser zu durchdringen.

Nachhaltigkeit als Handlungsprinzip und moralische Leitplanke?

Woher stammt der jahrhundertealte Nachhaltigkeitsbegriff, was definierte er ursprünglich und wie wird er heute verstanden? Was hat es mit dem Drei-Säulen-Modell für nachhaltige Entwicklung auf sich und welche Strategien können Sie verfolgen, um die ökologische Qualität von Druckprojekten zu verbessern? Wie lässt sich ein ganzheitlicher Ansatz bei der Umsetzung möglichst nachhaltiger Druckvorhaben etablieren? Die Beantwortung dieser Fragen bildet den ersten theoretischen Unterbau für Ihr Anliegen, Gedrucktes zukunftsgerechter zu gestalten.

Der Nachhaltigkeitsbegriff: Geschichte, Gegenwart und Zukunft

Nachhaltigkeit ist ein allgegenwärtiger Begriff. Nahezu alle Werbeaussagen und Produkte versprechen oder suggerieren Umweltgerechtigkeit, Unbedenklichkeit und ein grünes Gewissen (das zu weiteren Käufen animieren soll). Den heute praktizierten Überkonsum hatte der Oberberghauptmann Hans Carl von Carlowitz (*24. 12. 1645; † 3. 3. 1714) allerdings nicht im Sinn, als er im 18. Jahrhundert die Idee der Nachhaltigkeit in die Welt brachte. Er bezog sich damit auf die Forstwirtschaft und wollte schlicht sicherstellen, dass nicht mehr Bäume gefällt werden als wieder nachwachsen können. Die Übernutzung der Wälder war bereits zu dieser Zeit ein Problem und Carlowitz sah den Silbererzbergbau, der auf Holz für den Grubenbau und Schmelzöfen angewiesen war, in seiner Existenz bedroht. Erst ab 1968 bekam die Nachhaltigkeitsidee durch Gründung des »Club of Rome«, eine Denkfabrik von Expert:innen verschiedener Disziplinen, neuen Auftrieb. »Die Grenzen des Wachstums«, ein Bericht, der von dieser gemeinnützigen Organisation 1972 veröffentlicht wurde, gilt als die Quelle des modernen Nachhaltigkeitsdiskurses.

LESENSWERT Mit »7 Thesen für einen gesellschaftlichen Wandel« versuchen Mitglieder der »Gesellschaft Club of Rome« einzuordnen, was es 50 Jahre nach »Die Grenzen des Wachstums« für einen gesellschaftlichen Wandel braucht.

In den frühen 90er Jahren durchschauten Forscher und Politiker, dass globale Nachhaltigkeit nur realisierbar ist, wenn neben ökologischen Faktoren auch ökonomische und soziale berücksichtigt werden. Aufbauend auf dieser These wurde 1992 während der ersten UN-Konferenz für Umwelt und Entwicklung ein Aktionsprogramm für eine weltweite nachhaltige Entwicklung beschlossen: Die Agenda 21. Seither ist das Nachhaltigkeitskonzept eine Richtschnur der Politik.

Hier geht es weiter mit dem Papier Pureprint Nature Ivory. Die Spezifikationen finden Sie auf Seite 11.

Nicht nur Ihre Kund:innen haben diese Ideen mittlerweile adaptiert und suchen Wege, um ihre unternehmerische Existenz mit entsprechenden Produkten und Dienstleistungen zukunftssicher zu gestalten. Denn klar ist: Nachhaltiges Handeln und nachhaltiger Konsum sind Ansprüche, die längst in der Zivilgesellschaft angekommen sind. Verbraucher:innen, Organisationen und Unternehmen bevorzugen umweltschonend hergestellte Konsumgüter oder meiden diejenigen, die als nicht oder weniger nachhaltig gelten. Dabei ist es durchaus eine Frage der Interpretation und Perspektive, wie Waren und Dienstleistungen beschaffen sein müssen, damit sie als nachhaltig eingestuft werden. Und wenn Sie einen Blick auf die alltäglichen Versuchungen werfen, dann entsteht ohnehin der Eindruck, dass längst alle Güter unbedenklich und zukunftsgerecht sind.

Aber lassen Sie sich nicht täuschen! Wie Sie wissen, steht die Menschheit vor großen ökologischen, ökonomischen und sozialen Herausforderungen, die nur global und gesamtgesellschaftlich gelöst werden können. Sie und Ihre Kund:innen werden mit Ihrem Ansinnen, die Welt mit nachhaltigen Drucksachen zu beglücken, diese nicht retten. Sie können aber einen klitzekleinen Beitrag leisten. Und der muss ganzheitlich und nicht ausschließlich ökologisch gedacht werden. Denn klar ist: Das Nachhaltigkeitsverständnis ist ambivalent und facettenreich. Menschen möchten sich nicht einschränken, sie möchten nicht verzichten oder gar asketisch leben. Sie möchten weitermachen wie bisher oder – paradoxerweise völlig losgelöst von ihrem finanziellen Status – ihre Lebensumstände verbessern. Ob das für die gesamte Weltbevölkerung gelingen kann, ohne das Leben auf diesem wunderschönen Planeten an seine Grenzen zu bringen, ist aber ohne Veränderungsprozesse unmöglich. Und um diese Veränderungsprozesse soll es in diesem Buch im Kontext einer ganzheitlich gedachten und damit nachhaltigen Druckproduktion gehen.

WISSENSWERT Synonym für Nachhaltigkeit werden häufig die Begriffe Enkelgerechtigkeit und Zukunftsfähigkeit verwendet.

DEFINITION Nachhaltigkeit zielt darauf ab, die Bedürfnisse der gegenwärtigen Generation zu befriedigen, ohne die Möglichkeiten der künftigen Generationen zu beschränken, deren Bedürfnisse zu befriedigen (UN, 1987).

HÖRENSWERT Dieser Radiobeitrag von Deutschlandfunk beleuchtet die alte Frage nach der moralischen Verantwortung von Unternehmen. 19 unbedingt empfehlenswerte Minuten, die Sie sich zum Einstieg in dieses Buch gönnen sollten.

Das Drei-Säulen-Modell als Fundament nachhaltigen Handelns?

Auch Sie verstehen Nachhaltigkeit vermutlich häufig im ursprünglichen Sinne, nämlich keinen Raubbau an den natürlichen Ressourcen unserer Erde zu praktizieren. So soll eine für alle Lebewesen zukunftsfähige und prosperierende Welt sichergestellt werden. Seit den 90er- Jahren hat sich eine Denkrichtung etabliert, die neben den ökologischen Faktoren auch ökonomische und soziale mit einschließt. Diese Sichtweise und der Begriff des Drei-Säulen-Modells sind Ihnen sicherlich vertraut. Das Modell geht von der Prämisse aus, dass eine nachhaltige Entwicklung nur realisierbar ist, wenn ökologische, ökonomische und soziale Aspekte gleichzeitig und gleichrangig berücksichtigt werden. Nur so könne die wirtschaftliche und soziale Leistungsfähigkeit der Weltbevölkerung verbessert und garantiert werden, ohne den Planeten über Gebühr auszubeuten.

Hier finden Sie einige allgemeine Beispiele zu den drei Säulen:

ÖKOLOGISCHE NACHHALTIGKEIT

Die ökologische Nachhaltigkeit zielt darauf ab, die negativen Auswirkungen menschlicher Aktivitäten auf die Umwelt zu stoppen oder sogar umzukehren.

BEISPIELE

- Nutzung erneuerbarer und nachwachsender Ressourcen
- Land- und Forstwirtschaft nach ökologischen Prinzipien
- Verringerung klimaschädlicher Emissionen

ÖKONOMISCHE NACHHALTIGKEIT

Ökonomische Nachhaltigkeit meint ein tragfähiges Wirtschaften, das nicht ausschließlich auf Profitmaximierung ausgelegt ist, sondern auch das Wohl von Menschen und Umwelt berücksichtigt.

BEISPIELE

- Reinvestieren von Gewinnen in zukunftsfähige Projekte
- Konzentration auf langfristige Gewinne anstatt kurzfristiger Profite
- Vermeidung von CO_2-Steuern durch Investitionen in moderne Technik

SOZIALE NACHHALTIGKEIT

Soziale Nachhaltigkeit bezieht sich auf die Förderung von sozialer Gerechtigkeit und Gleichheit aller Menschen.

BEISPIELE

- Mitarbeiterzentrierte Unternehmensführung
- Geschlechterneutrale Bezahlung
- Verringerung von Armut und Hunger

Dieses Modell ist eine Orientierungshilfe für nachhaltiges Handeln, aus dem sich konkrete Handlungsanweisungen ableiten lassen, ohne das es selbst solche vorgibt. Die drei Bereiche stehen in Wechselwirkung und manchmal in Konkurrenz zueinander. Dabei können und sollen ökologische oder soziale Verbesserungen auch wirtschaftliche Vorteile mit sich bringen. Und umgekehrt.

Das Drei-Säulen-Modell existiert mittlerweile in verschiedenen Abwandlungen, denn nicht immer können Sie die drei Faktoren gleichrangig berücksichtigen. So liegen Ihr Fokus und der Ihrer Auftraggeber:innen bei der Produktion von »nachhaltigen« Druckobjekten meist auf der ökologischen Verbesserung. Akteure anderer Tätigkeitsfelder gewichten vielleicht wirtschaftliche oder soziale Aspekte stärker. Es gibt Stimmen, die die Ökologie gegenüber anderen Faktoren priorisieren, weil sie eine intakte Umwelt als unabdingbare Voraussetzung für menschliches Handeln sehen.

Das Modell liefert folglich einen großen Interpretationsspielraum, was einen allgemeingültigen Einsatz im Kontext nachhaltiger Druckprojekte schwierig gestaltet.

Aber wie schon der Statistiker George Edward Pelham Box erkannte: »Ihrem Wesen nach sind alle Modelle falsch, aber einige sind nützlich«. Und so halte ich es auch mit diesem Modell. Sie finden die zugrunde liegenden Ideen bei der Vorstellung konkreter Maßnahmen und Empfehlungen an vielen Stellen dieses Buchs wieder.

Unter den entsprechenden Kapitelüberschriften finden Sie eine kleine Grafik, die Ihnen aufzeigt, ob und in welchem Maße das vorgestellte Manöver auf die Ökologie, Ökonomie und/oder auf das Soziale einzahlt:

EIN GRUSS AUS DER DRUCKEREI »Nachhaltiges Wirtschaften bedeutet für uns regeneratives Wirtschaften: Keinen weiteren Schaden anrichten, reicht nicht aus. Alle unternehmerischen Tätigkeiten müssen auf die Wiederherstellung unserer zerstörten Ökosysteme ausgerichtet sein. Wir arbeiten täglich daran, im Unternehmen wirkungsvolle Maßnahmen umzusetzen. Unsere gugler* SinnBildung begleitet übrigens auch andere Unternehmen beim Finden von regenerativen Maßnahmen.« Ernst Gugler.

WISSENSWERT Mit den 17 Zielen für nachhaltige Entwicklung verfolgen die Vereinten Nationen (UN) die Sicherstellung einer nachhaltigen Entwicklung auf der Basis von ökologischen, ökonomischen und sozialen Faktoren. Die insgesamt 169 Unterziele verdeutlichen die Weite des Spektrums, in dem sich Nachhaltigkeit anhand des Drei-Säulen-Modells herstellen lässt.

Da das Drei-Säulen-Modell etwas schwammig und unkonkret ist, möchte ich mit Ihnen noch einen Blick auf die Duden-Definition für den Nachhaltigkeitsbegriff wagen. Dort steht:

Nachhaltigkeit, die

1. längere Zeit anhaltende Wirkung.

2. a) forstwirtschaftliches Prinzip, nach dem nicht mehr Holz gefällt werden darf, als jeweils nachwachsen kann. Gebrauch: Forstwirtschaft

2. b) Prinzip, nach dem nicht mehr verbraucht werden darf, als jeweils nachwachsen, sich regenerieren, künftig wieder bereitgestellt werden kann. Gebrauch: Ökologie

Im weiteren Verlauf dieser Lektüre finden Sie diese drei Definitionen an vielen Stellen wieder. Während die Punkte 2a und 2b eindeutig ökologisch verortet sind, bezieht sich der erste Punkt auf die Dauer einer Wirkung. Und genau dieser Aspekt wird im Rahmen eines nachhaltig gedachten Druckprojekts oft vernachlässigt. Es geht meiner Meinung nach nämlich nicht nur um ökologische Fragestellungen, sondern auch darum, wie intensiv und wie lange eine Drucksache positiv wirkt. Bei Ihren Kund:innen und den Empfänger:innen des Druckprodukts. Lassen Sie diesen Gedanken schon einmal etwas sacken. Konkreter werde ich im vierten Kapitel.

Um Ihnen im Bereich der ökologischen Nachhaltigkeit etwas Orientierung zu geben, ist es hilfreich, die Nachhaltigkeitsstrategien Effizienz, Konsistenz und Suffizienz zu kennen. Das Schöne daran: Auch wenn es vielleicht nicht Ihre primäre Intention ist, können Sie die Wirtschaftlichkeit von Druckprojekten durch diese Strategien häufig optimieren. Sie und Ihre Kund:innen können also gleichzeitig Umwelt und Budget schonen. Das eingesparte Geld wiederum schafft möglicherweise Raum für attraktivere Druckprodukte. Die Empfehlungen und Tipps, die Sie in diesem Buch finden, beruhen fast alle auf den drei Nachhaltigkeitsstrategien. Sie sind übrigens universell und lassen sich leicht auf andere Lebensbereiche übertragen.

EFFIZIENZSTRATEGIE: PRODUKTION MIT MÖGLICHST WENIG RESSOURCEN

Bei der Effizienzstrategie, auch Öko-Effizienz genannt, geht es schlicht darum, aus weniger mehr zu machen. Sie können mit Hilfe der Effizienzstrategie den Naturverbrauch reduzieren und bestenfalls gleichzeitig die Herstellungskosten senken. Effizienzsteigerungen erreichen Sie mit technischen Innovationen und Verhaltensänderungen. Das Ziel: ein geringerer Energie- und Rohstoffeinsatz pro produzierter Einheit, beispielsweise pro Exemplar einer Drucksache.

BEISPIELE FÜR ÖKO-EFFIZIENZ:

- Sie setzten in Ihrem Büro energieeffiziente LED-Lampen anstatt Glühbirnen ein. Somit senken Sie den Stromverbrauch ohne Abstriche bei der Helligkeit.
- Sie reduzieren den ungünstigen Umfang einer Imagebroschüre um zwei Seiten und sparen so vier energieintensiv produzierte Aluminiumdruckplatten ein.

- Sie wählen für Ihre Kund:innen ein Papier mit einer niedrigen Grammatur aus. Sie verringern damit die Papiermenge, was die Umweltauswirkungen sowie die Papier- und Transportkosten minimiert.

KONSISTENZSTRATEGIE: STEIGERUNG DER NATURVERTRÄGLICHKEIT

Die Konsistenzstrategie, die auch Öko-Effektivität genannt wird, zielt auf eine naturverträgliche Produktion von beispielsweise Energie und Konsumgütern ab. Energiegewinnung aus Windkraft, Produkte auf der Basis nachwachsender Rohstoffe und die biologische Landwirtschaft sind klassische Beispiele. Die Schaffung einer weitestgehend geschlossenen Recyclingwirtschaft, die Abfall als kostbare Ressource für eine stetige Wiederverwertung versteht, ist ebenfalls ein Ziel dieser Strategie.

BEISPIELE FÜR ÖKO-EFFEKTIVITÄT:

- Sie beziehen für Ihr Büro Öko-Strom aus regenerativen Quellen.
- Sie überzeugen Ihre Auftraggeber:innen davon, Recyclingpapier anstatt Frischfaserpapier für eine Imagebroschüre zu verwenden.
- Für ein Druckprojekt setzten Sie auf ein Digitaldruckverfahren, das eine optimale Recyclingfähigkeit des Papiers garantiert.

WISSENSWERT Verfolgen Sie die Konsistenzstrategie, indem Sie dafür sorgen, dass Druckprodukte recycelbar sind. Wie das gelingt, erfahren Sie in Kapitel vier und fünf.

Das Papierrecycling ist ein Paradebeispiel einer fortgeschrittenen Kreislaufwirtschaft und Konsistenzstrategie. Verstehen Sie den Begriff »Recycling« bitte als einen Oberbegriff, den Sie in eine Qualitätshierarchie einordnen können.

UPCYCLING Altpapier wird so veredelt, das es eine höhere Qualitätsanmutung aufweist als das Ursprungsmaterial. Dieser Königsweg kommt in der Papierindustrie nur selten vor und die Einteilung kann durchaus subjektiv sein. Das durchgefärbte Recyclingpapier auf Seite 281 ist ein schönes Upcycling-Beispiel.

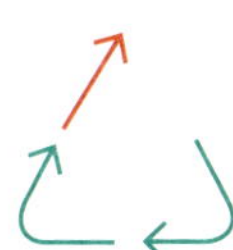

RECYCLING Beim Papierrecycling wird beispielsweise ein grafisches Frischfaserpapier wieder zu einem (nahezu) gleichwertigen grafischen Recyclingpapier. Viele Papiere, die Sie in diesem Buch finden, sind Recyclingpapiere und wunderbare Beispiele dafür, wie hochwertig sie anmuten können.

DOWNCYCLING Ein hochwertiges weißes Frischfaserpapier wird im Papierrecycling zusammen mit anderen Recyclingpapieren beispielsweise zu brauner Wellpappe oder Toilettenpapier. Der Grundstoff ist hochwertiger als das daraus gewonnene Material. Downcycling kommt beim Papierrecycling zwangsläufig häufig vor. Mehr über das Papierrecycling finden Sie ab Seite 163.

KLARGESTELLT Alle gegenwärtigen Recyclingkreisläufe, wie auch der von Papier, kommen nicht ohne Stoff- und Energieverluste aus. Die perfekte Konsistenz bleibt daher (vermutlich) ein unerreichbarer Idealzustand. Recycling ist auch kein Freifahrtschein für Verschwendung und schlecht konzipierte Drucksachen. Die Vermeidung unnötiger und wenig zielführender Printmedien ist das oberste Ziel nachhaltig konzipierter Projekte und Kampagnen. »So wenig wie möglich und so viel wie nötig« ist ein guter Leitgedanke bei der Konzeption von Druckvorhaben.

HÖRENSWERT Mit Hilfe der Bioökonomie (eine Konsistenzstrategie) sollen problematische Rohstoffe durch regenerative Ressourcen ersetzt werden, die uns die Natur liefert. Die Konsummuster der westlichen Welt werden dabei nicht in Frage gestellt. Also das Gleiche in Grün? Der Deutschlandfunk beleuchtet in diesem hörenswerten Beitrag, warum die Bioökonomie ihr Versprechen vermutlich nicht einlösen wird.

SUFFIZIENZSTRATEGIE: WENIGER PRODUZIEREN UND KONSUMIEREN

Genau wie die Öko-Effizienz zielt die Suffizienz auf einen möglichst geringen Ressourceneinsatz ab. Der Begriff stammt von dem lateinischen Wort »sufficere« und bedeutet »ausreichen« oder »genügen«. Suffizienz setzt auf eine Änderung des Lebensstils und nicht auf technische Maßnahmen. Im Kern geht es um Selbstbegrenzung, das rechte Maß und das Ändern von Konsummustern. Dabei fordert sie keine asketische Lebensweise, sondern stellt vielmehr die Frage, wie und was wir konsumieren können, um ein gutes Leben für alle zu ermöglichen. Nicht nur im Bereich der Druckproduktion könnte die Antwort darauf lauten: »Qualität statt Quantität« oder »Weniger ist mehr«. Ein Blick auf den Papierverbrauch, der Hygienepapiere, Verpackungs- und Versandverpackungen mit einschließt, untermauert diesen Gedanken: Während im europäischen Durchschnitt pro Kopf und Jahr etwa 180 Kilogramm und in den USA 219 Kilogramm gebraucht werden, sind es in China circa 74 Kilogramm und in Indien 13 Kilogramm. Ein globaler Papierkonsum auf dem westlichen Niveau ist zum Wohle der Wälder schlicht nicht wünschenswert.

Die Suffizienzstrategie strebt eine hohe Lebensqualität ohne materiellen Reichtum an und ist daher vielen Akteuren in Zivilgesellschaft, Wirtschaft und Politik suspekt. Aber Effizienz und Konsistenz, die auf technischen Fortschritt und grünes Wachstum setzen, werden vermutlich nicht ausreichen, um eine weltweite Enkelgerechtigkeit herzustellen: Würde die gesamte Weltbevölkerung ähnlich leben wie wir in Deutschland, dann würde der globale Konsum die Ressourcen von drei Erden verbrauchen.

LESENSWERT Der »Bund für Umwelt und Naturschutz Deutschland e.V.« (BUND) hat in diesem empfehlenswerten Artikel viele mögliche Fragen und Antworten zum Thema Suffizienz aufgelistet.

BEISPIELE FÜR SUFFIZIENZ:

- Sie arbeiten in einem Coworking-Space, anstatt ein eigenes Büro zu unterhalten.
- Ihre Kund:innen reduzieren durch eine Adressoptimierung die Druckauflage einer Einladungskarte und investieren die Kosteneinsparungen in Ihre Kreativität, mit der Sie eine sehr hochwertige Umsetzung realisieren.
- Sie gestalten ein Buch so attraktiv und langlebig, dass einzelne Exemplare lange aufgehoben, rumgereicht und von mehreren Personen gelesen werden.

Suffizienz ist nicht immer sauber von Effizienz abzugrenzen. Darüber, ob beispielsweise werbliche Printmedien, die den Konsum ankurbeln sollen, überhaupt im Bereich der Suffizienz einordbar sind, lässt sich streiten. Die Empfehlungen, Vorschläge und Maßnahmen, die Sie in diesem Buch finden, können Sie der Suffizienz zuordnen, wenn aus ihnen ein »Weniger ist mehr« und/oder ein »Qualität statt Quantität« hervorgeht. Und die sozialen Faktoren? Die bleiben bei den drei Nachhaltigkeitsstrategien unberücksichtigt und wirken bestenfalls indirekt.

WISSENSWERT Dieses Buch wollte ich unbedingt zusammen mit dem Verlag Hermann Schmidt in die Welt bringen. Als ein Unternehmen, das sich auf wenige hochwertige Veröffentlichungen pro Jahr konzentriert und klein bleiben möchte, obwohl es das sicherlich nicht müsste, ist dieser Verlag in meinen Augen ein Idealbild für Suffizienz und Nachhaltigkeit. »Qualität statt Quantität« ist hier keine Worthülse, sondern eine gelebte Realität, die sich in allen Veröffentlichungen widerspiegelt.

Denken Sie ganzheitlich: Nachhaltige Druckprojekte sind mehr als nur umweltschonend!

Wie Sie bereits erkannt haben, beinhaltet die Idee der Nachhaltigkeit eine große Definitionsvielfalt, ist unscharf und manchmal doppeldeutig. Daher kann es im Spannungsfeld zwischen Kommerz und ethischer Verantwortung kein Patentrezept geben. Hinzu kommt: Nachhaltigkeit ist auch eine Frage der persönlichen Perspektive, Deutung und Interpretation. Bevor Sie weiterlesen, ist es daher aufschlussreich, kurz darüber zu sinnieren, was Sie privat unter diesem allgegenwärtigen Begriff verstehen und wie Sie diesen in Ihrer Berufswelt verorten. Gönnen Sie sich ein paar Sekunden für diese Reflexion.

Ein Buchverlag, ein landwirtschaftlicher Betrieb, eine Druckerei oder ein global agierender Pharmahersteller verstehen unter Nachhaltigkeit etwas völlig anderes als ein alleinstehender, kinderloser Mann, der in einem Supermarkt seinen Wocheneinkauf erledigt oder als eine Designerin, die ein Theaterprogramm gestaltet. In der Druckbranche wird der Nachhaltigkeitsbegriff überwiegend genutzt, um die ökologische Qualität von Druckprodukten zu vermitteln. Dafür stehen verschiedene Möglichkeiten zur Verfügung.

HIER DREI BEISPIELE:

- Recyclingpapiere und Papiere aus nachhaltiger Forstwirtschaft
- Produktauszeichnung mit Umweltkennzeichen, beispielsweise Blauer Engel oder FSC
- klimaneutrale Produktion

Trifft mindestens ein Charakteristikum auf ein Druckobjekt zu, dann wird es gerne als nachhaltig und umweltgerecht deklariert. Dieses Prozedere ist jedoch nicht ganzheitlich angelegt. Es klammert mitunter große Nachhaltigkeitspotenziale aus, die in der Praxis oft unbedacht bleiben.

Hier ein bewusst überspitztes Beispiel: In einem Modekatalog für Freizeitkleidung aus Bio-Baumwolle sind viele der abgebildeten Produkte für spezifische Adressaten und Adressatinnen irrelevant. So interessiert sich beispielsweise der männliche Single nicht für Frauenmode. Kinderlose Paare wiederum haben keinen Bedarf an Kinderkleidung. Die Papiergrammatur ist unnötig hoch, der Verteilerkreis zu groß und die Kundenadressen veraltet: Sieben Prozent der Kataloge gehen als unzustellbar an den Versender zurück. 400 Kilometer liegen zwischen Druckerei und Lettershop. Die Auflage wurde unpräzise geplant: 20 Prozent landet ungenutzt im Müll. Der sensorisch unterentwickelte Standardkatalog findet kaum Beachtung und wandert bei den meisten Adressat:innen ungelesen in der Tonne. Der durch diese Maßnahme erwartete Abverkauf liegt weit unter den Erwartungen. Der Katalog wurde klimaneutral gedruckt, FSC-zertifiziert und mit dem Blauen Engel für Druckerzeugnisse ausgezeichnet.

Sie erkennen sofort: Das ökologische und ökonomische Potenzial wurde trotz des Engagements nicht im Ansatz ausgeschöpft. In der Praxis fehlt der ganzheitliche Blick auf ein Druckprojekt. Die in der frühen Phase eines Vorhabens angestellten Überlegungen und getroffenen Entscheidungen beeinflussen den Grad der Nachhaltigkeit maßgeblich. Der Fokus auf Umweltsiegel und wenige Produkt- und Produktionsparameter greift deutlich zu kurz.

Neben ökologischen Faktoren zeichnet meiner Meinung nach ein nachhaltiges Druckprodukt auch aus, wie lange es von den Kund:innen Ihrer Auftraggeber:innen wahrgenommen und genutzt wird. Denn wenn Printmedien keine positive Aufmerksamkeit erfahren, Werbung ungesehen im Abfall landet oder Bücher und Magazine keine Leserschaft finden, dann sind sie losgelöst von ihrer ökologischen Qualität nicht nachhaltig.

Gleiches gilt auch für die impliziten Ziele, die Ihre Auftraggeber:innen mit einem Druckprodukt verfolgen. Wenn Werbung unterdurchschnittlich verkauft oder Verlagsprodukte keinen Gewinn abwerfen, dann ist das schlicht nichts Dauerhaftes. Dieser verblüffend einfache Gedanke wird in der gesamten Nachhaltigkeitsdebatte der Papier-, Druck- und Kreativbranche weitestgehend ausgeblendet. Stattdessen wird versucht, unterentwickelte und nachlässig konzipierte Druckprojekte, deren Wirkung auf Rezipient:innen manchmal schon nach wenigen Augenblicken verpufft, lediglich umweltschonender zu gestalten. In dieser verkürzten Darstellung sehe ich eine riesige Chance für Sie, denn wirkungsvolle und gleichzeitig ökologisch gedachte Druckprodukte entstehen nur Kraft Ihrer Kreativität. Alles andere wirkt auf mich wie der Versuch, etwas Schlechtes etwas weniger schlecht zu machen.

Aber wie können Sie eine ganzheitliche Betrachtung bei der nachhaltigen Gestaltung von Druckprojekten gewährleisten? Ganz einfach! Eine Orientierung an den Bedürfnissen der drei primären Anspruchsgruppen ist hilfreich. In meinen Augen sind es diese:

- **REZIPIENT:INNEN** Die Kund:innen Ihrer Auftraggeber:innen erwarten ein inhaltlich und sensorisch attraktives Druckprodukt, das möglichst umweltschonend hergestellt wurde.
- **KUND:INNEN** Ihre Auftraggeber:innen möchten mit dem Druckwerk einen (meist) finanziellen und auf die Marke einzahlenden Erfolg realisieren.
- **UMWELT** Unser Ökosystem soll durch das Druckvorhaben möglichst wenig belastet werden.

Diese Bedürfnisse wiederum können Sie über folgende Faktoren beeinflussen:

- **KONZEPTION** Projekt- und Produktentwicklung
- **ORGANISATION** Projekt- und Terminplanung, Qualitätssicherung
- **PRODUKT** Einsatz umweltschonender Materialien
- **PRODUKTION** Herstellung und Distribution unter möglichst ökologischen Bedingung

Eigentlich ist es ganz einfach: Je besser Sie alle Anspruchsgruppen befriedigen, desto nachhaltiger ist eine Drucksache. Dabei können

Sie nicht immer alle gleichberechtigt berücksichtigen. Das Austarieren von Anforderungen, Bedürfnissen und Möglichkeiten ist die erste Aufgabe jeder nachhaltig angelegten Druckproduktion. Der scharfe und ausschließliche Blick auf ökologische Aspekte greift daher zu kurz. Nachhaltigkeit bedeutet oft auch ganz einfach, das kleinere Übel zu wählen.

Das mag jetzt für Sie noch etwas abstrakt klingen. Aber Geduld: Im weiteren Verlauf dieser Lektüre lernen Sie auf einer konkreten Ebene, was Sie in den einzelnen Phasen eines Druckprojekts unternehmen können, um es nachhaltig zu gestalten.

KLARGESTELLT Nachhaltigkeit ist relativ, nicht absolut; und Nachhaltigkeit ist kein Zustand, sondern ein Prozess.

TIPP Berücksichtigen und respektieren Sie ebenfalls die Bedürfnisse anderer Anspruchsgruppen, wie Papierhändler, Druckereien oder Buchbinder. Aufrichtigkeit, Fairness und Verbindlichkeit sind eine gute Geisteshaltung für stabile, erfolgreiche, harmonische und damit nachhaltige Geschäftsbeziehungen.

Hat Nachhaltigkeit ein Gewicht?

Sie kennen bestimmt CO_2-Rechner, auch Klima-, Treibhausgas- oder Emissionsrechner genannt. Mit diesen ist es möglich, klimaschädliche Emissionen für bestimmte Aspekte unseres Lebens zu kalkulieren. Das Ergebnis drückt sich in einer CO_2-Bilanz aus. Treibhausgasrechner berechnen beispielsweise, wie viel Emissionen Sie durch Ihren persönlichen Lebensstil, Ernährungsgewohnheiten oder Flugreisen verursachen. Es können CO_2-Bilanzen für Unternehmen, Dienstleistungen, Produkte oder ganze Länder erstellt werden. Und natürlich ist es möglich, Emissionen zu bestimmen, die jeweils bei einer klar definierten Druckproduktion anfallen.

Die ermittelten CO_2-Werte sind häufig die Grundlage für Zahlungen, mit denen Projekte finanziert werden, die geeignet sein sollen, um klimaschädliche Gase zu kompensieren. Sie kennen diese Vorgehen aus der Druckbranche: Klimaneutrales, klimakompensiertes oder CO_2-neutrales Drucken sind Begriffe, die diesen Vorgang beschreiben. Mit dem Sinn und Unsinn solcher Maßnahmen beschäftigen Sie sich in Kapitel drei ab Seite 137 ausführlicher.

Neben der Grundlage für Klimakompensationen liefern CO_2-Bilanzen, auch wenn Sie nur Teilaspekte der Nachhaltigkeit berücksichtigen, einen entscheidenden Mehrwert: Sie quantifizieren Umweltauswirkungen und geben somit der ökologischen Nachhaltigkeit ein Gewicht. Sie machen folglich ein Handeln messbar, zeigen Veränderungen auf und erlauben Vergleiche mit anderen Emittenten. Daher bediene ich mich im weiteren Verlauf dieser Lektüre einiger CO_2-Bilanzen, die auf praxistauglichen Produktreferenzen beruhen.

WISSENSWERT Bei der Berechnung von Treibhausgasbilanzen werden neben dem Referenzgas Kohlenstoffdioxid (CO_2) weitere, teilweise deutlich klimaschädlichere Gase berücksichtigt. Eine Tonne Lachgas beispielsweise ist rund 300-mal klimaschädlicher als eine Tonne CO_2 und entspricht somit 300 Tonnen CO_2-Äquivalenten. Korrekt ist daher die Schreibweise CO_2e. Da CO_2 den mit Abstand größten Anteil an den weltweiten Treibhausgasen ausmacht, hat sich die Bezeichnung CO_2-Bilanz etabliert, die ich auch in diesem Buch beibehalte.

CO_2-RECHNER

Bei der Ermittlung produktspezifischer CO_2-Bilanzen berücksichtigen die in den Druckereien implementierten Rechner drei Emissionsbereiche, sogenannte Scopes. Sie bilden die Systemgrenzen der Bilanzierung:

- **DIREKTE EMISSIONSQUELLEN (SCOPE 1)** Unternehmensinterne Emissionen aus Verbrennungsprozessen, wie sie beispielsweise durch Fahrzeugflotten, Kühlanlagen und Gasheizungen entstehen.
- **INDIREKTE EMISSIONSQUELLEN (SCOPE 2)** Klimaschädliche Emissionen, die bei der Erzeugung und Bereitstellung von Strom, Wärme, Dampf und Kälte anfallen und von außerhalb des eigenen Unternehmens bezogen werden.
- **ANDERE INDIREKTE EMISSIONSQUELLEN (SCOPE 3)** Treibhausgase, die durch die Herstellung und den Transport von Bedruckstoffen, Farben, Druckplatten, Feuchtmittelzusätzen, Reinigungsmitteln und Verpackungsmaterialien verursacht werden. Zusätzlich werden diesem Bereich Emissionen etwa aus Büropapieren, Eigenwerbung, Fahrten der Mitarbeitenden Abfallentsorgung und dem Transport fertiger Druckprodukte zum Kunden zugeordnet.

Und hier sehen Sie losgelöst von der Einteilung nach Scopes die bei einer Druckproduktion relevanten Emissionsquellen.

EMISSIONSQUELLEN OHNE SCOPES

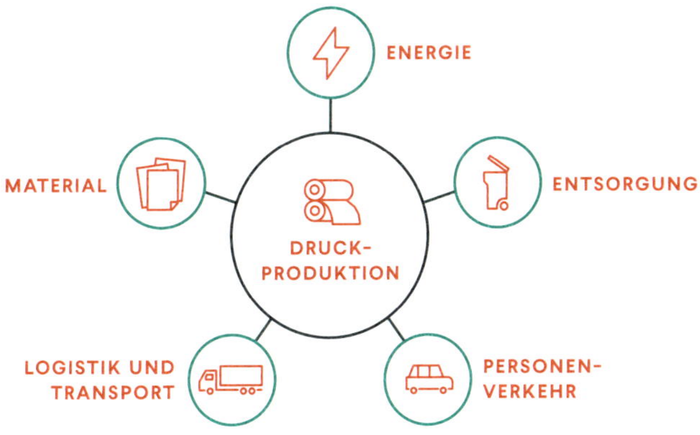

WISSENSWERT Synonym für CO_2-Bilanz werden Ausdrücke wie CO_2-Fußabdruck, Carbon Footprint oder Treibhausgasbilanz genutzt.

Die CO_2-Rechner der Druckbranche arbeiten auf der Basis diverser Datenbanken und Branchenkennzahlen, in denen die Emissionen verschiedener Parameter, Prozesse und Produkte hinterlegt sind. Sie werden kontinuierlich dem jeweiligen Stand der Forschung angepasst. Eine CO_2-Bilanzierung ist immer nur innerhalb der eigenen Systemgrenzen gültig und gibt keine Auskunft über weitere ökologisch relevante Kenngrößen, wie beispielsweise die Recyclingfähigkeit von Druckprodukten, unnötig große Formate oder schlecht geplante Auflagen. Treibhausgasbilanzen sind in Bezug auf die Messgröße lediglich relativ genau und immer unscharf. Verschiedene Rechner können aufgrund unterschiedlicher Modelle, Annahmen und Datenquellen abweichende Ergebnisse ausgeben. Die CO_2-Bilanzen verschiedener Druckereien sind daher nicht oder nur bedingt miteinander vergleichbar.

Verstehen Sie die Angaben in diesem Buch daher nicht als exakten Wert, sondern vielmehr als eine Möglichkeit, Tendenzen, Vergleiche und Veränderungen aufzuzeigen.

GEKLÄRT Etwaige Ungenauigkeiten innerhalb einer spezifischen CO_2-Kalkulation werden durch einen Sicherheitsaufschlag in Höhe von meist 10 % auf die berechneten Emissionen kompensiert. So fließen beispielsweise die Emissionen aus Druckveredelungen, die oft nicht gesondert erfasst werden, über diesen Aufschlag mit in die Bilanz ein.

MERKENSWERT Die ökologische Nachhaltigkeit lässt sich nicht alleine anhand von CO_2-Bilanzen bestimmen. Sie liefern lediglich Aussagen innerhalb der eigenen Systemgrenzen und lassen andere umweltbezogene Kriterien unberücksichtigt. So weisen beispielsweise Papiere aus Papierfabriken, die Atomstrom beziehen, eine meist sehr geringe CO_2-Bilanz aus.

CO_2-Emissionen von Druckprodukten

Anhand der folgenden CO_2-Bilanzen erkennen Sie in späteren Kapiteln, wie sich die Werte verändern, wenn Sie Spezifikationen wie beispielsweise Formate, Seitenumfänge, Grammaturen oder Druckverfahren modifizieren. Meine ursprüngliche Idee war es, auch die Emissionen dieses Buchs exakt zu ermitteln. Da es aber mit vielen unterschiedlichen Materialien in verschiedenen Unternehmen gefertigt wurde, lässt sich eine CO_2-Bilanz für dieses Werk nicht seriös bestimmen. Für einige Materialien gibt es keine CO_2-Bilanzen und die kleineren Betriebe, die Teile des Buchs bedruckten oder veredelten, können keine verlässlichen Angaben zu den verursachten Emissionen machen. Bei über 20 verschiedenen Materialien von vielen verschiedenen Herstellern, vier Druckverfahren und drei Druckveredelungen kommen zudem kaum erfassbare Transportemissionen hinzu. Der Aufwand, den wir hätten betreiben müssen, um halbwegs genaue Zahlen zu bekommen, stand in einem schlechten Verhältnis zum Nutzen und zur Genauigkeit. Damit zeigt mein Vorhaben sehr schön auf, wie schnell fundierte CO_2-Berechnungen in der konkreten Praxis und für komplexere Druckjobs an ihre Grenzen stoßen. Aber auch wenn die CO_2-Bilanz dieses Buchs nicht exakt bezifferbar ist, sind der Verlag und ich uns sicher, trotz der ungewöhnlichen Ausstattung ein umweltschonendes und in jeder Hinsicht nachhaltiges Produkt in die Welt gebracht zu haben. Warum wir das denken, erfahren Sie an vielen Stellen dieses Werks.

In diesem Abschnitt finden Sie die CO_2-Bilanzen zu vier praxisrelevanten Druckprodukten. Ich habe Sie ausgewählt, da sie ein weites Spektrum ähnlich gelagerter Publikationen abdecken. So können Sie grob einschätzen, wie viel Emissionen diejenigen Druckjobs verursachen, die Sie in Ihrer Berufspraxis verwirklichen. Außerdem sind diese Zahlen dabei behilflich, Vergleiche mit anderen alltäglichen Emittenten anzustellen, wie ich es im anschließenden Kapitel mache. Die transportbedingten CO_2-Emissionen finden bei diesen Berechnungen zunächst keine Berücksichtigung. Damit beschäftige ich mich ab Seite 264 ausführlich. Da aber die transportbedingten Emissionen sowohl vor der Papierherstellung als auch während des Produktionsprozesses (zum Beispiel die Lieferung der Bogen zum Buchbinder oder der Covermaterialien zu einem Veredler) durchaus einen größeren Teil der gesamten Emissionen ausmachen können, habe ich bei den Vergleichen auf Seite 42 und 43 diese mit einem Aufschlag von 40 Prozent auf die produktionsbedingten Emissionen berücksichtigt. Diesen großzügigen Aufschlag behalte ich bei allen folgenden Berechnungen bei, sofern er relevant erscheint.

GUT ZU WISSEN Die bekanntesten CO_2-Rechner der Druckbranche stammen von ClimatePartner, dem Bundesverband Druck und Medien und natureOffice. Die folgenden Kalkulationen stammen aus dem hauseigenen CO_2-Rechner der Druckerei gugler* DruckSinn. Die Papier-Emissionen schlagen mit einem Durchschnittswert von 500 Gramm CO_2 pro Kilogramm Papier zu Buche.

NACHGEFORSCHT Fragen Sie doch einmal Ihre Druckerei, welchen Bilanzrahmen Sie für die Berechnung produktspezifischer CO_2-Bilanzen verwendet. Der dritte Scope, der den größten Anteil an den Emissionen einer Drucksache ausmacht, wird nicht immer berücksichtigt oder nur über grobe Durchschnittswerte abgebildet.

Um die spezifische Treibhausgasbilanz von Druckerzeugnissen zu ermitteln, benötigen Sie die jeweiligen Produktspezifikationen. Um einen ungefähren Wert für dieses Buch zu bekommen, gehe ich folgend davon aus, dass es mit nur einem Inhaltspapier, einem konventionellen Überzug und komplett im Offsetdruck produziert wurde. Es steht damit kommissarisch für alle ähnlich gelagerten Buchprojekte.

FORMAT 12,7 × 19,0 cm, geschlossenes Hochformat | PAPIER, UMSCHLAG 120 g/m² Bilderdruck, kaschiert auf 500 g/m² Chromokarton | PAPIER, INHALT 120 g/m² Naturpapier | UMFANG 288 Seiten Inhalt, 4 Seiten Umschlag | FARBE 2/2-farbig im Offsetdruck | BINDUNG Klebebindung, Inhaltsblock in Flexcover eingehängt | AUFLAGE 4.000 Exemplare

Das folgende Diagramm stellt die Verteilung der Emissionen, gemessen in Kilogramm CO_2, dar.

EMISSIONEN BUCH IN PROZENT | KG

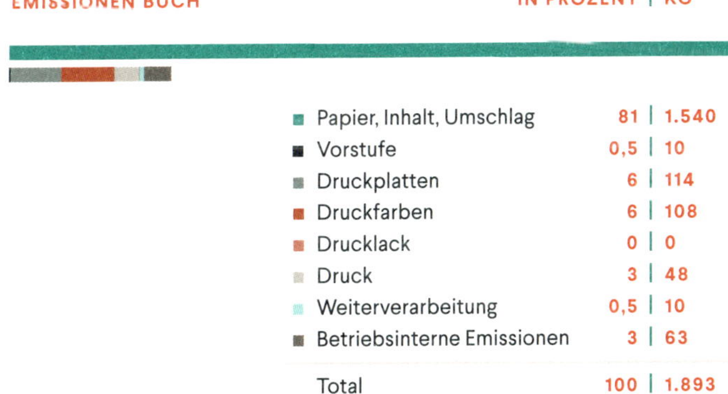

Insgesamt ergibt sich bei diesem Buch ein Wert von 473 Gramm produktionsbedingter Emissionen. Bei einer kalkulierten Auflage von 4.000 Stück macht das 1.893 Kilogramm insgesamt. Die drei größten Emittenten sind mit 81 Prozent das Papier und mit jeweils rund sechs Prozent die Druckplatten und die Druckfarben.

MAGAZIN

Das folgende Druckprodukt steht stellvertretend für beispielsweise Magazine, Verkaufskataloge, Geschäftsberichte, Imagebroschüren und verwandte Produkte.

FORMAT 21,0 × 29,7 cm, geschlossenes Hochformat | PAPIER, UMSCHLAG 300 g/m² Bilderdruck | PAPIER, INHALT 170 g/m² Bilderdruck | UMFANG 96 Seiten Inhalt, 4 Seiten Umschlag | FARBE 4/4-farbig Skala im Offsetdruck | LACK Dispersionsdrucklack auf allen Seiten | BINDUNG Hotmelt-Klebebindung | AUFLAGE 25.000 Exemplare

EMISSIONEN MAGAZIN — IN PROZENT | KG

	In Prozent	KG
Papier, Inhalt, Umschlag	88,8	7.445
Vorstufe	0,1	8
Druckplatten	1,9	155
Druckfarben	6,1	514
Drucklack	0,5	41
Druck	0,7	60
Weiterverarbeitung	0,6	48
Betriebsinterne Emissionen	1,3	111
Total	100	8.382

Bei diesem Magazin ergeben sich Emissionen von 8.382 Kilogramm für die gesamte Auflage. Pro Exemplar macht das rund 335 Gramm. Der größte Emittent ist das Papier mit 7.445 Kilogramm und 89 Prozent. 56 Druckplatten mit einer Fläche von rund 48 Quadratmetern und einem Gewicht von 36 Kilogramm werden benötigt, um diesen Job zu produzieren.

BROSCHUR

Die folgende Broschur bildet beispielsweise Kulturprogramme, kleine Kataloge, Info-Broschüren und ähnliche Produkte ab.

FORMAT 21,0 × 21,0 cm, geschlossenes Endformat | **PAPIER, UMSCHLAG** 170 g/m² Naturpapier | **PAPIER, INHALT** 135 g/m² Naturpapier | **UMFANG** 28 Seiten Inhalt, 4 Seiten Umschlag | **FARBE** 4/4-farbig Skala im Offsetdruck | **BINDUNG** Rückstichheftung | **AUFLAGE** 1.000 Exemplare

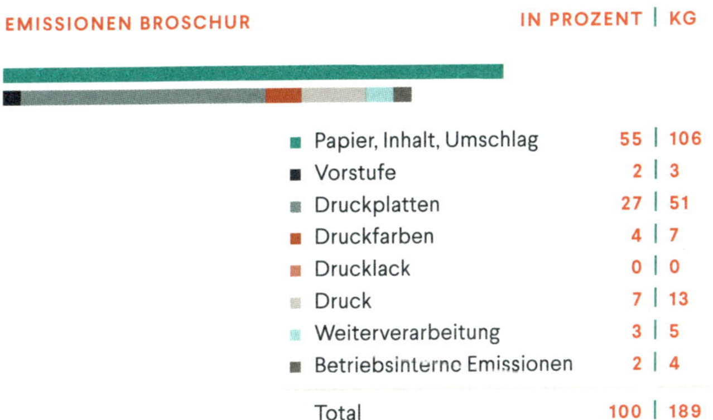

EMISSIONEN BROSCHUR	IN PROZENT	KG
Papier, Inhalt, Umschlag	55	106
Vorstufe	2	3
Druckplatten	27	51
Druckfarben	4	7
Drucklack	0	0
Druck	7	13
Weiterverarbeitung	3	5
Betriebsinterne Emissionen	2	4
Total	100	189

Für diesen Job würden 24 Druckplatten mit einem Gewicht von 10,9 Kilogramm und einer Fläche von rund 16 Quadratmetern anfallen. Da Druckplatten energieintensiv sind und hohe auflagenunabhängige Emissionen verursachen, die Auflage mit 1.000 Stück aber gering ausfällt, ist der Anteil der Emissionen aus den Druckplatten mit rund 27 Prozent sehr hoch. Insgesamt würde die gesamte Auflage rund 189 Kilogramm und ein Exemplar 189 Gramm CO_2 verursachen. Der Anteil des Papiers an den Gesamtemissionen beträgt aufgerundet 55 Prozent.

FLYER

Der folgende Flyer vertritt Mailings, Informationsblätter, Einladungen und gleichartige Druckprodukte.

FORMAT 21,0 × 29,7 cm, offenes Querformat | **PAPIER** 170 g/m² Bilderdruck matt | **UMFANG** 6 Seiten | **FARBE** 4/4-farbig Skala im Offsetdruck | **WEITERVERARBEITUNG** Zick-Zack-Falz, schneiden | **AUFLAGE** 5.000 Exemplare

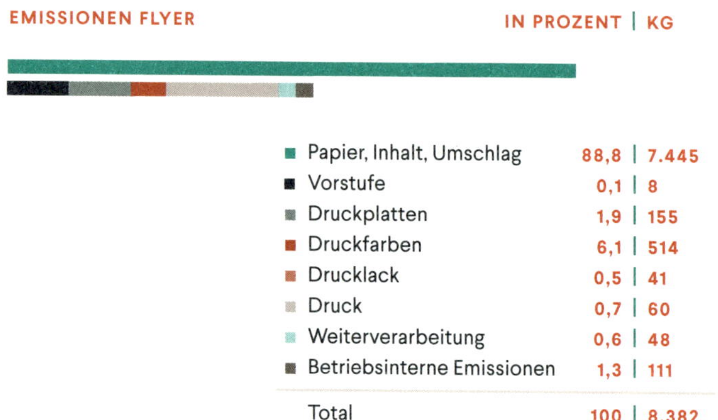

Der Druck dieser Flyer im Offsetdruck würde insgesamt 46 Kilogramm CO_2 verursachen. Pro Stück sind es rund 9 Gramm. Das Papier ist mit 65 Prozent die mit Abstand größte Quelle klimaschädlicher Gase. Die vier benötigten Druckplatten haben eine Fläche von rund einem Quadratmeter, sie wiegen zusammen 360 Gramm und schlagen mit 7 Prozent CO_2-Anteil zu Buche.

GRAUSTUFEN Die Druckerei, die dieses Buch produzierte, bezieht zertifizierten Öko-Strom und betreibt eine eigene Photovoltaikanlage, was die CO_2-Emissionen merklich reduziert. Da jedoch der gesamte deutsche, europäische oder auch globale Bedarf noch nicht – und vielleicht auch nie – komplett aus regenerativen Quellen gedeckt werden kann, könnte man für die Berechnungen auch beispielsweise den europäischen Strommix heranziehen. Der basierte 2022 laut Statista zu 35,1 % auf der Verbrennung von Gas und Kohle, zu 19,4 % aus Solar- und Windkraft und zu 23,6 Prozent aus Kernenergie. Unter dieser Annahme würden die Emissionen aus dem Druck und der Weiterverarbeitung ansteigen. Ich verbleibe für die weiteren Berechnungen jedoch bei den CO_2-Werten der Druckerei gugler* DruckSinn.

Ordnen wir uns ein! Über die ökologische Relevanz von Druckprodukten

Sie haben nun ein Gefühl dafür bekommen, wie viel klimaschädliche Gase Druckprodukte verschiedener Gattungen verursachen. Aber was genau sagen Ihnen diese Werte? Wenn wir über die Umweltverträglichkeit von (Druck-)Produkten philosophieren, dann bewegen wir uns trotz spezifischer Treibhausgasbilanzen in einem luftleeren Raum. Warum? Weil Relationen und Vergleiche fehlen. Ohne diese können Sie und Ihre Kund:innen Umweltbelastungen nicht einordnen. Für eine Beurteilung, ob objektiv oder subjektiv, benötigen Sie folglich griffige Korrelate.

In diesem Kapitel betrachte ich verschiedene Umweltfaktoren von Papierprodukten und vergleiche diese mit denen anderer Emittenten. Mit diesen Gegenüberstellungen können Sie die ökologischen Folgen gedruckter Kommunikation im Gesamtkontext unseres Konsumverhaltens und Lebensstils besser einordnen. Freuen Sie sich auf erhellende Perspektiven!

Emissionen von Druckprodukten und anderer Konsumgüter

Auch wenn die öffentliche Wahrnehmung oft eine andere ist: Printmedien tragen nur einen kleinen Teil zur Beschleunigung des Klimawandels bei. Um diese Aussage zu konsolidieren, finden Sie folgend einige CO_2-Bilanzen, die Ihnen und Ihren Auftraggeber:innen einen Vergleich zwischen den Referenzprodukten und anderen Kohlenstoffdioxid-Emittenten ermöglichen. Verstehen Sie die Angaben bitte als grobe Richtschnur. Die herangezogenen Studien sind teilweise katastrophal widersprüchlich. Klafften die Zahlen verschiedener Quellen zu weit auseinander, habe ich einen Mittelwert gebildet. Es geht mir hier also nicht um sehr präzise CO_2-Werte, sondern viel mehr um eine Tendenz. Um auch die transportbedingten Emissionen der Druckprodukte zu berücksichtigen, habe ich auf die produktionsbedingten Emissionen 40 Prozent aufgeschlagen.

EMISSIONEN KONSUMGÜTER

KONSUMGUT	CO_2-EMISSIONEN IN KG
Buch	0,7
Magazin	0,5
Broschüre	0,3
Flyer	0,013
heiße Dusche, 6 Minuten	3,0
Steak, 250 Gramm	3,3
3 Stunden Videostreaming	3,6
1 Liter Flaschenwasser	0,2
1 Tasse Milchkaffee	0,55
1 Liter Milch	1,5
10 km Elektroauto	1,15
10 km Verbrennerauto	2,5
Rose aus den Niederlanden	2,9
Hotelübernachtung 3*	16,9 / PERSON
Eine Bitcoin-Transaktion	31,3

Auch wenn ich hier bewusst Äpfel mit Birnen vergleiche, erkennen Sie anhand dieser Gegenüberstellungen: Druckprodukte sind im Verhältnis zu anderen alltäglichen CO_2-Emittenten relativ klimaschonend.

MERKENSWERT Laut Statista ist unser digitales Leben für 849 kg CO_2 pro Jahr und Kopf verantwortlich. Das sind fast 8 % der Gesamtemissionen einer in Deutschland lebenden Person. Wagen Sie einen Blick auf diese anschauliche Grafik von Statista, die aufzeigt, wie sich die Emissionen über die verschiedenen Informationstechniken, deren Herstellung und Nutzung verteilen.

Und jetzt wird es interessant, denn die Nutzungszeit ist eine Relation, die im Rahmen nachhaltiger Printmedien selten mitgedacht wird. Die Zeit, die Sie beispielsweise mit einem Buch verbringen, vermittelt neben dem absoluten einen relativen Wert. Nehmen wir an, Sie sind vier Stunden mit dem Referenz-Buch beschäftigt und Sie schlagen danach noch viermal für jeweils 15 Minuten etwas nach. Das macht dann:

= 140 g CO_2 pro Stunde

Betrachten Sie die Sache so, dann stellen Sie fest: Eine Stunde lesen aus dem Buch verursacht nur ein einundzwanzigstel einer sechsminütigen heißen Dursche. Erstaunlich, oder?

Und da Gedrucktes, im Gegensatz zu digitalen Medien, während der Nutzungszeit keine zusätzlichen Emissionen verursacht, können Sie das Gedankenspiel fortführen: Angenommen, dieses Buch findet einen weiteren Lesenden mit einem identischen Nutzungsverhalten, dann verringert sich der relative CO_2-Ausstoß um die Hälfte:

= 70 g CO_2 pro Stunde

Gleich, ob absolut oder relativ betrachtet: Das Lesen gedruckter Publikationen ist im Vergleich mit anderen Konsumgütern eine klimaschonende Angelegenheit.

Eine relative Bewertung mit einem Bezug zur Nutzungszeit zeigt Ihnen auch deutlich auf, wie wichtig es ist, kurzlebige Produkte, wie wir sie aus dem werblichen Kontext kennen, möglichst relevant und attraktiv zu gestalten. Es macht einen Unterschied, ob beispielsweise ein Mailing nach sechs oder 60 Sekunden entsorgt wird, denn die absoluten Emissionen verteilen sich relativ über die Nutzungszeit. Rein ökologisch gesehen ist diese Perspektive irrelevant: Die Treibhausgase sind in der Welt und dem Klima ist es egal, ob ein Druckprodukt gelesen wird oder nicht. Je nachdem, wie Sie und Ihre Kund:innen Nachhaltigkeit verstehen, macht diese Betrachtung jedoch durchaus Sinn. In den folgenden Passagen möchte ich Ihren Blick für diesen in meinen Augen vernachlässigten Aspekt schärfen.

WISSENSWERT Laut der Wissenschaftlerin und Aktivistin Joana Moll erreichen Google pro Sekunde 47.000 Suchanfragen. Das entspricht etwa einer halbe Tonne CO_2, für deren Kompensation 23 Bäume benötigt werden. Pro Sekunde, 24/7 an 365 Tagen im Jahr! Das wären 725 Mio Bäume jedes Jahr oder mehr als die Fläche Bremens. Wir vergessen aufgrund der fehlenden Stofflichkeit schnell, dass auch die digitale Mediennutzung einen großen und stetig steigenden Einfluss auf unsere Umwelt nimmt. Bis 2040 könnten Kommunikationstechnologien für 14 % der weltweiten Emissionen verantwortlich sein und 20 % des weltweiten Stroms verbrauchen, so ein Bericht der Climate Home News.

MERKENSWERT Der Bundesverband Druck und Medien (bvdm) ging im Jahr 2021 der Frage nach, wie hoch die CO_2-Emissionen von Druckerzeugnissen im Verhältnis zu allen Emissionen einer in Deutschland lebenden Person ausfallen. Das Ergebnis: Mit Druckprodukten verursachen Sie weniger als 1 % Ihrer durchschnittlichen Gesamtemissionen von rund 10,8 Tonnen pro Jahr.

CO_2-FUSSABDRUCK PRO PERSON

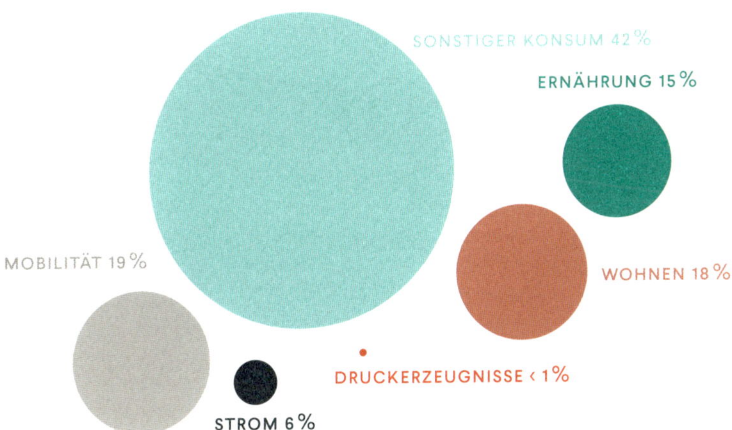

Wie viel Wald steckt im Papier?

Sehen Ihre Kund:innen Papierprodukte kritisch, da ihnen ein hoher Holzbedarf nachgesagt wird? Kratzt die Vergabe von Druckjobs am Öko-Gewissen? Damit sind Ihre Auftraggeber:innen leider nicht allein! Aber ist Papier tatsächlich so schlecht für die Wälder unserer Erde?

Damit Sie und Ihre Kund:innen die Relevanz von Papier in Bezug auf die Waldnutzung richtig einschätzen können, ist es hilfreich zu wissen, wie viel Wald für die jeweiligen Nutzungsarten tatsächlich benötigt wird. Denn es ist so, dass die Papierherstellung oft zu Unrecht am Öko-Pranger steht und einen geringeren Einfluss auf den Waldbestand nimmt, als allgemeinhin angenommen wird. Um diese Aussage zu stützen, sinnieren Sie doch bitte kurz über diese Frage: Wofür wird rund 50 Prozent des weltweit geschlagenen Holzes genutzt? Laut bifa Umweltinstitut verteilt sich die globale Holznutzung wie folgt:

GLOBALE HOLZNUTZUNG

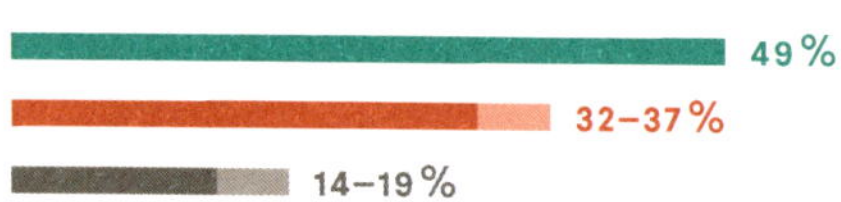

- energetische Nutzung zum Kochen, Heizen und zur Energiegewinnung
- überwiegend für Gebäude, Fußbeläge und Möbel
- Papierproduktion

MERKENSWERT Laut dem Bundesministerium für Ernährung und Landwirtschaft ist eine nicht nachhaltige Landwirtschaft für 90 % der globalen Entwaldung verantwortlich. Und was mir auch neu war: Etwa 10 % des globalen Textilmarktes basiert auf Holzfasern. Mit stark steigender Tendenz.

MEINUNGSBILDEND Viele Daten und Zahlen, die ich in diesem Buch als Grundlage für Darstellungen, Annahmen und Berechnungen verwende, beruhen auf der in meinen Augen glaubhaftesten Studie im Bereich der Forst- und Papierwirtschaft. Sie stammt vom bifa Umweltinstitut und nennt sich »Nachhaltiger Papierkreislauf – eine Faktenbasis«. Sie können sie hier kostenlos herunterladen.

Ich war geschockt, als ich erfuhr, dass circa 50 Prozent des global geschlagenen Holzes einfach verbrannt wird. Da wirkt der Anteil der Waldnutzung für Papier, Pappe und Karton auf mich im Vergleich noch moderat. Insbesondere, da in der Papierproduktion nicht ausschließlich kostbare Stammhölzer, sondern auch Neben- und Abfallprodukte wie Sägewerkabfälle, Äste, Schad-, Durchforstungs- und Schwachhölzer Verwendung finden. Alleine Sägenebenprodukte haben in der deutschen Primärfaserproduktion einen Anteil von circa 40 Prozent. Der Beitrag könnte größer sein, wäre die Konkurrenzsituation zur Energiegewinnung nicht gegeben. Dabei ist die energetische Verwendung ohne Zwischennutzung, wie sie beim Papier stattfindet, die denkbar schlechteste Art, diesen wertvollen Rohstoff zu nutzen. Und wissen Sie, was erschwerend hinzukommt? Die Holzverbrennung ist ein bedeutender Stimulus für den Klimawandel. Sie verursacht Ruß-Emissionen, die Sonnenlicht absorbieren und somit die Erdatmosphäre zusätzlich aufheizen. In Europa wird Holz energetisch genutzt, da diese Form der Wärme- und Energiegewinnung als ökologisch nachhaltig gilt. In Schwellen- und Entwicklungsländern wird es im großen Stil zum Kochen und Heizen benötigt. Dabei sind die CO_2-Emissionen pro produzierter Wärmeeinheit sogar höher als die von Kohle oder Gas. Die zunehmende Abkehr von fossilen Brennstoffen trägt dazu bei, dass Wälder stärker als je zuvor für die Wärme- und Energiegewinnung genutzt werden.

LESENSWERT Der Naturschutzbund Deutschland e.V. beleuchtet in diesem empfehlenswerten Artikel die dramatischen Folgen des Brennholzbooms.

HÖRENSWERT »Heizen mit Waldholz – Klimaneutraler Energieträger oder schützenswerte Ressource?«, so betitelt der Radiosender Deutschlandfunk diesen Beitrag, der sich intensiv und kritisch mit der Subventionspolitik und Holznutzung für die Energie- und Wärmegewinnung beschäftigt. Hören Sie unbedingt mal rein!

Weltweit geraten Waldflächen außerdem durch neue Landnutzungsformen, wie Soja- oder Palmölplantagen, durch Rinderwiesen, gesteigerten Konsum und Infrastrukturprojekte unter Druck. Aber auch der Papierkonsum nimmt weiter zu und soll sich bis 2050 insbesondere im Verpackungsbereich verdoppeln. Der Klimawandel verschärft die Situation, denn er führt zu mehr Dürren, Schädlingsbefall und Waldbränden. Es steht nicht gut um unsere Wälder, auch wenn sie durch Aufforstungsprojekte in vielen Regionen der Erde wieder zunehmen. Die Papierindustrie hat jedoch einen deutlich kleineren Anteil an der Waldnutzung als es von Papierkritikern postuliert und von der Öffentlichkeit wahrgenommen wird.

KLARGESTELLT Vielen frei verfügbaren Quellen können Sie entnehmen, dass 40 bis 50 % des globalen Holzbedarfs auf Papierprodukte entfällt. Sie beziehen sich damit jedoch nur auf industriell geerntetes Holz. Der tatsächliche Verbrauch wird aber zu rund 50 % aus nicht industriellen Holzentnahmen gedeckt. Diese forstwirtschaftlichen Aktivitäten sind meist illegal und da die entnommenen Bäume nicht nachgepflanzt werden, auch nicht nachhaltig. Die öffentliche Darstellung halte ich daher für stark verkürzt. Auch interessant in diesem Zusammenhang: Laut WWF bestehen nur 3 % der weltweiten Forstfläche aus intensiv bewirtschafteten Holzplantagen. Nur ein Teil davon wird für die Papierproduktion genutzt.

Wir stellen fest: Laut bifa Umweltinstitut fließen maximal 19 Prozent der globalen Holznutzung in die Papierproduktion, wobei für diesen Zweck nicht ausschließlich Bäume gefällt werden. Aber wie verteilt sich der Bedarf über die vier Hauptpapiersorten? Der verhielt sich in Deutschland laut den Leistungsstatistiken 2022 der Papierindustrie rein rechnerisch wie folgt:

PAPIERBEDARF HAUPTSORTEN

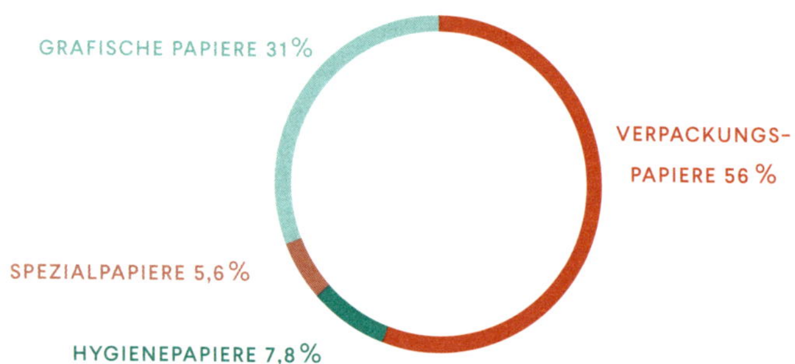

WISSENSWERT Global gesehen machen grafische Papiere 20 % und Verpackungspapiere 64 % der gesamten Produktionskapazitäten aus, so der Branchenverband »Die Papierindustrie e. V.«

Spezialpapiere sind Papiere, wie sie beispielsweise für Kaffeefilter, Zigarettenpapiere, Backpapiere, Kassenzettel, Geldscheine und so weiter benötigt werden. Hygienepapiere kennen Sie ebenfalls aus Ihrem Alltag, wir alle benutzen sie täglich. Grafische Papiere werden überwiegend für Bücher, Magazine, Zeitschriften, Flyer und Broschüren genutzt. Auch wenn der Wert nicht exakt bezifferbar ist, sind Bedruckstoffe für Werbung und Velagsprodukte nur für einen kleinen Teil der gesamten Waldnutzung verantwortlich. Dazu eine kleine Überschlagsrechnung:

WALDNUTZUNG GRAFISCHES PAPIER

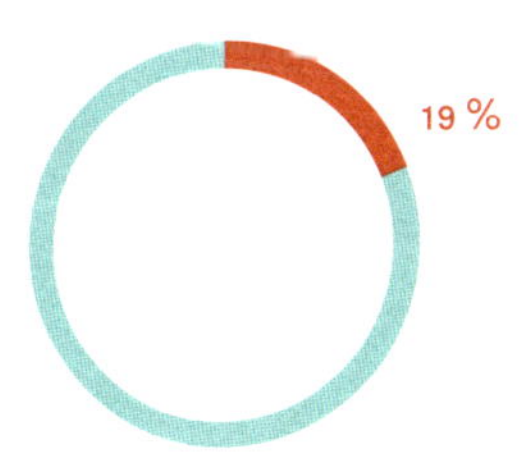

Maximal 19 Prozent des global genutzten Holzes fließt in die Papierproduktion.

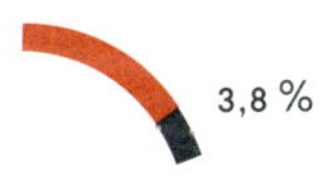

20 Prozent davon wird für grafische Papiere benötigt. Damit ergibt sich ein Wert von maximal 3,8 Prozent der globalen Holznutzung für grafische Papiere.

Auch wenn dieser Wert nicht ganz exakt ist, ist er doch erhellend und entspricht vermutlich überhaupt nicht Ihrer Wahrnehmung, oder?

Aufschlussreich ist auch ein Blick auf den zeitlichen Verlauf unseres Konsums von grafischen Papieren, Verpackungs- und Hygienepapieren in Deutschland:

PAPIERKONSUM IM ZEITLICHEN VERLAUF

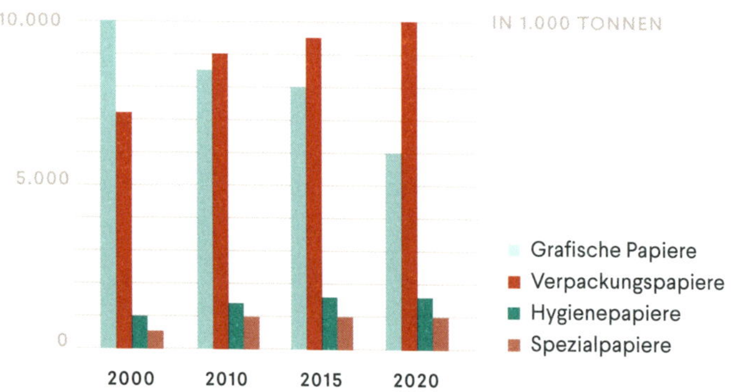

Wie Sie sehen, ist der hiesige Konsum von grafischen Papieren in den letzten zwei Jahrzehnten massiv gesunken, was in weiten Teilen der fortschreitenden Digitalisierung geschuldet ist. Gleichzeitig verbrauchen wir mehr Verpackungs- und Hygienepapiere denn je, was Sie auf den Onlinehandel, geänderter Konsumpräferenzen und höheren Hygieneansprüchen zurückführen können.

Neben der eher niedrigen Waldnutzung für grafische Papiere kommt im ökologischen Kontext das Papierrecycling hinzu. Denn anders als allgemeinhin angenommen, ist nicht frisches Holz die primäre Faserquelle in der Papierherstellung, sondern Altpapier. Im Jahr 2022 wurden 70,5 Prozent des gesamten in Europa gebrauchten Papiers und Kartons recycelt. Weltweit sind es 59,9 Prozent. Das geht aus einem Bericht des European Paper Recycling Council (CEPI) hervor. Über 90 Prozent der in Deutschland in Verkehr gebrachten Verpackungen auf der Basis von Papierfasern werden wiederverwertet und stehen als Recyclingrohstoff für neue Produkte zur Verfügung. Die Altpapiereinsatzquote in Deutschland liegt bei rund 80 Prozent. Das bedeutet, dass für eine Tonne Papier, die hierzulande produziert wird, 0,80 Tonnen Altpapier eingesetzt werden. Der Rest sind Zellstoffe aus Frischholz, Pigmente und andere faserfremde Stoffe. Auch interessant in diesem Kontext:

Nur zwölf Prozent aller Rohstoffe, die in der BRD verarbeitet werden, stammen aus einem Recyclingprozess.

MEINUNGSBILDEND Der private Pro-Kopf-Papierverbrauch liegt in Deutschland laut einer Studie von INTECUS bei etwa 100 kg, gesamtwirtschaftlich bei rund 240 kg. Der im internationalen Vergleich hohe Papierkonsum hängt vor allem mit der wichtigen Rolle von Papier, Karton und Pappe in der Logistik der exportstarken deutschen Wirtschaft zusammen, die das Material für ihre Transport- und Produktverpackungen benötigt. Es sind daher nicht, wie oft angenommen, die Privathaushalte, die für den hohen Papierbedarf verantwortlich sind.

MERKENSWERT Die Linearwirtschaft, die auch Wegwerfwirtschaft genannt wird, ist immer noch das dominierende Prinzip der industriellen Massenproduktion. Bedeutet: Die eingesetzten Rohstoffe werden nach einmaliger Nutzung deponiert oder verbrannt (oder nachlässigerweise in der Natur entsorgt). Der Gegenentwurf nennt sich Kreislaufwirtschaft und ist ein weitestgehend regeneratives System, in dem der Ressourceneinsatz durch Kaskadennutzung und geschlossene Materialkreisläufe minimiert wird. Papier ist eines der am häufigsten recycelten Materialien der Welt und daher ein hervorragendes Beispiel für eine funktionierende Kreislaufwirtschaft.

WISSENSWERT Für ein Kilogramm Frischfaserpapier wird circa 2,2 kg Holz benötigt. Ein 25 Meter hoher Eukalyptusbaum mit 40 cm Durchmesser liefert in etwa 3.300 kg davon. Daraus lässt sich 1.500 kg Papier herstellen. Ein Eukalyptusbaum liefert folgerichtig Holz für etwa 3.000 Bücher zu jeweils 500 g. Aber damit nicht genug: Nach der Nutzung werden die Fasern im Schnitt rund vier Mal recycelt und somit wieder zu Papier, Pappe oder Karton. Und da ein Kilogramm Recyclingpapier 1,2 kg Altpapier benötigt, ergibt ein Eukalyptusbaum rein rechnerisch und über den gesamten Lebenszyklus der Fasern betrachtet ungefähr 5.400 kg Papier. Das ist 1,6 Mal so viel, wie der ursprüngliche Baum schwer war.

LESENSWERT Wenn Sie etwas mehr über die europäische Papierrecyclingindustrie in Erfahrung bringen möchten, dann empfehle ich Ihnen diesen sehr lesenswerten Bericht des European Paper Recycling Council.

Zielkonflikte bei der Planung und Durchführung nachhaltiger Druckprojekte

Durch den Nachhaltigkeitsanspruch müssen Sie bei der Konzeption von Druckprojekten und der Herstellung von Druckprodukten eine neue Denk- und Herangehensweise etablieren. Diese andere Gangart nimmt Einfluss auf nahezu alle Faktoren Ihrer Druckjobs und steht in Wechselwirkung mit diesen. Stellen Sie sich auf Zielkonflikte und Kompromisse ein, denn Sachzwänge können durchaus mit Ihren und den Ansprüchen Ihrer Auftraggeber:innen kollidieren.

Bevor Sie sich in den folgenden Kapiteln den Möglichkeiten nachhaltig konzipierter Druckprojekte hinwenden, es ist hilfreich, sich vorab einige Zielkonflikte und Herausforderungen beispielhaft vor Augen zu führen. Wenn Sie mögen, werden Sie kreativ und überlegen, was Sie Ihren Auftraggeber:innen raten würden, um diese Spannungen zu lockern. Kleiner Spoiler: Manchmal müssen Ihre Kund:innen in den sauren Apfel beißen und Ansprüche überdenken.

LANGLEBIGKEIT, RECYCLINGFÄHIGKEIT UND KUNDENWAHRNEHMUNG

Eine Neukundin von Ihnen eröffnet demnächst eine Bio-Eis-Manufaktur. Sie sind für die Gestaltung und Produktion aller digitalen und analogen Kommunikationsmittel verantwortlich. Die Speisenkarte wird im Außenbereich eingesetzt und muss daher robust, wasserfest und aus hygienischen Gründen abwischbar sein. Der Bedruckstoff soll einen nachhaltigen Eindruck machen und recycelbar sein.

LÖSUNGSVORSCHLAG Doppelseitige Kunstoffkaschierungen sind naheliegend, sie machen jedoch ein Papierrecycling unmöglich und wirken nicht besonders nachhaltig. Steinpapier kann nach der Nutzung nur thermisch verwertet werden und ist ein mit Kunststoff verklebter Kalksteinstaub. Karten aus Holz könnten eine Lösung sein, die alle Anforderungen erfüllt.

KOSTEN UND QUALITÄT

Eine Ihrer Kundinnen handelt mit hochwertigen Designermöbeln. Sie möchte für den nächsten Verkaufskatalog ein Recyclingpapier einsetzten und das Druckprodukt mit dem Blauen Engel für Druckerzeugnisse auszeichnen. Die Mehrkosten für Produktion, Zertifizierung und Papier liegen bei 16 Prozent. Das Recyclingpapier hat einen niedrigeren Weißgrad als das zuvor eingesetzte Frischfaserpapier. Ein Andruck zeigt: Die erstklassig produzierten und teuren Produktfotos wirken weniger hochwertig als zuvor. Ihre Auftraggeberin empfindet das Papier als minderwertig und ist vom Kosten-Nutzen-Verhältnis nicht überzeugt.

LÖSUNGSVORSCHLAG Schlagen Sie Ihrer Kundin vor, auf ein weißeres Recyclingpapier auszuweichen und auf die Zertifizierung zu verzichten. Regen Sie an, im Impressum zu erläutern, was das eingesetzte Papier ökologisch auszeichnet und warum Sie sich gegen ein Papier mit dem Blauen Engel entschieden hat.

PRODUKTIONSBEDINGUNGEN, FARBEN UND TERMINVORGABEN

Ihr Kunde ist Geschäftsführer eines Onlineshops für Bekleidung aus fairgehandelter Biobaumwolle. Wie es Ihr Berufsalltag oft mitbringt, liefert er zu spät die Texte und Bilder für ein großes Mailing in einer Auflage von 50.000 Exemplaren. Der angedachte Versandtermin muss unbedingt eingehalten werden. Trotz Nachtschichten Ihrerseits stehen nur 36 Stunden für die Produktion und Postauslieferung zur Verfügung. Um die Terminvorgabe zu erfüllen, entscheiden Sie sich hastig für den UV-Offsetdruck. Bei diesem Verfahren müssen keine Trocknungszeiten berücksichtigt werden, die Druckbogen können direkt in die Weiterverarbeitung. Die von der ausgewählten Druckerei eingesetzten Farben basieren auf Mineralölen und Polymeren. UV-Farben hinterlassen auf dem Bedruckstoff eine Kunststoffschicht. Diese Eigenschaften entsprechen nicht dem ökologischen Anspruch Ihres Kunden.

LÖSUNGSVORSCHLAG Wenn der Termin unbedingt eingehalten werden muss, ist der eingeschlagene Weg nahezu alternativlos. Sprechen Sie nach der Auslieferung mit dem Kunden und finden Sie Wege, damit künftige Jobs mit einem großzügigen zeitlichen Puffer ausgestattet werden und somit reibungsloser und stressfreier über die Bühne gehen.

WIRKUNG, AUSSENKOMMUNIKATION UND KOSTEN

Der Hersteller veganer Schuhe in Lederoptik kommt auf Sie zu und möchte die Oberfläche seiner Fußbekleidung auf dem Umschlag einer Verkaufsbroschüre haptisch nachempfinden. Die Prospekte sollen mit dem Vegan-Label ausgezeichnet werden, also nachweislich ohne tierische Bestandteile auskommen. Für den UV-Lack, mit dem die Ledernarbung imitiert werden kann, gibt es keinen entsprechenden Nachweis, was die Kennzeichnung unmöglich macht. Ein vorgeprägtes Papier in Lederanmutung entspricht nicht der Struktur der Schuhe. Eine Blindprägung erzielt wegen der geringen Papiergrammatur nicht den gewünschten Effekt.

LÖSUNGSVORSCHLAG Regen Sie an, anstatt Papier das Lederimitat für den Umschlag zu verwenden. Ein höheres Papiergewicht für die Blindprägung ist ebenfalls eine denkbare Lösung.

REGIONALITÄT UND PRODUKTIONSMÖGLICHKEITEN

Die Imagebroschüre eines Kurorts soll als Endlosleporello hergestellt werden. Da Ihre Kundin Leiterin des kommunalen Stadt- und Tourismusmarketings ist, möchte Sie die Broschüre unbedingt regional produzieren lassen. Die nächstgelegene Buchbinderei, die dieses spezielle Produkt wirtschaftlich sinnvoll fertigen kann, liegt 400 km entfernt.

LÖSUNGSVORSCHLAG Finden Sie heraus, wie groß der preisliche Unterschied zu der regionalen Buchbinderei ist, die das Produkt ebenfalls herstellen kann. Regen Sie an, beispielsweise günstigeres

Papier zu verwenden oder bei örtlichen Unternehmen nach einem Sponsoring zu fragen, um die preisliche Differenz aufzufangen.

Diese Beispiele geben die komplexe Realität selbstredend nur unzureichend wieder. Mir war es aber ein Anliegen, Sie auf mögliche Zielkonflikte einzustimmen. In der Praxis ergeben sich von Job zu Job und von Anspruch zu Anspruch völlig unterschiedliche Herausforderungen, die es zu lösen gilt. Kreativität, Abwägungen, Zugeständnisse und Kompromisse sind daher treue Begleiter jeder nachhaltig gedachten Druckproduktion.

BLICK INS BUCH Der Verlag und ich hatten für die beiden Hauptpapiersorten zunächst eine Grammatur von 100 g/m² angedacht. Da das eine Papier aber nicht opak genug war, haben wir uns für ein Flächengewicht von 120 g/m² entschieden. Wir haben also ganz bewusst einen ökologischen Nachteil in Kauf genommen, um das Buch attraktiver und lesbarer zu gestalten.

Zusammenfassung

Was haben Sie aus diesem Kapitel mitgenommen, was ist hängengeblieben? Vielleicht möchten Sie, bevor Sie weiterlesen, das Gelesene noch einmal Revue passieren lassen. Das hilft Ihrem Erinnerungsvermögen für künftige Argumentationen auf die Sprünge. Dabei behilflich ist Ihnen eine kurze und knappe Zusammenfassung, die Sie am Ende eines jeden Kapitels finden.

- Der Nachhaltigkeitsbegriff stammt aus dem 18. Jahrhundert und bezog sich ursprünglich auf die Forstwirtschaft. Erst seit den 1990er-Jahren schließt er soziale und ökonomische Faktoren mit ein.
- Je besser Sie die Bedürfnisse Ihrer Auftraggeber:innen, deren Kund:innen und die unserer Umwelt in Einklang bringen, desto nachhaltiger ist eine Drucksache.
- Nachhaltigkeit ist relativ, nicht absolut. Sie ist auch kein Zustand, sondern ein Prozess.
- Im Sinne einer nachhaltig gedachten Druckproduktion ist die Nutzungs- und Wahrnehmungszeit der Drucksache eine wichtige Währung. Diese können Sie über das Produktdesign beeinflussen.
- Auf dem Feld der Ökologie können Sie Effizienz-, Konsistenz- und Suffizienzstrategien verfolgen. Bedeutet: Sie optimieren den Ressourcenverbrauch und steigern die Naturverträglichkeit. Das rechte Maß finden Sie mit dem Leitsatz »Qualität statt Quantität« oder auch »Weniger ist mehr«.
- CO_2-Bilanzen für Druckprodukte können Sie trotz Ungenauigkeiten nutzen, um die Wirksamkeit von Maßnahmen sichtbar zu machen und um die verursachten Emissionen mit anderen alltäglichen Emittenten zu vergleichen.

- Printmedien sind deutlich umwelt- und waldschonender als es allgemeinhin angenommen wird. Nahezu alle Hölzer für die europäische Papierproduktion stammen aus nachhaltig bewirtschafteten Wäldern.
- Zielkonflikte sind treue Begleiter beim Streben nach mehr Nachhaltigkeit.

Remake Carapace

MERKMALE Hochwertiges, umweltfreundliches, ungestrichenes Papier, dessen besondere Haptik und Anmutung durch die upgecycelten Materialien entsteht | FÄRBUNGEN Oyster, Sand, Smoke, Sky, Autumn, Midnight | GRAMMATUR 120, 250 g/m² | ZERTIFIKATE FSC, EKOenergy | FASERHERKUNFT 25 % Lederreste, 35 % Frischfaser, 40 % Recyclingfasern (Post Consumer Waste) | VOLUMEN 1,50 und 1,62 | BLEICHUNG ECF | DRUCKVERFAHREN Offsetdruck, Trockentoner, HP Indigo | VEREDELUNGEN UV-Lackierungen, Prägungen (Blind- und Heißfolie), Stanzungen, Kaschierungen | FABRIK Favini, Rossano Veneto, Italien | HÄNDLER Favini Deutschland, Bergisch Gladbach | OPAZITÄT 100 % | DIESES MUSTER 120 g/m² Smoke, bedruckt im Digitaldruck von der Ottweiler Druckerei

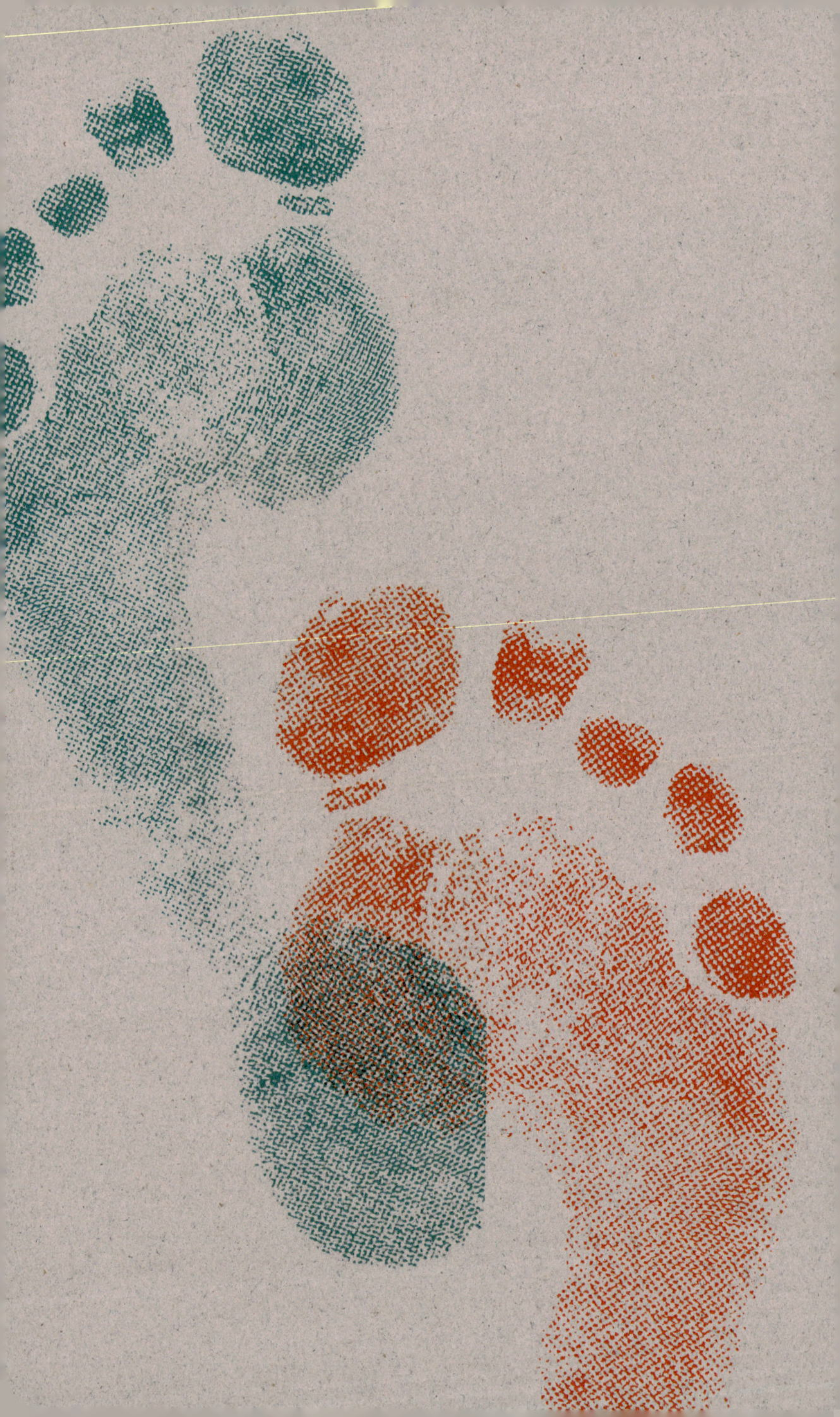

2

Der Anfang ist die Hälfte des Ganzen: Nachhaltigkeit in der Konzeptionsphase.

Haben Sie in der Vergangenheit Druckprojekte ökologisch umgesetzt, fokussierten Sie sich vermutlich auf Bedruckstoffe, Umweltzeichen und die Produktionsbedingungen von Druckereien. Das ist okay. Dieses Vorgehen wird allgemein praktiziert und akzeptiert. Es blendet jedoch Nachhaltigkeitspotenziale aus, die sich außerhalb dieses engen Korsetts befinden. Die mitunter gewichtigeren ökologischen, ökonomischen und sogar sozialen Pluspunkte können Sie bereits in der frühen Phase eines Druckvorhabens entfalten. Hier werden häufig, meist von Ihren Kund:innen, wenig vorteilhafte Projekt- und Produktspezifikationen zementiert, die Sie später nicht mehr aufbrechen können.

Das Problem: In der Anfangsphase eines Projekts sind weitreichende, über den etablierten Fokus hinausgehende Nachhaltigkeitskriterien selten verankert. Ihre Chance: Als Kreativarbeiter:in sind Sie oft früh involviert. Das schafft Gelegenheit, um Druckprojekte ganzheitlich aktiv zu gestalten und so für mehr Nachhaltigkeit zu sorgen. Sie werden erst hinzugezogen, wenn vieles bereits entschieden ist? Dann machen Sie Ihre Auftraggeber:innen auf Ihren neuen Nachhaltigkeitsansatz aufmerksam und bitten darum, früher mit am Tisch sitzen zu dürfen.

In diesem Kapitel finden Sie Vorschläge zu Maßnahmen, die Sie schon in der frühen Konzeptionsphase berücksichtigen können und die nur selten im Kontext einer zukunftsgerechten Druckproduktion betrachtet werden. Freuen Sie sich auf neue Perspektiven!

Mit Menschlichkeit und vorausschauendem Handeln zu mehr Nachhaltigkeit

Sie kennen das nur zu gut: Zeitdruck, unausgegorene Konzepte, ein fehlendes Qualitätsmanagement und wackelige Lieferantenbeziehungen gestalten Druckvorhaben nervenaufreibend, anstrengend und unwägbar. Ich kenne Agenturen, die aufgrund dieser Widrigkeiten nur noch zähneknirschend Druckprojekte betreuen und sich lieber digitalen Projekten zuwenden. Durch meine Brille betrachtet stelle ich fest: Der Lieferantenpflege, einer kreativen Produktentwicklung und soliden Produktionsplanung fließen nur selten die notwendigen Ressourcen zu. Das Ergebnis: Kommunikationsprobleme, Reklamationen, Nachdrucke und bestenfalls mittelmäßige Druckprodukte, die weder begeistern noch überzeugen.

Nutzen Sie die folgenden Anregungen, um mehr Stabilität, Qualität, Arbeitszufriedenheit und damit Nachhaltigkeit in Ihre Druckprojekte zu bringen.

Wertschätzende Arbeit und stabile Beziehungen

Ein wohlgesinntes Miteinander und langfristige Geschäftsbeziehungen bilden das Fundament nachhaltigen Handelns. Dabei ist diese Offensichtlichkeit in unserer beruflichen Praxis keine Selbstverständlichkeit: Missgunst, Rivalität und Preiskämpfe sind erlebte und gelebte Realität.

Sie möchten nicht, dass Ihre Klient:innen untreu werden, weil Mitbewerber:innen ihre Kreativität für kleineres Geld anpreisen? Sie erwarten Loyalität, auch wenn mal etwas nicht rund läuft? Ihre

Hier geht es weiter mit dem Papier Pureprint Nature Ivory. Die Spezifikationen finden Sie auf Seite 11.

Traumkund:innen sind sympathisch, fair, zahlen anständige Honorare und versorgen Sie mit interessanten Aufträgen? Falls ich mit diesen Annahmen richtig liege: Erfüllen auch Sie diese Ansprüche gegenüber Ihren Dienstleister:innen und Geschäftspartner:innen? Oft fordern wir mehr, als wir geben. Eine Selbstreflexion kann der Einstieg in gesunde, prosperierende Geschäftsbeziehungen und einen nachhaltigen Habitus sein.

Nicht erst seit dem Aufkommen der Onlinedruckereien schwindet die Lieferantentreue. Der Preis ist häufig das einzige Kriterium bei der Vergabe von Druckjobs. Reklamationen und Nachdrucke werden hingenommen, ohne den Problemen auf den Zahn zu fühlen. Beim nächsten Auftrag wird stattdessen der Dienstleister gewechselt. Zwischenmenschliches ist zunehmend unerwünscht. Druckaufträge platzieren Sie längst digital und ohne persönliches Gespräch. Das ist in Ordnung, und doch bleibt ohne Dialog der kreative Austausch auf der Strecke. Das Ergebnis mündet leider oft in standardisierten Massendrucksachen, die in unserer reizüberfluteten Welt kein Auge mehr zum Strahlen bringen. Diese wenig nachhaltige Entwicklung trägt dazu bei, dass Druckerzeugnisse und die dahinterstehende Arbeit nur noch selten wertgeschätzt werden.

Bemühen Sie sich um positive, vertrauensvolle und stabile Beziehungen zu Kund:innen, Dienstleistern und Lieferanten. Sprechen Sie offen Probleme und Herausforderungen an. Erarbeiten Sie gemeinsam kreative Lösungen und sagen Sie zwischendurch mal »Danke«.

Es läuft gut mit Ihren Papierhändlern, Druckereien und Buchbindern? Dann bleiben Sie ihnen treu, auch wenn Mitbewerber mit Schleuderpreisen locken. Denn in der langfristigen Gesamtrechnung ist der »billige Jakob« oft nur auf den ersten Blick günstiger. Bewahren Sie sich dennoch eine Offenheit und verschließen Sie sich nicht vor neuen Geschäftsbeziehungen.

Sie haben sympathische, aufmerksame und fähige Partner:innen gefunden? Bestenfalls in Ihrer Region? Glückwunsch! Dann macht auch die Produktentwicklung Spaß. Das persönliche Gespräch mit reizenden und kompetenten Menschen beflügelt Ihre

Kreativität und bringt eine neue Qualität in Ihre Arbeit. Steigen Sie in den Ring, suchen Sie inspirierende Sparringspartner:innen und bringen Sie Druckobjekte in die Welt, die nachhaltig sind, weil sie nachhallen und wertgeschätzt werden. Es lohnt sich!

Auf dem Weg zu stabilen Bündnissen werfen Sie gleichzeitig unnötigen Ballast über Bord. Verabschieden Sie sich von toxischen Geschäftspartner:innen. Lehnen Sie, falls es Ihr Auftragsvolumen zulässt, Neukund:innen ab, bei denen die Chemie nicht stimmt. Ich verspreche Ihnen: Ihre Arbeitszufriedenheit und Ihr kreativer Output werden ungeahnte Höhen erreichen!

KURZE EINKEHR Denken Sie ein paar Augenblicke über Ihre Haltung gegenüber Kund:innen und Dienstleister:innen nach. Ist hier alles im grünen Bereich? Wo sehen Sie Verbesserungspotenziale?

Stress und Zeitnot: Gegenspieler der Nachhaltigkeit

Eine realistische Zeitplanung für den Gesamtprozess eines Druckvorhabens ist in Ihrer und meiner beruflichen Praxis rar. Am Ende eines oft kräftezehrenden Projekts sind vereinbarte Deadlines selten ohne Stress, Hektik und Mehrarbeit leistbar. Diese ungesunde Arbeitsweise führt häufig zu mangelhaften Ergebnissen, mit denen trotz großen Eifers niemand richtig zufrieden ist. Mögliche Konsequenzen: Nacharbeiten und Nachdrucke, die die ökonomischen und ökologischen Kosten oft mehr als verdoppeln. Auch das kennen Sie: Ein zuvor stimmiges Miteinander wird unter Strapazen schnell disharmonisch. Ganz zu schweigen von Ihrem ungeplanten Mehreinsatz, der persönliche, berufliche und soziale Kosten mit sich zieht. Ich sehe es wie der Automobilpionier Henry Ford. Der erkannte schon im 19. Jahrhundert, dass der größte Feind der Qualität die Eile ist.

Bei einer Druckproduktion manifestieren sich Ihre kreativen Ideen in einem analogen Produkt, dass sich, anders als bei digitalen Medien, nicht mehr oder kaum noch korrigieren lässt. Das Risiko eines mangelhaften Druckprodukts steigt mit der Komplexität, fehlenden Lieferantenbeziehungen und einem unzureichenden Qualitätsmanagement. Mit den Folgen sind Sie vertraut: Die Farben entsprechen nicht den Erwartungen, die Seitenreihenfolge ist durcheinandergeraten oder das Papier ist im Falz aufgebrochen. Das Spektrum möglicher Fehler ist riesig und doch haben sie eine Gemeinsamkeit: Sie führen immer zu enttäuschten Gesichtern.

WISSENSWERT Während Sie bei Ihrer »Hausdruckerei« im Reklamationsfall die Produktionszeit für den Nachdruck eventuell positiv beeinflussen können, haben Sie bei Online-Druckereien diese Möglichkeit meist nicht.

Zu enge Zeitpläne führen oft zu mangelhaften Printmedien und können ein Nachhaltigkeitsengagement regelrecht torpedieren. Fordern Sie realistische Fristen und Abgabetermine aktiv ein. Machen Sie Ihren Auftraggeber:innen die Bedeutung im Nachhaltigkeits- und Qualitätskontext klar. Die Gleichung ist simpel: Eine nüchterne, qualitätssichernde Maßnahmen und mögliche Fehler berücksichtigende Projektplanung führt zu einer höheren Arbeitszufriedenheit, stabilieren Prozessen und besseren Ergebnissen.

Gerne teile ich mit Ihnen ein paar einfache Tipps, die sich bei meinen Druckprojekten in Bezug auf die Terminplanung bewährt haben:

- Klären Sie früh, ob die ausgewählten Bedruckstoffe kurzfristig lieferbar sind. Reservieren Sie nach Möglichkeit die benötigte Menge. Produzieren Ihre Kund:innen periodisch, fragen Sie Ihren bevorzugten Druckbetrieb, ob er beispielsweise einen Jahresbedarf einlagern kann. Dieses vorausschauende Vorgehen kann sich auch positiv auf die Papierkosten auswirken.

- Sobald die technischen Spezifikationen feststehen, Sie Angebote eingeholt und sich für eine Druckerei entschieden haben, sprechen Sie den Auftrag gewissenhaft durch. Berücksichtigen Sie dabei auch qualitätssichernde Maßnahmen. Ihre Druckerei nennt Ihnen unter diesen Angaben einen Produktionszeitraum. Sobald der Termin für die Datenabgabe steht, informieren Sie Ihren Druckbetrieb und reservieren Sie entsprechende Kapazitäten.
- Bei zeitkritischen Vorhaben, die absolut keinen Aufschub des Liefertermins zulassen, kalkulieren Sie die gesamte Druckproduktion mindestens mit dem doppelten Zeitfaktor. Nur so stellen Sie und Ihre Kund:innen sicher, dass im Reklamationsfall das Produkt spätestens zum angedachten Termin in der avisierten Qualität lieferfähig ist.

Gerne möchte ich Sie auch auf die selten gewordene Zunft der Print-Produktioner:innen (zu denen ich mich ebenfalls zähle) hinweisen. Unabhängige Druckexpert:innen sorgen für eine reibungslose und professionelle Abwicklung Ihrer Druckprojekte. Sie schonen Ihre und die Nerven Ihrer Auftraggeber:innen, kennen Materialien, Produktionsmethoden und Betriebe, die Sie vielleicht nicht auf dem Schirm haben. Sie kümmern sich ebenso um die Einhaltung von Terminen, das Qualitätsmanagement und die Lösung logistischer Herausforderungen. Meist überkompensieren Print-Produktioner durch hervorragende Lieferantenbeziehungen und Marktkenntnisse das zusätzliche Honorar. Denken Sie kurz einmal darüber nach, wie sich Ihre Arbeitsqualität verbessern würde, wenn Sie sich nicht mehr um die Abwicklung anspruchsvoller Druckjobs kümmern müssten.

EINE KURZE REFLEXION Welcher Druckauftrag aus Ihrer beruflichen Vergangenheit ist aufgrund einer unrealistischen Terminplanung missglückt? Was würden Sie rückblickend anders machen, um diesen Auftrag entspannt und ohne Zeitnot über die Bühne zu bekommen?

Qualitätssicherung zur Minimierung ökologischer, sozialer und finanzieller Risiken

Eng verwandt mit einer realistischen Terminplanung ist die Qualitätssicherung, die ebenfalls auf die Nachhaltigkeit Ihrer Druckprojekte einzahlt. Denn mit qualitativen Überraschungen und Zufallsergebnissen erhöhen Sie das Produktionsrisiko und damit die Gefahr von Nachdrucken oder Nacharbeiten. Die gilt es zu vermeiden, denn sie eskalieren die ökologischen, finanziellen und oft auch die sozialen Folgen. Qualitätsmängel führen zu zwischenmenschlichen Verstimmungen, einer geringen Wertschätzung gegenüber dem Druckprodukt und oft zu unkalkulierter (und manchmal unvergüteter) Mehrarbeit.

Fordern Sie von Ihren Auftraggeber:innen, wann immer es ein Projekt zulässt, Kosten, Zeit und personelle Ressourcen für die Qualitätssicherung ein. Ich weiß, das Verständnis hierfür ist meist gering, aber eine angemessene Qualitätssicherung ist ein wichtiger Baustein im Nachhaltigkeitskomplex. Auch wenn qualitätssichernde Maßnahmen zusätzliche Ressourcen benötigen, werden die finanziellen und ökologischen Kosten im Reklamationsfall mehr als überkompensiert. Wenn Sie ein Haus bauen, überlassen Sie es auch nicht dem Zufall, ob Ihre Erwartungen mit dem Ergebnis übereinstimmen. Sie werden Zwischenergebnisse reklamieren oder freigeben. Und so verhält es sich auch mit Druckjobs, deren Qualität Sie nicht im Blindflug sicherstellen können.

DEFINITION Qualität ist, wenn der Kunde zurückkommt und nicht das Produkt.

Damit Sie passende qualitätssichernde Maßnahmen für Ihre Druckprojekte bestimmen können, habe ich folgend die wesentlichen für Sie aufgeführt.

MATERIALMUSTER Die Auswahl möglicher Bedruckstoffe, die in der Fachsprache auch Substrate oder Drucksubstrate genannt werden, ist unüberschaubar und ist nicht nur auf Papier limitiert. Damit Sie den für das jeweilige Projekt perfekten Bedruckstoff aufspüren können, benötigen Sie und Ihre Kund:innen zwingend sensorische Eindrücke, die Sie ausschließlich über analoge Muster gewinnen. Egal ob exotisch oder trivial: Lassen Sie sich nicht erst beim fertigen Produkt von der Wirkung der eingesetzten Materialien überraschen. Klären Sie auch, ob das gewünschte Substrat überhaupt bedruckbar ist.

WEISSMUSTER, DUMMYS Bei Verpackungen, besonderen Bindungen, Falzungen und Bedruckstoffen sollten Sie vor der Drucklegung anhand von Prototypen das spätere Ergebnis simulieren und buchstäblich begreifbar machen. Nur so treiben Sie die Produktentwicklung voran und minimieren das Produktionsrisiko sinnvoll. Die Muster entsprechen dem Bedruckstoff, dem Seitenumfang, der Verarbeitung und den Originalmaßen. Weißmuster sind unbedruckt, Dummys bedruckt.

WISSENSWERT Weißmuster für Bücher werden auch Blindband oder Umfangband genannt. Im Verpackungsbereich sind Dummys weit verbreitet, um Falltests durchzuführen und die Passgenauigkeit des Füllguts zu garantieren.

FARBPROOFS Dieser Klassiker der Qualitätssicherung wird auch Hardproof oder Kontraktproof genannt. Farbproofs simulieren standardisiert und rechtssicher den Farbeindruck der anschließenden Druckproduktion. Sie werden mit Tintenstrahldruckern auf speziellen Proofpapieren gedruckt. Die Farbe des Auflagenpapiers wird simuliert. Farbproofs geben daher keine Auskunft über die Haptik des Drucksubstrats. Sonderfarben aus beispielsweise dem Pantone- oder HKS-System können Sie mittels Farbproofs nicht exakt und farbverbindlich nachahmen. Metallic- und Leuchtfarben sind nach dem heutigen Stand der Technik nicht über Proofs simulierbar. Hierfür benötigen Sie einen Andruck.

SOFTPROOFS Softproofs sind die digitalen Schwestern analoger Farbproofs. Sie lassen sich schnell anfertigen, aktualisieren und digital versenden. Sie verursachen keine Druck- und Versandkosten und sind eine kostengünstige Alternative zum Hardproof. Aber: Für verbindliche Farbsimulationen müssen Sie und Ihre Kund:innen linearisierte und kalibrierte Monitore verwenden. Softproofs können Sie aufgrund der geringen Kosten und schnellen Verfügbarkeit gut für die Schlusskorrektur einsetzen. Ich rate für die finale Inhaltskontrolle allerdings zum Formproof, da Sie Fehler meiner Erfahrung nach auf analogen Ausdrucken deutlich zuverlässiger aufspüren können.

FORM-, STAND- UND LAYOUTPROOFS Anhand analoger Layoutproofs überprüfen Sie die Standrichtigkeit von Texten und Grafiken. Sie können sie ebenfalls für das finale Korrektorat nutzen. Beim Ausdruck mehrseitiger Prüfdrucke sprechen wir in der Fachsprache von Form- oder Standproofs, die zusätzlich zur Kontrolle der korrekten Seitenreihenfolge und des Ausschießschemas eingesetzt werden. Diese Proofs sind nicht farbverbindlich und werden nicht auf den Auflagenpapieren gedruckt. Sie sind deutlich kostengünstiger als Farbproofs und Andrucke.

ANDRUCK Andrucke werden auf den Druckmaschinen, Bedruckstoffen und mit den Farben und Veredelungen angefertigt, die im späteren Auflagendruck zum Einsatz kommen. Sie sind daher das aussagekräftigste Verfahren zur Qualitätssicherung. Aufgrund hoher Kosten werden Ihre Kund:innen Andrucken nur selten zustimmen. Insbesondere bei ungewöhnlichen Drucksubstraten und/oder einem sehr hohen Qualitätsanspruch sind sie jedoch unverzichtbar.

AUS DER PRAXIS Farbproofs und Andrucke sind relativ teuer. Günstiger wird es, wenn Sie einen Bogen arrangieren, der nur diejenigen Elemente darstellt, bei denen Farbverbindlichkeit besonders wichtig ist. Verwenden Sie Abbildungsausschnitte, um noch mehr auf einen Bogen zu bekommen. Neben den finanziellen sind die ökologischen Kosten bei Andrucken insbesondere im Offsetdruck aufgrund der Druckplatten und der benötigten Makulatur hoch.

STANDARDISIERTER FREIGABEPROZESS Proofs, Andrucke und Muster werden von Ihnen und/oder Ihren Kund:innen vor Drucklegung freigegeben. Diese Schlusskorrektur ist oft die letzte Möglichkeit, Änderungen kostengünstig vorzunehmen. Ist das Produkt gedruckt, dann sind alle Korrekturwünsche mit ökologischen, finanziellen und oft auch sozialen Mehrkosten verbunden. Trotz der Bedeutung dieser finalen Freigabe wird ihr in der Praxis nicht immer die notwendige Aufmerksamkeit geschenkt. Mit einem systematischen Vorgehen anhand einer Kontrollliste bringen Sie Stabilität, Scharfsinn und Konzentration in Ihren Freigabeprozess. Wird die Freigabe von Ihren Kund:innen vorgenommen, ist ein zu validierendes Dokument eine sinnvolle Maßnahme, um sie rechtssicher zu gestalten.

HILFREICH Ich habe eine Checkliste für einen standardisierten Freigabeprozess für Sie angefertigt. Das Dokument können Sie über diesen QR-Code herunterladen und an Ihre individuellen Bedürfnisse anpassen.

DRUCKABNAHME Die Druckabnahme ist die allerletzte Kontrollinstanz und findet direkt an der Druckmaschine statt. Dabei kontrollieren Sie und/oder Ihre Kund:innen am Kontrollstand der Maschine, ob der Auflagendruck ihren Erwartungen entspricht. Druckabnahmen können zeitintensiv und kostspielig sein. Bei Jobs mit einem hohen Qualitätsanspruch und/oder einem großen Auftragsvolumen ist der Verzicht auf die finale Kontrolle an der Druckmaschine ein vermeidbares Qualitätsrisiko. Auch bei der Druckabnahme bietet sich ein standardisiertes Vorgehen an.

NÜTZLICH Eine hilfreiche Checkliste für die Druckabnahme können Sie über diesen QR-Code herunterladen.

WEITERVERARBEITUNG Sofern Ihr Druckprojekt eine anspruchsvolle Weiterverarbeitung durchläuft, macht eine Kontrolle vor Ort ebenfalls Sinn. Das betrifft nicht nur die Arbeiten in der Buchbinderei, sondern auch beispielsweise Veredelungen, Konfektionierungen oder spezielle logistische Anforderungen.

WICHTIG Wenn Sie qualitätssichernde Maßnahmen durchführen, klären Sie mit Ihren Kund:innen vorab unbedingt Haftungsfragen. In der Praxis geht dieser Aspekt oft unter. Entgeht Ihnen etwas, dann kommen Sie im Reklamationsfall gegebenenfalls für die Kosten auf. Das kann bei größeren Aufträgen Ihre finanzielle Existenz ruinieren. Klären Sie, ob eine Medien-Versicherung für Sie in Frage kommt, die Sie im Schadensfall absichert.

FAUSTREGEL Je komplexer und exklusiver der Druckjob, je höher der Qualitätsanspruch und je größer das Auftragsvolumen, desto mehr Geld, Zeit und Ressourcen sollten Ihre Auftraggeber:innen in qualitätssichernde Maßnahmen investieren.

Der Fauxpas als Chance: Mit einer offenen Fehlerkultur zu mehr Nachhaltigkeit

Insbesondere die deutsche Geisteshaltung deutet Fehler als ein Ausdruck des Scheiterns. Pannen, Missgeschicke und Irrtümer sind in unserer Kultur unerwünscht und führen zu Scham, Schadenfreude und Sanktionen. Aber Fehlschläge sind unabdingbar für Verbesserungen: Auch Sie sind unzählig oft auf den Hintern gefallen, bevor Sie das Laufen lernten. Ihren missglückten Gehversuchen begegnete man gewiss nicht mit Bestrafung und Verspottung. Schon in der Schule – spätestens aber im Berufsleben – kippt die Stimmung und Hinfallen wird nicht mehr gerne gesehen.

Trotz Akribie, Berufserfahrung und Qualitätssicherung passieren Fehler während der Druckproduktion. Sie tauchen auf, aus heiterem Himmel, und bringen mitunter selbst Profis zum Staunen. Einige Mängel sind weniger gravierend als andere. Manche springen rechtzeitig ins Auge, andere erst, wenn das Kind in den Brunnen gefallen ist. Aber alle Fehler bergen ein Potenzial für künftige Verbesserungen. Die einzige Bedingung: Sie, Ihre Kolleg:innen, Kund:innen und Dienstleister:innen finden einen Kurs, der einen konstruktiven Umgang mit ungewollten Ergebnissen und deren Konsequenzen garantiert. Akzeptieren Sie Missgeschicke als ein notwendiges Übel. Suchen Sie nach Lernmöglichkeiten und Lösungen, nicht nach Schuldigen und Sündenböcken.

EIN KURZES NACHSINNEN Wie gehen Sie persönlich mit beruflichen Fehlern um, die Sie oder Dritte verursachen? Sehen Sie darin lediglich ein Ärgernis oder eine Chance für Verbesserungen?

Eine gelebte und offene Fehlerkultur führt zu besseren Produkten, geringeren Reklamationsquoten und weniger Zufallsergebnissen. Sie schafft frische Lösungsansätze, stabilere Beziehungen und neues Wissen. Der fruchtbare Umgang mit Herausforderungen hat daher positive Auswirkungen auf Umwelt, Kosten und auf das soziale Miteinander. Der Fauxpas ist somit eine tragende Säule im Bestreben nach mehr Nachhaltigkeit. Gleichgültig, ob Sie angestellt in einem Unternehmen arbeiten oder selbstständig unterwegs sind: Eine lernorientierte Kultur des Scheiterns ist eine Geisteshaltung, mit der Sie Ihre Mitmenschen gerne infizieren dürfen.

ZITAT »Failure is not the opposite of success, it's part of success.« Arianna Huffington, Mitbegründerin der »The Huffington Post«.

So einfach und sinnvoll das für Sie klingen mag: In der Praxis ist es keine leichte Aufgabe, eine offene Fehlerkultur zu etablieren. Es treten Probleme auf, die außerhalb Ihres Verantwortungsbereichs liegen, Kolleg:innen oder Kund:innen ziehen nicht mit und im zeitkritischen Arbeitsalltag fehlen oft die Ressourcen, um Lösungen auszutüfteln. Dennoch: Wenn Sie Ihre beruflichen Gefährten anstiften möchten, dann verdeutlichen Sie ihnen die Bedeutung einer offenen Fehlerkultur im Kontext der sozialen, ökologischen und ökonomischen Nachhaltigkeit.

NUTZEFFEKT Sie sind selbstständig? Dann verstehen Sie die Etablierung einer offenen Fehlerkultur als ein hervorragendes Kundenbindungsinstrument.

TIPP Halten Sie Fehler und gefundene Lösungen schriftlich fest. Nur so bewahren Sie neu geschaffenes Wissen und Vereinbarungen dauerhaft.

Für eine Fehleranalyse ist es hilfreich, die häufigsten Ursachen und Fehlerarten zu kennen. Hier finden Sie eine Auflistung mit Beispielen. Sie haben keinen Anspruch auf Vollständigkeit.

FEHLERURSACHEN

- mangelhafte Kommunikation, durch Desinteresse, Überforderung oder Ablenkung
- Unachtsamkeit, durch Zeitnot und Stress
- Arroganz, da Mitstreiter:innen schon alles zu wissen glauben
- Missverständnisse, durch undokumentierte Absprachen
- fehlende Standards, durch Unkenntnis
- fehlerhafte Ausführung, durch mangelnde Erfahrung

FEHLERARTEN

- kommunikative Fehler, wie nicht weitergegebene Änderungen oder nicht gelesene neue Anweisungen
- inhaltliche Fehler, wie Tippfehler oder falsche Daten in Tabellen
- technische Fehler, wie Farbabweichungen oder fehlerhafte Druckdaten
- rechtliche Fehler, wie fehlende Lizenzen oder Missachtung der Impressumspflicht
- ethische Fehler, wie diskriminierende Wortwahl oder abfälliges Bildmaterial

EIN BLICK NACH VORNE Wenn Sie Ihre Aufmerksamkeit für die Lösung von Problemen geschärft haben, dann handeln Sie zusätzlich präventiv. Ihnen fallen potenzielle Fehlerquellen auf, die bisher nicht zu Unannehmlichkeiten führten? Dann finden Sie Wege, damit das so bleibt.

MERKENSWERT Vermeiden sie unbedingt ethische Fehler! Sie führen schnell zu einer ungewollten Öffentlichkeit, die Unternehmen nachhaltig schädigen kann.

AUS DER PRAXIS Technische Fehler sind entweder offensichtlich oder sie machen sich erst nach längerer Zeit bemerkbar. Die Migration von Farbbestandteilen in ein Füllgut, der Bruch von Klebstoffen in Bindungen oder auch die Ablösung von Folienkaschierungen sind Beispiele für drucktechnische Probleme, die sich erst während der Nutzungsphase einer Drucksache zeigen.

Weniger ist mehr: So sparen Sie Kosten und Ressourcen durch Relevanz

Der größte ökologische Nachhaltigkeitshebel versteckt sich im Papier. Es verursacht einen Großteil der CO_2-Emissionen und benötigt die wertvolle Ressource Holz. Ein unnötig hoher Papierverbrauch macht weder ökologisch noch ökonomisch Sinn. Ihr Ziel muss es folglich sein, Ihre Kund:innen dazu zu bewegen, nur so viel Papier wie nötig und so wenig wie möglich zu bedrucken. Das ist eine praktizierte Selbstverständlichkeit, werden Sie jetzt denken. Tatsächlich aber treffen Ihre Auftraggeber:innen oft schon in der frühen Phase eines Druckvorhabens Entscheidungen, die zu einem unnötig hohen Papiereinsatz führen.

Diese Fehlentscheidungen einzuschätzen und früh aufzudecken, ist mein Anliegen für diesen Abschnitt. Sie lernen, wie Sie Seitenumfänge und Auflagen reduzieren, dabei Budget sowie Umwelt schonen und Druckprodukte so gestalten, dass sie relevanter für Ihre Auftraggeber:innen und deren Kund:innen werden. Viel Spaß damit!

Die inhaltliche Relevanz Ihres nachhaltig gedachten Druckprojekts

Gedrucktes muss selbstverständlich relevant sein. Bücher, Zeitschriften und Magazine wollen gelesen werden, Werbung möchte überzeugen und zu einer Reaktion verführen. Insbesondere Werbedrucksachen haben einen großen inhaltlichen Streuverlust und sind in der Regel nicht auf die individuellen Empfängerpräferenzen abgestimmt. Verkaufskataloge beispielsweise sind selten geschlossene Werke, sie setzten sich aus unterschiedlichen, voneinander mehr oder weniger unabhängigen Inhalten zusammen. Und nicht alles davon ist für die Rezipienten und Rezipientinnen relevant: Die Veganerin ignoriert die in einem Modekatalog feilgebotenen Lederschuhe mit Kaninchenfellfütterung. Ein Schallplattensammler kauft keine CDs und ein Fußballspieler keine Tennisschläger.

Nehmen Sie diesen Blickwinkel ein, wird die praktizierte Verschwendung sichtbar und offenbart die Schwächen (nicht nur) gedruckter Werbung: den inhaltlichen Streuverlust beziehungsweise die fehlende inhaltliche Relevanz. Gehen Sie zielgerichteter vor und stimmen Content auf die Vorlieben einzelner Adressat:innen ab, dann können sich daraus folgende Vorteile ergeben:

- Reduzierung von Seitenumfängen
- Senkung von Papier-, Druck- und Transportkosten
- Minimierung von CO_2-Emissionen
- Steigerung der Akzeptanz bei den Adressat:innen
- Erhöhung von Responsequoten
- geringes Reputationsrisiko durch verschwenderische Printmedien
- Zeitersparnis bei den Empfänger:innen, daher größere Wahrscheinlichkeit gelesen zu werden

Gerne verdeutliche ich Ihnen die Chancen einer optimierten inhaltlichen Relevanz anhand dieses Beispiels aus meinem Privatleben:

Ich sammle Schallplatten und bin beim Musikkonsum, wie es der Jazzmusiker Chet Baker gesagt hätte, »old fashioned« unterwegs. Mein »Schwarzes Gold« bestelle ich überwiegend bei einem Onlinehändler aus Deutschland. Dieser sendet mir wöchentlich einen E-Mail-Newsletter, der ausschließlich Schallplatten-Neuheiten aus den Musik-Genres Jazz, Blues und Exotica präsentiert. Das ist möglich, da der Händler bei der Newsletteranmeldung abfragte, welche Medien und Musikstile mich ansprechen. Alle drei Monate bekomme ich einen gedruckten Katalog mit rund 100 Seiten zugeschickt. Und was sehe ich dort? Überwiegend CD-Neuerscheinungen aus über zwanzig Musikstilen! Circa 90 Prozent der dargestellten Produkte sind für mich irrelevant. Der inhaltliche Streuverlust ist verschwenderisch groß, beziehungsweise ist die inhaltliche Relevanz verschwindend gering. Würden Sie einen solchen Katalog als nachhaltig bezeichnen, auch wenn er auf Recyclingpapier gedruckt und mit einem Öko-Label ausgezeichnet wurde?

Ich denke, dieses Beispiel illustriert zwei Aspekte anschaulich: Zum einen, wie sich die digitale von der analogen Kommunikation im Individualisierungsgrad unterscheidet, obwohl es dafür nur wenig gute Gründe gibt. Und zweitens, wie sehr ökologische und ökonomische Faktoren von der inhaltlichen Relevanz abhängig sind. In diesem Fall hat der Händler die Möglichkeit, die bedruckte Papiermenge drastisch zu reduzieren, Druck-, Transport- und Versandkosten einzusparen und die Umweltauswirkungen zu minimieren. Gleichzeitig steigt durch eine zielgerichtetere Ansprache die Akzeptanz beim Empfänger, beziehungsweise bei der Empfängerin.

Anstatt alle Kund:innen mit einer inhaltlich identischen Drucksache zu versorgen, sind verschiedene, auf die jeweiligen Interessen abgestimmte Varianten in vielerlei Hinsicht deutlich attraktiver. Dabei können die Seitenumfänge und Werbeanzeigen pro Version ebenso variieren, wie das Format oder die Bindung. Ist das Interessenfeld eng, produzieren Ihre Auftraggeber:innen anstatt eines Kataloges vielleicht nur ein kleines Mailing und sparen so weitere Ressourcen ein.

Diesen einfachen »Kniff« müssen Sie schon in der frühen Konzeptionsphase mitdenken und verankern. Verdeutlichen Sie Ihren Kund:innen die Vorteile, die mit dieser Möglichkeit verbunden sind. Regen Sie zusätzlich an, einen Teil der Ersparnisse beispielsweise in eine Druckveredelung, soziale Projekte oder Umweltschutz zu investieren.

LESENSWERT Gerhard Märtterer ist ein alter Hase, Pionier und Experte des hyperpersonalisierten Drucks. In diesem lesenswerten Interview sprach ich mit ihm über die nicht mehr ganz so neue Art und Weise, Druckprojekte inhaltlich individuell auszugestalten.

Bei der Konzeption entsprechender Druckprojekte ist für Sie das Wissen über diese drei Individualisierungsstufen hilfreich:

ONE-TO-MANY Alle Druckobjekte sind identisch.

BEISPIEL Der Schallplattenhändler verschickt inhaltsgleiche Kataloge an alle Kund:innen.

ONE-TO-FEW Empfänger:innen werden in Gruppen segmentiert und entsprechend inhaltlich adressiert.

BEISPIEL Die Einteilung der Adressat:innen erfolgt in drei Gruppen: CD-Sammler:innen, Schallplattensammler:innen, CD- und Schallplattensammler:innen. Die Kataloge werden entsprechend versioniert.

ONE-TO-ONE Höchste Individualisierungsstufe. Inhalte sind auf jeden einzelnen Empfänger und jede einzelne Empfängerin zugeschnitten.

BEISPIEL Im Katalog sind ausschließlich Neuerscheinungen abgebildet, die dem persönlichen Musikgeschmack der Adressat:innen entsprechen. Zusätzlich werden Alben vorgestellt, die im Online-Wunschzettel der Kund:innen vermerkt sind. Empfänger:innen werden auf dem Umschlag namentlich angesprochen. Konzertanzeigen sind auf die individuellen Musikpräferenzen abgestimmt und Anfahrtskarten stellen den Fahrtweg und die Fahrtzeit vom Wohnort zu den einzelnen Veranstaltungsorten dar.

ACHTUNG FACHJARGON Für den Druck nach dem One-to-One-Prinzip etablierten sich in den letzten Jahren die Begriffe »programmatisches Drucken« oder »Programmatic Print«.

Während Sie Printmedien mit der höchsten Individualisierungsstufe zwingend im Digitaldruck produzieren müssen, können Sie in den anderen Stufen auch den klassischen Offset nutzen. Letztlich entscheiden der Individualisierungsgrad und die Auflage über das Druckverfahren. Das Potenzial für eine sinnvolle Reduktion von Seitenumfängen ist in allen drei Individualisierungstiefen gegeben. Die Möglichkeiten sind vielfältig, grundsätzlich gilt: Je individueller das Druckprodukt, desto mehr Empfängerinformationen benötigen Ihre Kund:innen. Quellen hierfür können sein:

- Stammdaten (Geschlecht, Alter, Wohnort, Geburtstag)
- Kaufhistorie (z. B. Konfektionsgrößen, Produktkategorien, Preisbereitschaft)
- Merkzettel und Listen in Onlineshops
- Suchverhalten im Onlineshop
- Befragungen der Kund:innen, online oder analog
- selbst entwickelte Segmentoren / Buyers Persona

SIE MÖCHTEN ES ETWAS GREIFBARER?
HIER EINIGE PRAXISBEISPIELE:

- Die 124-seitige Bedienungsanleitung einer Kaffeemaschine wird in den 24 Amtssprachen der EU verfasst. Künftig werden 24 Länderversionen in den jeweiligen Amtssprachen und in Englisch produziert. Der Seitenumfang pro Anleitung reduziert sich somit auf zwölf Seiten. Eine Umstellung der Versandlogistik macht dies möglich. Dabei bekommt jede Produktverpackung für jedes Zielland einen eigenen Barcode.

- Der 60-seitige Prospekt eines Modehändlers für Frauen bildet das Gesamtsortiment aller Neuheiten ab. Durch eine Analyse der Bestellhistorie werden die individuellen Präferenzen in

Bezug auf Materialien, Farben, Konfektionsgrößen und die Preisbereitschaft festgestellt. Künftig finden sich im Katalog überwiegend Kleidungsstücke, die sich mit den jeweiligen Vorlieben einzelner Kundinnen decken und deren Kleidergrößen lieferbar sind. Der Umfang reduziert sich auf 24 Seiten.

- Der 200-seitige Geschäftsbericht eines Betonwerkes beinhaltet auf 60 Seiten umfassende Finanzkennzahlen, die in dieser Tiefe für die meisten Rezipient:innen uninteressant sind. Im nächsten Bericht werden die Kennzahlen auf zehn Seiten zusammengefasst und vollumfänglich online zur Verfügung gestellt. Der Umfang reduziert sich auf 150 Seiten.

Sie erkennen sofort: Das in unserer beruflichen Praxis brachliegende Nachhaltigkeitspotenzial ist riesig. Bei der Konzeption von Druckvorhaben kann es folglich ein Ziel sein, die inhaltliche Relevanz für die Adressat:innen Ihrer Kund:innen zu optimieren und gleichzeitig die Menge an bedrucktem Papier zu reduzieren. Das ist nicht immer einfach, aber oft möglich. Werden Sie auch in diesem Sinne das, was Sie längst sind: Kreativ!

IHR WISSENSVORSPRUNG Für volladressierte, per Post zugestellte Werbesendungen benötigen Ihre Auftraggeber:innen keine explizite Zustimmung der Adressat:innen. Das ist ein riesiger Vorteil gegenüber beispielsweise E-Mail-Newslettern, die eine entsprechende Erlaubnis der Empfänger:innen gemäß DatenschutzGrundverordnung (DSGVO) voraussetzen (Stand: 2023).

LESENSWERT In der Marketingstrategie der Baumarkt-Handelskette »Obi« spielen konventionelle Massenprospekte seit 2023 keine Rolle mehr. Lesen Sie in diesem Interview, wie es das Unternehmen mittels personalisierter Druckprodukte schafft, Kunden und Kundinnen zielgerichteter zu erreichen und dabei enorme Papiermengen einzusparen.

Rein technisch betrachtet können Sie ebenfalls Verlagsprodukte, wie Magazine, Zeitungen und Zeitschriften auf individuelle Präferenzen abstimmen. Vorstellbar ist, dass Abonnent:innen ihre Interessen angeben und Sie die Ausgaben entsprechend versionieren oder individualisieren. Trotz einiger Versuche in der Vergangenheit hat sich dieses Vorgehen bisher nicht durchgesetzt. Maßgeschneiderte Bücher, in denen Sie Bilder und Texte anpassen können, sind jedoch längst erhältlich. Sie kennen diese Möglichkeit vielleicht aus dem Segment der Kinderbücher. Denkbar sind beispielsweise auch Kochbücher, die individuelle Essgewohnheiten und Lebensmittelunverträglichkeiten berücksichtigen, oder Reiseführer, die persönliche Vorlieben und Lebensumstände einbeziehen. Gehen Sie so vor, dann fällt die Produktion möglicherweise in den Print-on-Demand-Bereich, den Sie im nächsten Kapitel kennenlernen.

MIT WEITBLICK Bei Segmentierungen und Individualisierungen kann die IT und Logistik Ihrer Auftraggeber:innen betroffen sein. Klären Sie früh, ob Ihr Vorhaben in diesen Domänen überhaupt umsetzbar ist.

FÜR IHRE GRAUEN ZELLEN Die Marketingleiterin eines Baumarkts kommt auf Sie zu und möchte die vor Ort ausgelegten Kataloge nachhaltiger gestalten. Sie präsentieren auf 160 Seiten das Vollsortiment und liegen im Kassenbereich zur Mitnahme bereit. Welches Konzept entwickeln Sie für Ihre Klientin, um die Seitenzahlen zu reduzieren und gleichzeitig Kund:innen im Markt zielgerichteter anzusprechen?

MÖGLICHE LÖSUNG Die Inhalte können Sie auf die einzelnen Abteilungen herunterbrechen, also beispielsweise Holz, Gartencenter, Baustoffe, Farben und so weiter. Die Kataloge werden in den jeweiligen Abteilungen ausgelegt. Im Kassenbereich wird zusätzlich ein Regal installiert, in dem alle Kataloge geordnet zur Mitnahme bereitstehen.

Wie Sie mit Print-on-Demand Überproduktionen und Lagerkosten vermeiden

Das Drucken auf Abruf (Print-on-Demand, POD) ist ein Verfahren, das einen großen Lagerbestand an Drucksachen überflüssig macht. Ihre Kund:innen müssen folglich keine hohe Auflage vorproduzieren und einlagern. Sie fertigen stattdessen nach Bedarf und teilweise sogar in Einzelstücken. Der Digitaldruck mit seinen geringen Fixkosten macht dieses Vorgehen wirtschaftlich interessant. Ein bekanntes Beispiel für POD-Produkte in Einzelauflagen sind Fotobücher, die Sie aus Ihrem privaten Umfeld kennen. Im Verlagsbereich wird POD zunehmend von kleinen Verlagen und Selfpublishern in Anspruch genommen. Sie lassen ihre Werke über Anbieter wie Amazon oder BoD – Books on Demand drucken und vertreiben. Dieser Ansatz ermöglicht einen niedrigschwelligen sowie finanziell risikoarmen Einstieg ins Verlagsgeschäft und vermeidet umweltschädliche Überproduktionen. Allerdings sind die Stückkosten deutlich höher und die drucktechnische Vielfalt ist stark eingeschränkt.

Aber auch im werblichen Kontext gewinnt dieses Produktionsverfahren an Bedeutung.

HIER EIN BEISPIEL:

Die einzelnen Niederlassungen einer Supermarktkette mit 5.000 Filialen bestellen exakt die Werbematerialien in den Stückzahlen, die für ihre Promotion sinnvoll sind. Individuelle Angebote, Aktualisierungen, regionale Besonderheiten, textliche und grafische Anpassungen nehmen die Märkte über betriebsinterne Shop-Systeme und anpassbare, CI-gerechte Templates selbst vor. Die Arbeit der Marketingabteilung wird somit teilweise an die einzelnen Märkte ausgelagert. Der konventionelle, zentralistische Ansatz, bei dem Auflagen, Materialien und Ausgestaltung der Werbemaßnahme aus der Firmenzentrale vorgegeben werden, entfällt.

Die Vorteile von POD liegen auf der Hand:

- + Vermeidung von Überproduktionen
- + keine beziehungsweise geringe Lagerkosten und Kapitalbindung
- + Aktualisierungen und Nachdrucke sind jederzeit möglich
- + Produkte mit geringer Nachfrage bleiben lieferbar
- + Personalisierungen sind möglich
- + niedrigschwelliger Zugang für Self-Publisher zum Buchmarkt

Aber es ergeben sich auch Nachteile, die Sie für die fachgerechte Beratung Ihrer Kund:innen kennen müssen:

- eingeschränkte Ausstattungsmerkmale (Bindung, Veredelungen, Papiere)
- deutlich höhere Stückkosten
- gegebenenfalls geringere Druckqualität
- aus Kostengründen für große, inhaltsgleiche Auflagen ungeeignet
- je nach Digitaldruckverfahren ist ein Papierrecycling nicht oder nur erschwert möglich (mehr dazu in Kapitel 5 ab Seite 225)
- Designoptionen sind auf die Vorgaben von Templates beschränkt
- die Arbeit von Fachpersonal, wie beispielsweise Mediengestalter:innen, wird an fachfremdes Personal ausgelagert

Je nach individuellen Voraussetzungen und Sachzwängen kann es umweltfreundlicher und wirtschaftlicher sein, den Druck auf Abruf in Betracht zu ziehen. Besonders geeignet ist dieses Vorgehen für Drucksachen, die ständigen Aktualisierungen ausgesetzt sind oder bei denen die Druckauflage schwer einschätzbar ist. Aber Vorsicht: Mittel- bis langfristig kann dieses Vorgehen dazu führen, dass für Sie als kreativer Kopf weniger Arbeit anfällt, da vieles über Templates gelöst wird.

Wie Sie Druckauflagen passgenau ermitteln

Egal ob Werbe- oder Verlagsprodukte: Die Ermittlung von Druckauflagen ist ein Spagat zwischen Über- und Unterversorgung. Punktlandungen, bei der weder Exemplare ungenutzt entsorgt werden, noch Rezipient:innen leer ausgehen oder nachproduziert werden muss, sind vermutlich auch in Ihrer Berufspraxis eine Ausnahme. Um den Papiereinsatz und die damit verbundenen ökologischen und finanziellen Folgen von Druckvorhaben zu optimieren, müssen Ihre Kund:innen Überproduktionen genauso vermeiden wie Nachdrucke. Aus meinem Arbeitsleben weiß ich, dass Auflagen oft geschätzt werden und eher selten auf validen Daten beruhen. Es wird gerne deutlich mehr bestellt, denn ein paar hundert oder tausend zusätzliche Exemplare führen in der Regel und insbesondere bei Standardprodukten zu nur geringen Mehrkosten. Hier kommen Sie ins Spiel: Mit Ihrem klaren Blick von außen helfen Sie Ihren Auftraggeber:innen dabei, Druckauflagen exakter zu bestimmen und besser zu planen.

Hierfür ist es zunächst hilfreich zu wissen, welche Umstände zu einer Fehlplanung führen:

- **FEHLEINSCHÄTZUNG VON ABSATZZAHLEN** beispielsweise Bücher, die in Regalen verstauben oder aufgrund einer höheren Nachfrage nachgedruckt werden müssen.
- **FEHLEINSCHÄTZUNG VON INTERESSE** beispielsweise zu viele Messekataloge, die nicht die vermutete Beachtung fanden und nach der Messe entsorgt werden.

- **FEHLEINSCHÄTZUNG VON GÜLTIGKEIT** Ein Druckobjekt verliert an Aktualität, bevor die Auflage verbraucht ist.
- **FINANZIELLE FEHLANREIZE** Eine Auflagenerhöhung verursacht nur geringe Mehrkosten, die Stückkosten sinken stark und werden so »schön gerechnet«.

Sofern Ihre Auftraggeber:innen im Verlagsbereich angesiedelt sind, herrschen dort Sachzwänge, die eine Auflagenreduktion schwierig gestalten. Werfen wir einen Blick auf den Zeitungs-, Zeitschriften und Magazinmarkt: Dort bedeuten höhere Auflagen ganz einfach, dass die Verlage für Anzeigen mehr Geld verlangen können. Es ist folglich überhaupt nicht im Interesse der Verlagshäuser, die Auflagen zu reduzieren. Sie halten daher gerne an unnötig hohen Auflagen und Freiexemplaren fest.

Und im Buchmarkt? Auch da gibt es die Auflage betreffende Herausforderungen. Denken Sie nur daran, dass Sie, ich und viele andere Menschen mehr oder weniger erwarten, dass jedes Buch jederzeit verfügbar ist. Dieser Anspruch setzt voraus, dass gewisse Mengen in verschiedenen Logistikzentren, Büchereien, Bahnhofsbuchhandlungen und so weiter bevorratet werden müssen, auch wenn nicht klar ist, ob diese Exemplare Käufer:innen finden. Hinzu kommen gegebenenfalls vertragliche Zwänge, die eine bestimmte Auflage garantieren.

Warum ich Ihnen das hier schildere? Weil es einen großen Unterschied macht, ob Sie mit Ihren Kund:innen über die Auflagenoptimierung von Verlagsobjekten oder Werbeprodukten sprechen. Darüber sollten Sie sich zunächst verständigen und klären, welche Bedingungen unverrückbar sind.

GRAUSTUFEN Die Remissionsquote für Presseerzeugnisse liegt bei durchschnittlich circa 40 % der Druckauflage. Für Buchverlage sind 10 % die obere Schmerzgrenze. Diese Quoten sind sicherlich eine ökologische Zumutung, aber ohne Remissionsrecht würde die Vielfalt an Verlagsprodukten im Einzel- und Onlinehandel enorm abnehmen. Auch Sie möchten nicht, dass Sie beim (Online)-Buchhändler oder im Bahnhofskiosk nur noch die Bestseller finden. Die hohen Remissionsquoten sind der Preis für ein lebendiges und vielfältiges Presse- und Verlagsprogramm, das zugleich Kulturgut und Rückgrat unserer demokratischen Gesellschaftsordnung ist.

Da Ihre Kund:innen Auflagen oft schon in der frühen Konzeptionsphase festlegen oder eingrenzen, können Sie diesen zeitlichen Vorlauf nutzen, um gemeinsam den Bedarf genauer zu analysieren. Folgende Fragen sind dabei behilflich:

- Gibt es Erkenntnisse aus vorherigen Produktionen, passten die Auflagen?
- Müssen Druckprodukte zwingend unaufgefordert zugestellt werden oder ist eine explizite Anforderung möglich?
- Welche Menge sollte sinnvollerweise bevorratet werden?
- Wird in Kauf genommen, dass Interessent:innen leer ausgehen?
- Reicht am Anfang eine geringere Auflage und kann bei Bedarf nachgedruckt werden?
- Sind im Falle kleinerer Mengen höhere Stückkosten akzeptabel?

Versuchen Sie, so viele Informationen wie möglich zu sammeln. Folgern Sie daraus Schlüsse für die Auflagenplanung. Sind Daten Mangelware, regen Sie an, zunächst mit einer niedrigen Auflage zu starten. Im Zweifel drucken Ihre Kund:innen den Job nach und nutzen die Gelegenheit, um die Drucksache zu aktualisieren. Überzeugen Sie Ihre Klient:innen davon, einen gut dokumentierten Prozess zu etablieren, der feststellt, ob und wie viele Exemplare nachgedruckt wurden oder ungenutzt in der Tonne landeten. Nutzen Sie diese Datenerhebungen, um Druckauflagen kontinuierlich anzupassen.

AUS DER PRAXIS Ohne Dokumentation landen Restauflagen häufig in den Lagern Ihrer Kund:innen, wo sie jahrelang verbleiben und unnötige Kosten verursachen.

TIPP Druckereien verankern in Ihren AGB manchmal eine Regelung zur Überlieferung der bestellten Menge. Sie räumen sich damit das Recht ein, bis zu 10 % der bestellten Auflage zusätzlich zu produzieren und zu berechnen. Schließen Sie eine Überlieferung aus und nehmen Sie gegebenenfalls eine geringere Auflage als beauftragt in Kauf.

IHR WISSENSVORSPRUNG Nachdrucke im Offsetdruck sind nicht immer eine gute Wahl, denn es fallen erneut Druckplatten und Makulatur an. Prüfen Sie, ob der Digitaldruck für kleinauflagige Nachdrucke eine Option ist. Das schont den Geldbeutel Ihrer Kund:innen und die Umwelt. Mehr zu den Vor- und Nachteilen verschiedener Druckverfahren erfahren Sie in Kapitel 5 ab Seite 226.

Datengold oder Datenmüll? Adressqualität im ökonomischen und ökologischen Kontext

Sofern Ihre Kund:innen Werbedrucksachen versenden, ist die Adressqualität für den ökologischen und wirtschaftlichen Erfolg mitentscheidend. Aus eigener Berufserfahrung weiß ich, dass viele Unternehmen die Adresspflege vernachlässigen. Eine 2023 von der Deutschen Post durchgeführten Studie bestätigt meine Beobachtung: Jede achte Kundenadresse ist fehlerhaft. Rund 13 Prozent der volladressierten Werbesendungen sind unzustellbar, werden vernichtet oder gehen an den Absender zurück. Für Sie ist dieser Umstand eine offene Tür für Ihre Nachhaltigkeitsberatung. Unternehmen jeglicher Couleur haben ein starkes Interesse an einer zuverlässigen Zustellung ihrer Drucksachen. Es wird aber nicht immer konsequent und systematisch daran gearbeitet. Dabei ist vielen Ihrer Kund:innen vermutlich nicht klar, dass sich neben den finanziellen und ökologischen Schäden unterschätzte Risiken hinzugesellen.

- Gefährdung von Geschäftsbeziehungen durch veraltete Anschriften.
- Negative Außenwirkung durch falsch geschriebene Namen und Adressen.
- Vermeidbare Kosten und Umweltauswirkungen durch Rückversand, erneuter Zustellung und Versenden mehrerer Druckprodukte an eine Adresse durch Dubletten.
- Ungewollte Öffentlichkeit und Imageschäden durch Adressdubletten und doppelten Versand.
- Rechtsrisiken, denn die DSGVO nimmt Unternehmen in die Pflicht, ihre Kundendaten aktuell zu halten.
- Drucksachen erreichen Adressaten unter Umständen zu spät.
- Nachdrucke oder Nacharbeiten, da Rückläufer gegebenenfalls nicht erneut versendet werden können.

Da Ihren Kund:innen möglicherweise nicht klar ist, was die Zustellbarkeit negativ beeinflusst, müssen Sie ihnen unter die Arme greifen. Nur wenn die Hürden bekannt sind, können sie ihre Adressen entsprechend pflegen. Daher finden Sie hier die relevantesten Hindernisse für eine erfolgreiche Zustellung:

- **POSTALISCH UNZUSTELLBAR** Postalische Anschrift ist fehlerhaft, mehrdeutig oder ausländisch. Eine maschinelle Korrektur seitens der Post ist nicht möglich.
- **UNZUSTELLBAR AUF PERSONEN- UND HAUSHALTSEBENE** Die Anschrift ist nicht mehr aktuell und es ist kein Nachsendeauftrag vorhanden. Die Person ist verstorben oder hat einen anderen Namen angenommen.
- **UNZUSTELLBAR AUF GEBÄUDEEBENE** Die Gebäudeanschrift ist nicht in der Postreferenz-Datenbank der Deutschen Post zu finden.

- **UMZÜGE** Zur Anschrift liegen keine Nachsendeaufträge oder andere Umzugsinformationen vor.
- **DUBLETTEN** Die Adresse ist mit identischer oder ähnlicher Schreibweise gespeichert und führt zum doppelten Versand.

Damit Sie Ihren Kund:innen verdeutlichen können, dass aus ihrem Datengold schnell ein unbrauchbarer Datenmüll wird, möchte ich Ihnen ein paar Auszüge aus der Adressstudie der Deutschen Post aufzeigen. Alleine in Deutschland gibt es jährlich circa:

ADRESSÄNDERUNGEN

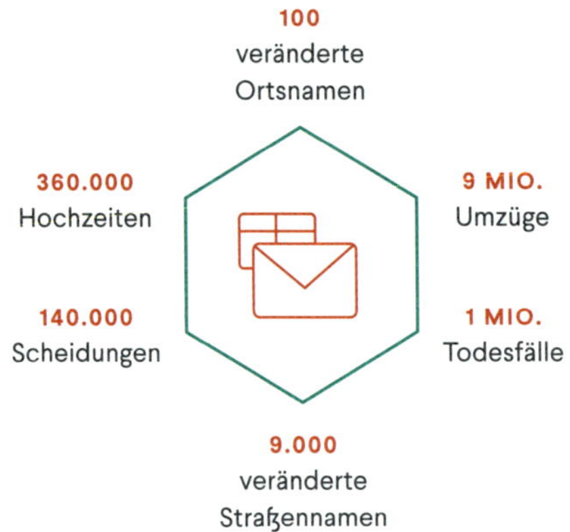

Ich denke, diese Studie zeigt deutlich auf, wie wichtig eine kontinuierliche und gewissenhafte Adresspflege für Geschäftserfolg und Umwelt ist. Erklären Sie Ihren Kund:innen, dass ein sauberer Datenbestand gelebte Nachhaltigkeit ist, die sich unmittelbar ökologisch und finanziell auszahlt.

IHR WISSENSVORSPRUNG Ihre Kund:innen können die Adressdatenqualität bei der Deutschen Post unverbindlich und kostenlos testen. Die Adressfactory liefert innerhalb kurzer Zeit eine Übersicht über Adressfehler sowie die Kosten, die für eine Aktualisierung anfallen würden.

Wenn Sie Ihre Auftraggeber:innen mit den in diesem Abschnitt dargestellten Informationen überzeugt haben, dann teilen Sie diese Empfehlungen für die Datenbestandspflege:

- Die Daten zu Rückläufern unverzüglich, jedoch spätestens vor der nächsten Aussendung aktualisieren.
- Adressen vor dem Versand gründlich auf Dubletten prüfen.
- Adresslisten durch spezialisierte Dienstleister auf Aktualität prüfen lassen.
- Aktualisieren Sie gemeldete Änderungen sofort. Insbesondere, wenn Adressat:innen explizit dazu auffordern, den Versand zu unterlassen.
- Animieren Sie Kund:innen dazu, Ihnen Änderungen mitzuteilen. Ein Gutschein für die nächste Bestellung kann ein funktionierender Anreiz sein.

Doch grau ist alle Theorie: Ihre Auftraggeber:innen werden, sofern nicht bereits geschehen, jemanden im Unternehmen bestimmen müssen, der das Datengold regelmäßig und gewissenhaft poliert. Wenn es richtig schön glänzt, ist diese einfache Maßnahme ein wichtiger Baustein für mehr Nachhaltigkeit.

WISSENSWERT Haben Sie Kund:innen aus dem gemeinnützigen Sektor? Dann ist die Adresspflege besonders wichtig! Laut der Deutschen Post ist diese Branche Schlusslicht bei der Adressqualität. 17,3 % aller Sendungen erreichen nicht ihr Ziel.

Kleckern, nicht Klotzen: Hinterfragen und verbessern Sie die Distributionspolitik Ihrer Kund:innen

Sie kennen folgendes Phänomen aus Ihrem beruflichen und privaten Umfeld: Eine einzige Bestellung löst eine dauerhafte Flut an Mailings und Verkaufskatalogen aus. Dieser Papierstrom ebbt nicht ab, obwohl Ihr Kauf Jahre zurückliegt. Nehmen Sie die Distributionspolitik Ihrer Kund:innen unter die Lupe und finden Sie heraus, nach welchen Kriterien sie ihre Drucksachen verteilen. Leider geschieht das häufig nach dem verschwenderischen Gießkannenprinzip. Für Ihre Kund:innen, deren Ausgaben und unsere Umwelt ist es gewinnbringend, restriktiv zu agieren und zum Beispiel einen Katalog- oder Mailingversand früh einzustellen. Analysieren Sie, wer, wie, wann, wo und warum in den Genuss welcher Printmedien kommt. Entwickeln Sie gemeinsam mit Ihren Auftraggeber:innen sinnvolle Bedingungen, die erfüllt sein müssen, damit Rezipient:innen eine Drucksache bekommen.

Auf einer Messe kann das beispielsweise das Hinterlassen einer Visitenkarte sein, in der Boutique die explizite Frage nach dem Katalog, beim Versand von Werbedrucksachen ein Mindestjahresumsatz, eine definierte Bestellfrequenz oder ein Kundenwertpotenzial. Prüfen Sie, ob eine kleine Schutzgebühr hilfreich ist, um die Verbreitung von Druckobjekten sinnvoll zu limitieren, ohne die damit verbundenen Ziele Ihrer Kund:innen zu gefährden.

Bringen Sie in Erfahrung, ob Ihre Kund:innen sich trauen, den Werbeversand früh einzustellen. Denn ich sehe es so: Hat jemand seit zwei Jahren nicht bestellt, wird er oder sie vermutlich auch in absehbarer Zeit nicht ordern. Ihre Auftraggeber:innen können stattdessen versuchen, diese »Karteileichen« über ein kleines Mailing zu erreichen. Statten Sie dieses Mailing mit einer Antwortmöglichkeit aus, mit der Ihre Kund:innen in Erfahrung bringen, ob der Katalog überhaupt noch erwünscht ist.

Es gibt viele sinnvolle Bedingungen, die Sie zusammen mit Ihren Auftraggeber:innen entwickeln können. Führen Sie ein kleines Brainstorming durch und werden Sie kreativ. Es macht eine Menge Spaß, smarte und nachhaltige Lösungen zu finden, von denen alle Anspruchsgruppen gleichermaßen profitieren.

AUF DEN PUNKT GEBRACHT Finden Sie gemeinsam mit Ihren Kund:innen Wege, um den Streuverlust gedruckter Werbung so gering wie möglich zu halten. Analysieren Sie, wer, wie, wann, wo und warum in den Genuss welcher Druckprodukte kommt.

Opulent oder puristisch? Grafikdesign, Platzbedarf und Papierverbrauch

Mit dem Grafikdesign beeinflussen Sie unmittelbar den Platzbedarf und somit die benötigte Papiermenge einer Drucksache. Im Rahmen der ökologischen Nachhaltigkeit ist der für Inhalte beanspruchte Raum daher mitentscheidend. Sie wissen: Die Zeiten der Bleiwüsten sind längst vorbei. Heute wird Content gerne opulent präsentiert. Selbstverständlich sollen Sie als Experte oder Expertin weiterhin ästhetisch ansprechend, zielgerichtet und zweckbetont gestalten. Gleichwohl schadet es nicht, den Gedanken an ein platzsparendes Design schon in der frühen Konzeptionsphase zu verankern. Und wer weiß: Vielleicht führt diese selbst auferlegte Restriktion zu unverbrauchten und geistreichen Lösungsansätzen. Probieren Sie es aus!

Um den Platzbedarf zu reduzieren, haben Sie mindestens folgende Möglichkeiten:

- **WEISSRAUM** Der Weißraum, der auch Freiraum genannt wird, ist die weiße beziehungsweise die unbedruckte Fläche zwischen Texten und grafischen Elementen. Mit ihm geben Sie Inhalten

Luft zum Atmen, führen Lesende und setzen Akzente. Daher sind großräumig unbedruckte Areale nicht unbedingt als Platzverschwendung zu verstehen. Im Gegenteil: Der Weißraum selbst ist ein Gestaltungselement. Manchmal können Sie Freiräume allerdings reduzieren, ohne Lesekomfort, Präsentationsstärke und Ästhetik zu schwächen.

- **GRAFISCHE ELEMENTE** Bilder, Illustrationen und Grafiken sind tragende Designelemente und gehören angemessen präsentiert. Ich vermute, auch Sie sehen diese Elemente gerne raumgreifend. Das ist verständlich, denn herzergreifende Fotos, künstlerisch ansprechende Illustrationen und aufschlussreiche Infografiken entfalten erst großformatig ihre volle Wirkung. Dennoch werden diese Komponenten häufig ohne Mehrwert dominant angelegt. Prüfen Sie, ob ein geringerer Platzbedarf und weniger Grafikmaterial für die Kommunikationsaufgaben Ihrer Kund:innen im Einzelfall vertretbar sind.

- **TYPOGRAFISCHE GESTALTUNG** Insbesondere bei Publikationen mit großem Textanteil beeinflussen Sie über die typografische Gestaltung den Platzbedarf spürbar. Es macht einen Unterschied, ob Sie für ein umfangreiches Werk eine Schriftgröße von 8 oder 12 Punkt wählen. Die Laufweite, Schriftschnitte, Zeichenabstände und der Satzspiegel sind ebenfalls mitentscheidend. Das Ziel ist es natürlich nicht, Lesende aufgrund eines geringen Schriftgrads zur Nutzung einer Lupe zu zwingen. Suchen Sie nach dem perfekten Kompromiss zwischen Flächenbedarf und Lesekomfort.

BEISPIEL Der bekannte Grafiker, Autor, Hochschullehrer und Typograf Kurt Weidemann (*15. 12. 1922; † 30. 3. 2011) entwarf Schriften, die Verlagen beim Sparen helfen sollten. So entwickelte er beispielsweise eine schmal laufende, aber hervorragend lesbare Schrift für die Württembergische Bibelgesellschaft, die somit den Umfang der Bibel um 150 Seiten und die Herstellungskosten um 20 % reduzierte.

BLICK INS BUCH Sie lesen hier die Larsseit in 7,5 pt. Sie bietet klassische Proportionen, ist sachlich und aufgeräumt. Für den Fließtext haben wir uns für die Premiéra in 9,3 pt entschieden. Sie wurde speziell für kleine Schriftgrößen in der Zeitungs- und Buchgestaltung entwickelt. Die besonders hohe x-Höhe und die kurzen Ober- und Unterlängen garantieren eine hervorragende Lesbarkeit bei gleichzeitiger Leichtigkeit und Eleganz.

- **AUSLAGERUNG VON INHALTEN INS DIGITALE** Sie strukturieren und visualisieren Informationen, damit Lesende sie komfortabel aufnehmen und verarbeiten können. Dabei muss nicht immer alles auf Papier erscheinen. Die Auslagerung von Inhalten ins Digitale ist ein gangbarer Weg, um die ökologischen und ökonomischen Kosten gedruckter Publikationen abzufedern. Aber Vorsicht, täuschen Sie sich nicht: Auch die digitale Bereitstellung von Content benötigt Ressourcen. Und zwar, anders als beim gedruckten Wort, dauerhaft und zusätzlich mit jedem Nutzungsvorgang.

Ein ästhetisch ansprechendes, seine Kommunikationsaufgabe erfüllendes und gebrauchstaugliches Druckwerk ist sicherlich zielführender, als der hartnäckige Versuch, den Papierverbrauch zu reduzieren. Aber dort, wo Sie sinnvoll den Platzbedarf drosseln können, realisieren Sie wesentliche Vorteile für Ihre Auftraggeber:innen. Aber Achtung: Wenn Sie über das Grafikdesign den Papierbedarf rationalisieren möchten, dann berücksichtigen Sie technische Sachzwänge der Produktion. Ansonsten kann es passieren, dass Sie Platz sparen, jedoch kein Papier. Klären Sie vorab, welche Seitenreduktion zu einer Einsparung von Bedruckstoffen und gegebenenfalls Druckplatten führt. Hierbei sind grobe Spezifikationen wie das Format, ungefährer Seitenumfang, Druckauflage und die Bindeart hilfreich. Mehr dazu erfahren Sie in Kapitel vier.

MERKENSWERT Sparen Sie nicht nur Platz, sondern auch Papier!

Wie Sie mit A/B-Tests die Lust auf Veränderungen anregen und erfolgreichere Druckprodukte in die Welt bringen

Sie lesen dieses Buch, weil Sie kompetent, glaubwürdig und mit frischen Ideen die Druckerzeugnisse Ihrer Kund:innen nachhaltiger gestalten möchten. Sie haben längst verinnerlicht, dass neben ökologischen Faktoren auch die Wirkung und ästhetische Qualität einer Publikation die Nachhaltigkeit beeinflusst. Schließlich möchten weder Sie noch Ihre Kund:innen ein perfekt umweltfreundliches Druckerzeugnis in die Welt bringen, dass die damit verbundenen Erwartungen nicht erfüllt. In Ihrer Berufspraxis macht oft der schlichte Standard das Rennen, obwohl, und da bin ich mir sicher, Ihr kreativer Geist hervorragende Ideen für Printmedien abseits grauer Normen hervorbringt. Aber warum bleiben diese Ideen Ideen? Wenn Sie mögen, sinnieren Sie kurz über diese Frage, bevor Sie weiterlesen.

Ich denke, es liegt überwiegend am Unwillen zur Veränderung und am Zweifel daran, dass maßgeschneiderte Druckprodukte zielführender und am Ende trotz eventuell höherer Kosten einträglicher sein können als das, was Ihre Kund:innen schon seit Jahren unter die Leute bringen. Wenn Sie diese These unterschreiben, dann ist es an der Zeit, auch mal B zu sagen.

Machen Sie Ihren Kunden A/B-Tests schmackhaft! In digitalen Sphären sind sie gelebte Realität. Denn Online-Marketer möchten wissen, welche Button-Farbe, Landingpage oder Produktansicht mehr Aufmerksamkeit generiert. In der analogen Welt scheinen Ihre Kund:innen weniger interessiert zu sein, denn in der Regel bekommen alle Rezipient:innen ein identisches Druckwerk. Dabei liefert diese simple Testmethode einige Vorteile: Sie schmälert die Angst vor dem Risiko, macht Lust auf Veränderungen und führt zu erfolgreicheren Printkampagnen.

Die Durchführung von A/B-Tests ist keine Raketenwissenschaft: Sie entwerfen zwei Varianten einer Drucksache, beispielsweise eine Standardversion und etwas Raffiniertes mit einer Druckveredelung. Die Zielgruppe, zum Beispiel Bestandskund:innen, wird randomisiert in zwei gleichgroße Untergruppen, also in Gruppe A und B, aufgeteilt. Die Kund:innen der einen Gruppe werden mit dem Standard und die der anderen Gruppe mit der druckveredelten Ausführung versorgt. Die dahinterstehende Hypothese ist einleuchtend: Die prächtigere Propaganda führt zu mehr gewünschten Reaktionen. Nach der Aussendung und einer zuvor definierten Zeitspanne vergleichen Ihre Auftraggeber:innen die Ergebnisse beider Mailings miteinander und überprüfen somit die Gültigkeit Ihrer Annahme. Gleich, ob sie zutrifft oder nicht: Alle Projektbeteiligten haben einen Erkenntnisgewinn, den sie für weitere Druckvorhaben nutzen können. Und das sollten sie unbedingt tun, denn die kontinuierliche Verbesserung mittels A/B-Tests ist eine kinderleicht umzusetzende und effektive Maßnahme, die mindestens zu wirtschaftlich erfolgreicheren Druckprodukten führt. Und dieser Erfolg muss nicht einmal auf dem Rücken der Umwelt ausgetragen werden. Selbstverständlich können Sie auch ökologisch optimierte Drucksachen in den Wettbewerb schicken und herausfinden, ob beispielsweise ein gräuliches Recyclingpapier für ein Mailing genauso viel einbringt, wie ein hochweißes Frischfaserpapier.

Das Studiendesign ist relativ simpel, es sind nur wenige Voraussetzungen zu erfüllen:

- **ZIELSETZUNG UND HYPOTHESE** Um den Erfolg oder Misserfolg Ihrer Untersuchung zu bestimmen, müssen Sie ein Ziel und eine Hypothese definieren. Die Zielsetzung ist die gewünschte Reaktion. Das kann beispielsweise die Nutzung eines Testangebots, die Anforderung eines Beratungsgesprächs, das Einlösen eines Gutscheins oder der Verkauf von Produkten sein.

Was immer sich Ihre Auftraggeber:innen von dem Druckprojekt versprechen, formulieren Sie ein konkretes Ziel. Dann folgt die Hypothese, die so lauten könnte: Die Standardversion einer Werbesendung generiert weniger Umsatz als die raffinierte mit einer sensationellen Falzung. Bei Büchern mutmaßen Sie vielleicht, dass sich eine druckveredelte Version im stationären Buchhandel besser verkauft als die sensorisch ärmere Variante. Beim Flyer, der Besucher:innen eines Großkonzerts vorm Eingang in die Hand gedrückt wird, nehmen Sie möglicherweise an, das ein schwarz durchgefärbtes Papier mit weißer Schrift zu mehr Gutscheineinlösungen führt, als der Standardflyer auf einem dünnen Recyclingpapier. Der Welt der möglichen Hypothesen ist riesig und es macht Spaß, diese gemeinsam mit Ihren Kund:innen zu erkunden.

- **TRENNSCHÄRFE** Druckprodukte, die Sie ins Rennen schicken möchten, müssen klar voneinander abgrenzbar sein. Eine minimale Designänderung im Cover eines Magazins oder der Einsatz eines in der Färbung leicht abweichendes Papier reicht nicht aus, um valide Ergebnisse zu produzieren.

- **MODIFIKATIONSTIEFE** Beschränken Sie sich bei den Modifikationen auf wenige Komponenten. Wenn Sie beispielsweise in der zweiten Variante eine Heißfolienprägung, ein anderes Papier, eine abgewandelte Headline und eine geänderte Bildsprache einsetzten, dann können Sie nicht nachvollziehen, auf welche Modifikation sich Unterschiede in den Reaktionen beziehen. Auf der anderen Seite kann es sein, dass gerade dieser Mix aus verschiedenen Spielarten innerhalb eines Produkts zu mehr Erfolg führt. Meine Empfehlung: Tasten Sie sich vorsichtig ran und übertreiben Sie es am Anfang nicht.

WISSENSWERT Modifikationen müssen Sie nicht zwingend auf die Druckausstattung anwenden. Sie können auch rein inhaltliche Änderungen vornehmen, beispielsweise Personalisierungen, eine abweichende Bildsprache oder ein geändertes Design.

- **GRUPPENGRÖSSE** Die Gruppen müssen mengenmäßig groß genug sein, um Zufallsergebnisse zu minimieren. Die Statistik spricht von der Irrtumswahrscheinlichkeit, die mit der Anzahl der Adressat:innen sinkt.

TIPP Ist der Kreis der Rezipient:innen groß, dann können Sie mehr als nur zwei Varianten ins Rennen schicken. Das erhöht zwar den Aufwand, führt aber zu mehr Erkenntnisgewinnen.

- **MESSBARKEIT** Die Ergebnisse müssen messbar sein. Das ist oft der größte Knackpunkt, da nicht jedes Projekt geeignet ist. Finden Sie kreative Wege, um Reaktionen der beiden Gruppen eindeutig einer Maßnahme zuordnen zu können.

DENKSPORT Ihre Kundin ist Geschäftsführerin einer Event-Agentur. Sie haben ihr einen A/B-Test schmackhaft gemacht. Sie möchte herausfinden, ob die mit einem Schreibroboter personalisierte Einladungskarte für eine große Gala-Veranstaltung zu mehr Anmeldungen führt als die Standardkarte. Wie machen Sie ihr Anliegen messbar?

MÖGLICHE LÖSUNGEN

A) Die Kundin vermerkt die Adressat:innen beider Einladungskarten und weist die eingegangenen Anmeldungen der jeweiligen Gruppe zu.

B) Jede Variante bekommt einen eigenen Code, der bei der Online-Anmeldung mit angegeben werden muss.

IHR WISSENSVORSPRUNG Briefumschläge, auf denen Adressen handschriftlich vermerkt werden, werden von 99 % der Adressat:innen geöffnet. Bei großen Auflagen übernehmen mittlerweile Handschriftenroboter diesen Job.

Zu guter Letzt ein Hinweis: Sie und Ihre Auftraggeber:innen sollten nicht enttäuscht sein, wenn eine Hypothese nicht zutrifft und beispielsweise ein hochwertiges Mailing, in das Sie viel Gehirnschmalz und Kreativarbeit gesteckt haben, weniger Umsatz bringt als ein Standardmailing. Es geht bei dieser Maßnahme um Erkenntnisgewinne, die Sie und Ihre Kund:innen für künftige Projekte nutzen können und sollten. Halten Sie es einfach wie der gute alte Thomas Edison: »Ich bin nicht gescheitert – ich habe 10.000 Wege entdeckt, die nicht funktioniert haben.«

Zusammenfassung

Bevor Sie weiterlesen, nehmen Sie sich etwas Zeit und lassen Sie das vergangene Kapitel Revue passieren. Das Studieren der Zusammenfassung hilft Ihnen dabei.

- Positive, vertrauensvolle und stabile Beziehungen zu Kund:innen, Dienstleister:innen und Lieferant:innen bilden das Fundament nachhaltigen Handelns.
- Fodern Sie aktiv realistische Termine und angemessene qualitätssichernde Maßnahmen ein. So vermeiden Sie Stress und Reklamationen, die vermeidbaren ökologischen, wirtschaftlichen (und manchmal auch sozialen) Schaden anrichten.
- Betrachten Sie Fehler als eine Chance zur stetigen Verbesserung.
- Verankern Sie schon ab der frühen Konzeptionsphase die Grundsätze »Weniger ist mehr« und »Qualität statt Quantität«.
- Optimieren Sie die inhaltliche Relevanz, planen Sie Druckauflagen gewissenhaft und auf der Basis valider Daten. Verankern Sie bei Ihren Kund:innen die Bedeutung gepflegter Stammdaten in Bezug auf Nachhaltigkeit.

- Analysieren Sie, wer, wann, wie, wo und warum in den Genuss der Drucksachen Ihrer Auftraggeber:innen kommt. Optimieren Sie mit diesen Informationen die Distributionspolitik.
- Ziehen Sie das Drucken auf Abruf in Betracht. Damit vermeiden Sie Überproduktionen, teure Lagerbestände und unnötige Kapitalbindungen.
- Finden Sie heraus, ob ein platzsparendes Grafikdesign für das jeweilige Projekt zielführend ist.
- Machen Sie Ihren Kund:innen A/B-Tests schmackhaft! Finden Sie heraus, welche Produktvarianten zielführender sind.

Reflex Coffee Paper

MERKMALE 100 % Recyclingfasern mit Einschlüssen von Röstrückständen (Silberhaut der Kaffeebohne) aus der Kaffeeproduktion, unverwechselbare Optik, jeder Bogen ist ein Unikat | **GRAMMATUREN** 80, 120, 250, 350 g/m² **ZERTIFIKATE** FSC Recycled | **FASERHERKUNFT** 100 % Recycling Material (Post Consumer Waste) | **VOLUMEN** 1,25–1,4 | **CIE-WEISSE** 77, schwankend durch Recyclingrohstoff | **BLEICHUNG** TCF | **DRUCKVERFAHREN** Offsetdruck, Thermo-Reliefdruck, UV-Trocknung, Inkjet, Laser, Siebdruck | **VEREDELUNGEN** Öldruck- und UV-Lack, Dispersionslack, Prägung | **FABRIK** Reflex GmbH & Co.KG, Düren | **HÄNDLER** Wilhelm Leo's Nachfolger, Unterensingen | **OPAZITÄT** 93 % | **DIESES MUSTER** 80 g/m², bedruckt im Digitaldruck von der Ottweiler Druckerei

3

Mit Brief und Siegel: Umweltkennzeichen

Fühlen Sie sich orientierungslos, wenn Sie sich im Label-Dschungel der Druck- und Papierbranche bewegen? Dann sind Sie in bester Gesellschaft! Es kursieren unendlich viele Gütesiegel, Logos, Begriffe und Auszeichnungen, die alle ein zukunftsfähiges, der Natur gegenüber verantwortungsvolles Handeln suggerieren oder explizit behaupten. Sie sollen Orientierung geben, ein Unbehagen gegenüber dem eigenen Konsum auflösen und anzeigen, welches Produkt das »richtige« ist, um die Umwelt zu »retten«.

Ich möchte Ihnen in diesem Kapitel zunächst erläutern, was produktbezogene Umweltkennzeichen sind, welche Typen es gibt und welche Herausforderungen sich für Sie und Ihre Kund:innen aus der Nutzung ergeben können. Anschließend erkunden Sie, welche Gründe seitens Ihrer Auftraggeber:innen mit der Inanspruchnahme von Siegeln häufig angeführt werden. Denn wenn Sie wissen, was sie bewegt, dann können Sie über meine Ökolabel-Matrix (siehe Seite 276) die Erwartungen und Ansprüche Ihrer Kund:innen mit den Bedingungen und Systemgrenzen der jeweiligen Umweltkennzeichen synchronisieren.

Abschließend lernen Sie die relevantesten Umweltzeichen, mit denen Printmedien in Deutschland ausgezeichnet werden, im Detail kennen. Ein tieferes Wissen über diese Gütesiegel ist für Sie von Vorteil, denn mit der Nutzung sind Anforderungen, drucktechnische Einschränkungen und gegebenenfalls Kosten verbunden, die zu Zielkonflikten führen können. Daher ist die Entscheidung für oder gegen ein Label sinnvoll, bevor Sie sich mit der konkreten Entwicklung eines Druckprodukts auseinandersetzen.

SINNVERWANDT Stellvertretend für Umweltkennzeichen kursieren Begriffe wie Öko-Label, Öko-Siegel, Umweltzeichen oder Umweltsiegel. Auch ich verwende diese Ausdrücke im weiteren Verlauf Ihrer Lektüre kommissarisch für den Ausdruck Umweltkennzeichen.
ABGRENZUNG In diesem Kapitel beziehe ich mich auf Öko-Siegel, mit denen Druckprodukte und/oder Papiere ausgezeichnet werden. Unternehmenszertifizierungen wie EMAS, ISO 14001, ISO 9001, GWÖ, PSO und PSD, mit denen sich beispielsweise Druckereien schmücken, lernen Sie im fünften Kapitel ab Seite 244 kennen.

Alles geregelt?
Was sind Umweltkennzeichen?

Mit Umweltkennzeichen zertifizierte Printmedien belegen, dass sie Umweltkriterien erfüllen, die die gesetzlichen Anforderungen übertreffen. Die Öko-Labels der Druckbranche dienen ebenso der Image- und Reputationsförderung, zur Realisierung höherer Preise, zur Produktdifferenzierung und als Entscheidungshilfe für Konsument:innen. Marktteilnehmer:innen sehen in Umweltzeichen manchmal auch eine Legitimation und Absolution für das Inverkehrbringen von Druckprodukten. Die Inanspruchnahme von Auszeichnungen kann dazu führen, dass Umweltinnovationen vorangetrieben werden und in Zukunft zu einem Branchenstandard werden. Ich finde das erstrebenswert. Viele Ökosiegel sind allerdings Fantasieprodukte, deren Anforderungen nicht durch unabhängige Zertifizierungsorganisationen geprüft werden. Unregulierte oder niedrigschwellige Deklarationen werden gerne eingesetzt, um eine ökologische Qualität zu suggerieren, die nicht unbedingt zutrifft. Aber selbst regulierte Siegel sind nur ein Indikator für eine gewisse Umweltgerechtigkeit. Sie sind ausschließlich innerhalb ihrer spezifischen Systemgrenzen gültig. Alle Aspekte aus dem vorherigen Kapitel und viele Faktoren der folgenden Abschnitte beispielsweise, werden von keinem einzigen Zeichen abgedeckt, obwohl Sie im Gesamtkontext einer ökologischen Beurteilung eine tragende Rolle spielen.

Umweltsiegel werden von Nichtregierungsorganisationen, staatlichen Institutionen, Verbänden und von Unternehmen entwickelt und vergeben. Die Anbringung von Umweltkennzeichen auf Druckprodukten ist freiwillig. Sie können grob in regulierte und unregulierte Auszeichnungen eingeteilt werden.

REGULIERTE UMWELTKENNZEICHEN (TYP I)

Diese Umweltzeichen werden durch unabhängige Dritte vergeben und sind geschützt. Sie gelten als glaubwürdig, richten sich an

Hier geht es weiter mit dem Papier Pureprint Nature Ivory. Die Spezifikationen finden Sie auf Seite 11.

private sowie gewerbliche Endverbraucher und sind mehr oder weniger bekannt. Die Rahmenbedingungen sind in den Normen ISO 14024 und ISO 14025 definiert. Nur wenn die Druckprodukte Ihrer Klient:innen bestimmte Kriterien erfüllen und Druckereien entsprechend zertifiziert sind, dürfen diese Gütesiegel abgedruckt werden. Bekannte regulierte Umweltkennzeichen der Druckbranche sind beispielsweise die des FSC und der Blaue Engel.

BEISPIEL Ihr Kunde ist Marketingleiter einer Restaurantkette mit 50 Lokalen. Die Tischsets, die auch als Speisen- und Getränkekarte dienen, werden aus Papier gefertigt und nach einmaligem Gebrauch entsorgt. Ihrem Kunden ist bewusst, dass dieses Vorgehen als nicht besonders nachhaltig wahrgenommen wird, auch wenn Alternativen wie Tabletts oder Tischdecken energieintensiv gereinigt werden müssen und in der Ökobilanz vielleicht sogar schlechter abschneiden. Einige Gäste haben sich schon zu den Papier-Tischsets vor Ort und online negativ geäußert. Ihr Kunde möchte aber daran festhalten und künftig über das Label des FSC an seine Gäste kommunizieren, dass das Papier aus einer nachhaltigen Forstbewirtschaftung stammt. Da Sie für die Gestaltung und Produktion verantwortlich sind, müssen Sie ein passendes FSC-zertifiziertes Papier beschaffen und es bei einer FSC-zertifizierten Druckerei bedrucken lassen. Ansonsten dürfen Sie das Label nicht abdrucken, auch wenn das Papier FSC-zertifiziert ist.
DENKSPORT Welchen alternativen Vorschlag können Sie Ihrem Kunden machen, damit die Gäste die Tischsets als nachhaltig empfinden, auch wenn kein FSC-Logo abgebildet wird?
LÖSUNGSVORSCHLAG Sinnvoll kann es sein, etwas mehr über die Geschichte des Papiers zu erzählen. Beim Warten auf die Bestellung werden fast alle Gäste den Text lesen. Das setzt eine lesenswerte Story, wie sie viele Papiere in diesem Buch liefern, voraus.

UNREGULIERTE UMWELTKENNZEICHEN (TYP II)

Unregulierte Umweltzeichen sind Selbstdeklarationen und werden von beispielsweise Hersteller:innen oder Händler:innen von Druckprodukten entwickelt. Sie richten sich in der Regel an private Konsument:innen, müssen nicht durch Dritte beglaubigt werden, sind meist kostenlos und weitestgehend unbekannt. Die DIN-Norm ISO 14021 gibt verbindliche und rechtlich relevante Eckpunkte für Umweltaussagen von Selbstdeklarationen vor.

BEISPIEL Das Print4Climate-Logo ist ein unreguliertes Zeichen der Druckerei gugler* DruckSinn aus Österreich. Sie als Kund:in dieser Druckerei können damit CO_2-kompensierte Druckaufträge kennzeichnen, sofern Sie einen monetären Beitrag leisten, der in der Regel weniger als 1 % der Auftragssumme ausmacht. Der Betrieb unterstützt mit den Zuwendungen zertifizierte Waldaufforstungsprojekte und interne Klimaschutzprojekte. Auch wenn der Verlag und ich dieser Druckerei bedingungslos trauen, werden diese Aussagen nicht durch Dritte validiert.

BEISPIEL Die Papierfabrik Gmund zeichnet mit dem Gmund ECO Zertifikats-Logo eigene Papiere aus. Sie dürfen es nach vorheriger Genehmigung auch für Ihre Druckobjekte nutzen, sofern Sie Gmund-Papiere einsetzen. Mit dem Logo möchte Gmund auf das eigene Engagement hinweisen. So konnte das Unternehmen laut eigenen Aussagen in den letzten Jahren den Wasserverbrauch um 70 % und die Abfallmenge um 82 % senken, elektrische Energie bezieht es zu über 75 % aus einem eigenen Wasserkraftwerk und Wärmerückgewinnungsanlagen. Zudem wird der restliche Strombedarf durch zugekauften Strom aus Wasserkraft gedeckt. Darüber hinaus verwendet Gmund ausschließlich ökologische und nachhaltige Rohstoffe.

BEISPIEL Die Holtzbrinck Buchverlage, dazu gehören beispielsweise Kiepenheuer & Witsch, S. Fischer, Rowohlt und Droemer Knaur, zeichnen viele Bücher mit dem hauseigenen Klimaneutralerverlag-Logo aus. Die Verlagsgruppe verpflichtet sich damit nach eigenen Aussagen zur Klimaneutralität und zu einer transparenten Kommunikation. Auf der Website Klimaneutralerverlag.de veröffentlicht die Verlagsgruppe Informationen zu den eignen Nachhaltigkeitszielen, konkreten Maßnahmen und Treibhausgas-bilanzen. Auch wenn die veröffentlichten CO_2-Daten nach standardisierten Methoden ermittelt werden, lässt das Logo eine Überprüfung der Aussagen nicht zu. Es ist damit ein gutes Beispiel für eine umweltbezogene Selbstdeklaration.

WISSENSWERT Die Verwendung des Worts »nachhaltig« in Verbindung mit unregulierten Umweltkennzeichen wird in der DIN-Norm ISO 14021 untersagt, da es für diesen Themenkomplex keine Möglichkeit zur Messung und Bewertung auf Produktebene gibt.

LESENSWERT Sie möchten sich intensiv mit den Anforderungen und Normen von Umweltkennzeichen beschäftigen? Dann empfehle ich Ihnen diese 48-seitige Broschüre, die vom Bundesumweltamt und vom Bundesministerium für Umwelt, Naturschutz und Reaktorsicherheit herausgegeben wurde. Sie ist ist ein guter Ratgeber, wenn Sie unregulierte Zeichen entwickeln und/oder einsetzen möchten.

Der (auf-)richtige Umgang mit unregulierten Auszeichnungen und Behauptungen

Sie und Ihre Kund:innen haben längst erkannt, dass als nachhaltig deklarierte Produkte bei Konsument:innen zusätzliche Kaufanreize schaffen. Viele Konsumgüter werden als umweltfreundlich, nachhaltig, biologisch und/oder ökologisch beworben, auch wenn sie nicht so zukunftsgerecht sind, wie behauptet oder suggeriert wird. Grüner Etikettenschwindel, auch Greenwashing genannt, steht unter intensiver Beobachtung von Mitbewerber:innen, Lobby-, Umwelt- und Verbraucherschutzverbänden. Unabhängig davon, ob bewusst oder unbewusst geschwindelt wird, drohen Abmahnungen und Klagen als Konsequenzen von Irreführungen.

DEFINITION Begriffe wie Greenwashing, Grünfärberei und grüner Etikettenschwindel stützen sich auf Angaben und Aussagen, die nicht durch Fakten zu beweisen sind.

Während es eindeutige Vorgaben in der Lebensmittelindustrie gibt, ist im Non-Food-Bereich (noch) nicht festgelegt, wann ein Unternehmen Produkte mit entsprechenden Begrifflichkeiten auszeichnen darf. Nachhaltiges Drucken, Bio-Druckfarben oder Öko-Papier beispielsweise sind keine rechtlich geschützten

Bezeichnungen. Dennoch fordert die Rechtsprechung Transparenz. Verbraucher:innen und Unternehmenskund:innen sollen in Erfahrung bringen können, was genau hinter umweltbezogenen Aussagen und Logos steckt. Das Produkt muss letztlich die Erwartungen erfüllen, die durch Auszeichnungen und Begrifflichkeiten geschürt werden. Eine aufgedeckte Grünfärberei schadet dem Unternehmensimage und kann neben rechtlichen Folgen zu einer ungewollten Öffentlichkeit führen.

In meinen Augen praktizieren Sie und Ihre Auftraggeber:innen nicht unbedingt Greenwashing, wenn Sie mit frei erfundenen oder ungeschützten Siegeln und Ausdrücken Druckprodukte auszeichnen. Es gibt aber auch Marktteilnehmer:innen, die das anders sehen und ausschließlich auf durch Dritte zertifizierte Siegel schwören. Regulierte Umweltzeichen sind ohne Zweifel vertrauenswürdiger, sie machen umweltbezogene Eigenschaften transparent und sorgen für eine glaubhafte und überprüfbare Kommunikation.

Die meisten Inverkehrbringer:innen von Printmedien nutzen unregulierte Logos, um Lizenzierungskosten zu umgehen oder um Qualitäten zu kommunizieren, die nicht über die bekannten Umweltsiegel abgedeckt werden. Auch die ästhetische Qualität kann ein Kriterium sein, denn regulierte Umweltkennzeichen können aufgrund ihres Erscheinungsbildes durchaus zu Design-Konflikten führen. Aber natürlich werden unregulierte Zeichen auch eingesetzt, um ökologische Qualitäten zu suggerieren, die nicht immer der Wahrheit entsprechen. Inwieweit frei erfundene Logos zielführend sind, dürfen Sie aufgrund des nicht vorhandenen Bekanntheitsgrades anzweifeln. Mitunter sind solche Auszeichnungen kontraproduktiv, da sie von Rezipient:innen durchschaut und als Greenwashing eingestuft werden.

WISSENSWERT In Deutschland gilt das Gesetz gegen den unlauteren Wettbewerb (UWG). Dieses regelt die Unzulässigkeit irreführender Werbung. Allerdings enthält das Gesetz bislang keine expliziten Verbote umweltbezogener Aussagen (Stand: 2023).

Um einen grünen Etikettenschwindel bei Selbstdeklarationen zu vermeiden, empfehle ich Ihnen die Berücksichtigung folgender Aspekte:

- Selbstdeklarationen müssen konkret sein, der Wahrheit entsprechen und für Externe inhaltlich überprüfbar sein. Vermeiden Sie allgemeine Aussagen, wie »umweltfreundlich gedruckt«, »klimaschonendes Druckprodukt« oder »nachhaltig produziert«. Verwenden Sie stattdessen konkrete Angaben wie »umweltschonend hergestellt, da auf Recyclingpapier gedruckt« oder »ressourcenschonend gedruckt auf Recyclingpapier mit Druckfarben auf Basis nachwachsender Rohstoffe«. Bei externen Nachfragen müssen Ihre Kund:innen behauptete Qualitäten belegen können. Hierzu ist gegebenenfalls ein Datenblatt oder das Angebot der Druckerei ausreichend, sofern diese Dokumente Auskunft über alle eingesetzten Produktbestandteile und Druckverfahren geben. Ihre Kund:innen können die geforderten Informationen einholen, sofern eine konkrete Anfrage eingeht. Eine präventive Informationsbeschaffung ist nicht vorgeschrieben.

- Vermeiden Sie Aussagen, die zwar richtig, jedoch nicht wichtig sind. Eine Deklaration wie »umweltfreundliches Papier, da chlorfrei gebleicht« ist zwar korrekt, jedoch irrelevant, da Papier mittlerweile fast ausschließlich chlorfrei gebleicht wird.

- Versuchen Sie nicht durch Begriffe und Maßnahmen von negativen Umweltauswirkungen abzulenken. Werben Sie beispielsweise nicht mit einem Recyclingpapier, wenn das Druckprodukt selbst nicht recycelbar ist.

- Verschleiern Sie nicht die Umweltrelevanz beworbener Produkte und Dienstleistungen. Druckprodukte, die sehr umweltschädliche Leistungen bewerben, sollten Sie meiner Meinung nach nicht mit Umweltzeichen bedenken.

- Werben Sie nicht mit vagen, auf die Zukunft gerichteten Umweltversprechen. Insbesondere dann nicht, wenn sich Ihre Kund:innen nicht auf eindeutige und überprüfbare Verpflichtungen und Ziele festlegen möchten.

IHR WISSENSVORSPRUNG Ehrlichkeit und Transparenz zahlen sich bei der Verwendung von Selbstdeklarationen aus. Schützen Sie Ihre Kund:innen vor rechtlichen Konsequenzen und Imageschäden!

Damit Sie sich etwas mehr unter unregulierten Umweltkennzeichen, die Sie ohne vorherige Absprache nutzen oder aber auch selbst entwickeln können, vorstellen können, habe ich Ihnen folgend einige Beispiele zusammengetragen:

UNREGULIERTE UMWELTKENNZEICHEN 1

Das Recycling-Symbol, auch Möbiusband oder Drei-Pfeile-Symbol genannt, ist ein ungeschütztes Umweltzeichen. Es wurde 1970 im Rahmen eines von einem Wellpappenhersteller ausgerichteten Wettbewerbs von dem damaligen Architekturstudenten und heutigen Designer Gary Dean Anderson entwickelt und gemeinfrei gestellt. Das Logo existiert in vielen verschiedenen Darstellungen und kennzeichnet recycelbare Produkte beziehungsweise Produkte, die ganz oder teilweise aus recyceltem Material bestehen. Das Recycling-Symbol ist international bekannt und kann freiwillig auf Produkten angebracht werden. Hersteller:innen und Inverkehrbringer:innen müssen sich an keine Organisation wenden, um das Zeichen verwenden zu dürfen. Nutzen Sie dieses Logo beispielsweise, wenn das Druckprodukt vollständig recycelbar ist und/oder aus Recyclingpapier besteht. Ich persönlich halte das Möbiusband aufgrund seiner ökologischen Aussagekraft und seines Bekanntheitsgrades für das stärkste unregulierte Umweltkennzeichen.

MERKENSWERT Vermeiden Sie Aussagen wie »100 % recycelbar«. Eine hundertprozentige Recyclingfähigkeit gibt es bei keinem Material. Recycling ist immer mit Verlusten behaftet.

UNREGULIERTE UMWELTKENNZEICHEN 2

Diese Logos sind reine Fantasieprodukte. Verwenden Sie derartige Auszeichnungen nur unter Angabe konkreter und belegbarer Zusatzinformationen.

HIER EINIGE BEISPIELE:

- Dieses Druckprodukt ist umweltschonend, weil es auf 100 % Recyclingpapier unter Einsatz von Strom aus erneuerbaren Energien und Druckfarben auf der Basis nachwachsender Rohstoffe bedruckt wurde.
- Umweltfreundlich gedruckt auf Recyclingpapier, das im Vergleich zu Frischfaserpapieren Holz, Wasser und Energie bei der Herstellung spart.
- Recycelbares Druckprodukt, das mit mineralölfreien Druckfarben bedruckt wurde.
- 40 % CO_2-Reduktion gegenüber dem vorherigen Katalog, da wir die Auflage, die Papiergrammatur und Seitenanzahl optimiert haben.
- Die Herstellung und der Transport dieses Druckprodukts hat 500 g CO_2 verursacht. Das entspricht in etwa den Emissionen einer einminütigen heißen Dusche oder 40 gr. Rindersteak.

Selbstverständlich können Sie anstatt einer Kombination aus Text und Logo auch nur einen Text verwenden.

EIN BLICK NACH VORNE Ob und welche umweltbezogenen Aussagen künftig in der EU verboten sein sollen, ist im Jahr 2023 Gegenstand politischer Diskussionen. So sind folgende Aussagen für Produkte, Dienstleistungen und Werbung möglicherweise bald untersagt: umweltfreundlich, umweltschonend, öko, grün, naturfreundlich, ökologisch, umweltgerecht, klimafreundlich, umweltverträglich, CO_2-freundlich, schadstofffrei, CO_2-neutral, CO_2-positiv, klimaneutral, energieeffizient, biologisch abbaubar, biobasiert. Sie bieten vermutlich keine Rechtsberatung an, glänzen aber vor Ihren Kund:innen, wenn Sie die aktuelle Rechtsprechung kennen.

Fallstricke beim Einsatz regulierter Umweltkennzeichen

Falls Ihre Auftraggeber:innen regulierte Umweltzeichen für Druckerzeugnisse nutzen möchten, dann haben Sie weitaus weniger Fallstricke zu befürchten als bei den unregulierten Pendants. Dennoch: Vor einer endgültigen Entscheidung für ein reguliertes Label sollten Sie folgende Stolpersteine im Blick haben:

- **GRAFIKDESIGN** Sie müssen bei der Gestaltung die jeweiligen Logorichtlinien der Zeichengeber berücksichtigen. Respektieren Sie diese nicht, kann es zu Verzögerungen für die Nachbearbeitung oder zum Ausschluss der Zeichenvergabe kommen. Achtung: Bei der konformen Siegelnutzung können ästhetische und räumliche Konflikte auftreten. Die Logorichtlinien bekommen Sie von Ihrer Druckerei oder direkt über die Website der jeweiligen Zeichengeber.

TIPP Falls Ihre Kund:innen regulierte Logos aus beispielsweise ästhetischen Gründen nicht auf ihren Druckerzeugnissen einsetzen möchten, können Sie deren Anforderungen dennoch einhalten. In vielen Fällen dürfen Sie die Logos der Zeichengeber durch einen stellvertretenden Text ersetzen. Ihre Druckerei gibt Auskunft.

- **PRODUKTDESIGN** Bei der Inanspruchnahme regulierter Umweltkennzeichen müssen die jeweiligen Produktanforderungen eingehalten werden. Bei einigen Siegeln sind beispielsweise nur bestimme Papiere, Klebstoffe oder Druckveredelungen zulässig. Diese Restriktionen können Ihrer Kreativität durchaus einen Dämpfer verpassen.

- **NACHVERFOLGBARKEIT** Über die Codes, die in den Logos einiger Zeichen abgebildet sind, ist die Gültigkeit der Zertifikate online verifizierbar. Eine Überprüfung gibt Auskunft über die Druckerei, die das Produkt hergestellt hat. Möchten Sie den Produktionsbetrieb gegenüber Ihren Kund:innen nicht preisgeben, kann das herausfordernd sein. Betroffen sind gegenwärtig die Umweltzeichen vom FSC, PEFC, EU Ecolabel und viele Logos der Organisationen, die das klimaneutrale Drucken anbieten.

LINK Die Druckerei gugler* DruckSinn, die weite Teile dieses Buch gedruckt hat, ist unter dem Lizenz-Code C005108 beim FSC registriert. Dieser Code wird unter jedem von der Druckerei vergebenen FSC-Logo dargestellt und kann online überprüft werden. Probieren Sie es aus!

- **ZEITPLANUNG** Die Inanspruchnahme von Umweltsiegeln kann durch Freigabe- und Zertifizierungsprozesse zusätzliche Zeit in Anspruch nehmen. Sprechen Sie vorab mit Ihrer Druckerei und planen Sie vorausschauend.

- **KOSTEN** Die Inanspruchnahme von Umweltzeichen kann mit nicht unerheblichen Mehrkosten verbunden sein. So können beispielsweise Lizenzgebühren anfallen und manchmal sind ökologisch fortschrittliche Druckbetriebe aufgrund ihres Engagements und hoher Zertifizierungskosten teurer als weniger progressive Marktteilnehmer. Klären Sie so früh wie möglich, mit welchen Zusatzausgaben Ihre Kund:innen einverstanden sind.

Neben diesen allgemeinen Hinweisen sind mit der Verwendung von regulierten Umweltkennzeichen konkrete Anforderungen verbunden. Welche das sind, erläutere ich, nachdem Sie sich mit der Frage beschäftigt haben, was Ihre Kund:innen für die Inanspruchnahme eines Öko-Labels motiviert.

Warum möchten Ihre Kund:innen Umweltzeichen einsetzen?

Ihren Kund:innen schwebt ein Öko-Label vor oder sie sollen eine Empfehlung aussprechen? Dann sollten Sie zunächst herausfinden, warum genau Ihre Auftraggeber:innen ein Umweltkennzeichen einsetzen möchten. Oft ist ein Engagement extrinsisch motiviert. Verschiedene Anspruchsgruppen, wie beispielsweise Geschäftskund:innen, Verbraucher:innen, die Politik oder NGOs machen Forderungen geltend oder sie verändern ihre Präferenzen. Die Folge: Der Druck von außen nimmt zu, Ihre Kund:innen müssen sich diesen neuen Bedingungen anpassen und wollen Eigenschaften und/oder Verbesserungen an ihre Anspruchsgruppen kommunizieren. Das geschieht häufig über Umweltkennzeichen, die somit auch ein Marketinginstrument sind.

WISSENSWERT Bei einer Unternehmensumfrage der Personalberatung Russell Reynolds gaben 46 % der 2021 befragten deutschen Vorstände an, dass Nachhaltigkeitsmaßnahmen aus Marketingerwägungen getroffen werden.

Über das »Warum« zu reflektieren und festzulegen, wer genau mit einem Umweltkennzeichen adressiert werden soll, hilft Ihren Klient:innen dabei, ein Label einzusetzen, dass sich mit deren individuellen Einstellungen, Erwartungen und Antrieben deckt. Diese Auseinandersetzung kann dazu führen, dass sie von der ursprünglichen Idee absehen, gänzlich auf Umweltzeichen verzichten, einen Text mit Öko-Aussagen oder ein unreguliertes Siegel einsetzen.

»Wir müssen nachhaltiger werden« ist eine häufig anzutreffende Antwort auf die Frage nach dem »Warum«. Dieser unspezifische Ansporn ist oft extrinsisch motiviert und bei der Suche nach einem passenden Label wenig hilfreich. Außerdem lieben viele Kund:innen die Bequemlichkeit. Viele hoffen, ein Öko-Siegel führt automatisch zu mehr Nachhaltigkeit, ohne eigene Denkmuster und Herangehensweisen bei der Umsetzung ihrer Druckprojekte zu verändern.

Erkunden Sie gemeinsam mit Ihren Auftraggeber:innen, was sie tatsächlich zum Einsatz von Umweltzeichen bewegt. Dahinter verbergen sich häufig Erwartungen, die von Öko-Siegeln auf Druckprodukten schlicht nicht erfüllt werden. Außerdem macht es Spaß, mit einem detektivischen Spürsinn der Sache auf den Grund zu gehen!

Um Sie auf diese Gespräche einzustimmen, habe ich Ihnen einige mögliche Antworten auf die Frage nach dem »Warum« aufgeführt. Angereichert habe ich diese mit einer persönlichen Einschätzung.

MERKENSWERT Die Bedürfnisse und Erwartungen Ihrer Auftraggeber:innen sind individuell, und so ist auch die Entscheidung für oder gegen ein Siegel eine auftragsbezogene Angelegenheit.

Elf mögliche Antworten auf die Frage, warum Kund:innen Öko-Labels auf Druckprodukten abbilden möchten:

1. ZIELGRUPPENERWARTUNG In Beratungsgesprächen höre ich oft, dass Nachhaltigkeit von den Kund:innen meiner Auftraggeber:innen eingefordert wird. Diesem Wunsch möchten sie nachkommen und das Engagement mittels Umweltzeichen belegen. Oft entpuppt sich diese Forderung als Bauchgefühl, valide Daten fehlen. Aber klar, Nachhaltigkeit ist ein großes Thema, das viele Bevölkerungsschichten beschäftigt. Ob aber Umweltzeichen auf Druckerzeugnissen von den jeweiligen Anspruchsgruppen als ein Beweis für Umweltgerechtigkeit wahrgenommen werden, ist nicht unbedingt gewährleistet. Ihre Auftraggeber:innen sollten auch nicht voraussetzen, dass Verbraucher:innen wissen, was ein bestimmtes Label aussagt.

2. CO_2-REDUKTION Die Reduzierung klimaschädlicher Gase ist ein häufig angeführtes Argument für den Einsatz von Öko-Siegeln. In der Gesamtbetrachtung belegt aber kein einziges Label eine CO_2-Reduktion bei der Umsetzung von Druckprojekten. Für Sie ist das ein toller Einstieg, denn in diesem Buch lernen Sie viele Maßnahmen kennen, die auch außerhalb der Geltungsbereiche der Öko-Siegel geeignet sind, um CO_2-Einsparungen zu realisieren und zu kommunizieren.

3. GUTES GEWISSEN Mit Umweltzeichen möchten sich einige Ihrer Kund:innen vielleicht ein gutes Gewissen erkaufen. Das bedeutet gleichzeitig, dass deren Ethos beim Publizieren von Printmedien angekratzt ist. Dafür gibt es aber nur wenig gute Gründe. Insbesondere dann, wenn Sie Ihre Auftraggeber:innen dazu bewegen, einige der in diesem Buch vorgestellten Manöver umzusetzen.

4. ANGST VOR UNGEWOLLTER ÖFFENTLICHKEIT Unternehmen sehen sich einem Rechtfertigungsdruck ausgesetzt, der sie dazu bewegt, mögliche Kritik von beispielsweise Konsument:innen oder Nichtregierungsorganisationen mit Umweltzeichen zu entkräften. Das ist durchaus ein nachvollziehbares Argument. Niemand sieht sich gerne im negativen Rampenlicht stehen. Aber denken Sie daran:

Selbst strenge Umweltkennzeichen sind nur innerhalb ihrer Systemgrenzen gültig und keineswegs ein Beleg für eine absolute Umweltgerechtigkeit.

5. UMWELTFREUNDLICHERE DRUCKPRODUKTE Ihre Kund:innen möchten, dass deren Druckprodukte umweltschonender sind, als es die Gesetzgebung vorgibt. Das ist ein guter Ansatz, den ich unterstützenswert finde, sofern auch diejenigen Möglichkeiten ausgeschöpft werden, die nicht von den Labels abgedeckt werden. Aber Achtung: Nur wenige Umweltkennzeichen definieren ökologische Kriterien, die schärfer als die gesetzlichen Bestimmungen sind.

6. BESSERES PRODUKT- UND/ODER MARKENIMAGE Kund:innen versprechen sich durch den Einsatz von Umweltsiegeln eine positive Strahlkraft auf das Produkt und/oder die Marke. Ob ein Logo dieses Versprechen einlöst, ist ungewiss. Ich denke, dass die Wirkung oft überschätzt wird. Nur eingebettet in eine glaubhaft nachhaltige Unternehmensstrategie helfen Öko-Auszeichnungen meiner Meinung nach dabei, das Image in die gewünschte Richtung zu lenken.

7. ORIENTIERUNGSHILFE BEI DER KAUFENTSCHEIDUNG Verlagsprodukte werden hauptsächlich wegen des Inhalts gekauft. Ein Umweltzeichen, insbesondere dann, wenn es nicht direkt ersichtlich ist, wird also kaum einen Kaufimpuls auslösen. Anders sieht es bei Zielgruppen mit besonderen Ansprüchen aus. Bei Veganer:innen ist das Vegan-Label eine sinnvolle und sicherlich auch verkaufsfördernde Maßnahme. Bei Kinderbüchern oder speziellen Ratgebern kann eine Zertifizierung nach beispielsweise Cradle to Cradle eine Kaufentscheidung beeinflussen. Bei ökologisch sehr kundigen Verbraucher:innen ist der Blaue Engel eine Überlegung wert.

8. PERSÖNLICHE ÜBERZEUGUNG Eine persönliche Überzeugung halte ich für eines der besten Argumente für den Einsatz von Umweltzeichen. Ganz nach dem Motto »Tue Gutes und rede darüber« kommunizieren Öko-Logos auf Druckprodukten eine persönliche Gesinnung. Intrinsisch motivierte Auftraggeber:innen sind oft gut informiert, haben konkrete Vorstellungen und sind meist empfänglich für Vorschläge und Veränderungen. Falls das überhaupt notwendig ist, erkunden Sie gemeinsam mit diesen Traumkund:innen passende Auszeichnungen.

9. STRAHLWIRKUNG AUF DAS VERPACKTE PRODUKT Einige Auftraggeber:innen erhoffen sich durch das Aufbringen von Gütesiegeln auf Verpackungen eine positive Wirkung auf das Produkt. Obwohl sich diese Logos nur auf die Verpackung beziehen, kann dieses Ansinnen aufgehen. Aber Vorsicht: Verbraucher:innen können solche Manöver als Greenwashing einstufen, sofern nicht klar ersichtlich ist, worauf sich Auszeichnungen beziehen. Mir fällt dazu eine Milchmarke ein, die mit einem 71 Prozent verringerten CO_2-Ausstoß wirbt. Allerdings bezieht sich diese Angabe auf die Verpackung und nicht auf die Milch. Der Fall ging sogar vor Gericht, das zugunsten der Marke entschied. Auch wenn solche Aktionen im Einzelfall (noch) legal sind, verbuche ich sie als einen bewussten Täuschungsversuch. Das ist nichts, wozu ich raten kann. Außerdem: Nicht alle Siegel dürfen Sie für die Auszeichnung von Verpackungen verwenden.

10. HÖHERE VERKAUFSPREISE Regulierte Umweltzeichen sind meist mit Zusatzkosten verbunden. Ihre Auftraggeber:innen werden versuchen, diese Kosten über höhere Verkaufspreise mindestens zu kompensieren, oft aber auch über zu kompensieren. Das kann durchaus funktionieren, sofern die Kommunikation stimmt und die Zielgruppe das Engagement honoriert.

11. SCHUTZ VOR REGRESSANSPRÜCHEN Druckereikund:innen möchten ein toxikologisch unbedenkliches Druckprodukt in Verkehr bringen. Dieses Argument greift häufig bei Lebensmittelverpackungen, denn gesundheitlich bedenkliche Stoffe können von der Verpackung auf das Füllgut übergehen. Aber Achtung: Nur wenige Siegel geben Auskunft über toxikologische Eigenschaften der verwendeten Materialien.

Sicherlich gibt es viele weitere gute und weniger gute Gründe für den Einsatz von Umweltauszeichnungen auf Printmedien. Das hier soll lediglich der Versuch sein, Sie auf Ihre Gespräche einzustimmen. Versuchen Sie so exakt wie möglich das »Warum« und »Wer« aus Ihren Kund:innen herauszukitzeln. Es ist zielführend, diesen Diskurs mit Ihren Auftraggeber:innen zu führen, bevor Sie mit der konkreten Produktentwicklung beginnen. Denn die Nutzung regulierter Umweltkennzeichen ist an konkrete Bedingungen geknüpft, es können zusätzliche Kosten anfallen und die Auswahl an Papieren, drucktechnischen Möglichkeiten und Druckereien ist bei einigen Auszeichnungen stark eingeschränkt. Wie Sie die gewonnenen Erkenntnisse mit den Geltungsbereichen der Öko-Labels synchronisieren können, erfahren Sie im nächsten Kapitel.

BEISPIEL Eine Umweltschutzorganisation engagiert Sie für die Konzeption, Gestaltung und Produktion verschiedener Broschüren, mit denen Privatspenden generiert werden sollen. Bei der Vergabe von Druckaufträgen setzt die NGO ein Recyclingpapier voraus, das mit dem Blauen Engel ausgezeichnet ist und das entsprechende Logo muss auf allen Drucksachen erscheinen. Da nur wenige Papiere und Druckereien zertifiziert sind, müssen Sie diese Vorgabe schon in der Konzeptions- und Planungsphase berücksichtigen.

Ein Topf für jeden Deckel? Öko-Siegel mit der Umweltzeichen-Matrix auswählen

Damit Sie sich schnell und unkompliziert ein Bild von der Label-Landschaft der Druck- und Papierbranche verschaffen können, habe ich eine Umweltzeichen-Matrix für Sie erstellt. Diese beinhaltet die wichtigsten regulierten Öko-Siegel für die Auszeichnung von Druckprodukten und Papieren sowie die damit einhergehenden Besonderheiten und Anforderungen. Nutzen Sie diese Übersicht (auf Seite 276/277), damit Sie gemeinsam mit Ihren Kund:innen für das spezifische Projekt passende Umweltkennzeichen eingrenzen können. Haben Sie und Ihre Kund:innen ein paar interessante Siegel aufgespürt, empfehle ich Ihnen, die jeweiligen Anforderungen und Bedingungen im Detail zu besprechen. Dabei ist Ihnen die im nächsten Kapitel intensive Auseinandersetzung mit den einzelnen Umweltkennzeichen behilflich.

AUS DER PRAXIS Sie können ein Druckprodukt mit mehreren Siegeln auszeichnen, sofern die jeweiligen Anforderungen eingehalten werden und sich nicht gegenseitig ausschließen. Label, die klimaneutrales Drucken auszeichnen, sind als einzige ohne Weiteres mit allen anderen Gütesiegeln kombinierbar.

BLICK INS BUCH Obwohl alle verwendeten Papiere mit mindestens einem Umweltzeichen zertifiziert sind und viele davon in einer der nachhaltigsten Druckereien der Welt bedruckt wurden, haben der Verlag und ich uns gegen die Auszeichnung mit einem Öko-Siegel entschieden. Die Inanspruchnahme strenger Umweltsiegel hätte uns in der Papierauswahl und der konkreten technischen Umsetzung zu stark eingeschränkt. Außerdem wollten wir keine Partei für oder gegen ein Umweltkennzeichen ergreifen.

Umweltzeichen im Detail

In diesem Kapitel beleuchte ich regulierte Umweltkennzeichen, mit denen Printmedien in Deutschland am häufigsten ausgezeichnet werden. Berücksichtigt habe ich auch Siegel, die als Umweltzeichen wahrgenommen werden, tatsächlich aber keine Auskunft über ökologische Qualitäten geben. Sie lernen folgend die jeweiligen Systemgrenzen, Vor- und Nachteile sowie Kritikpunkte im Detail kennen. Ausgerüstet mit diesem Wissen können Sie Ihre Kund:innen souverän beraten und aufzeigen, was bei einer Inanspruchnahme möglich oder auch nicht möglich ist.

Die dargestellten Produktauszeichnungen dürfen ausschließlich von Druckereien vergeben werden, die eine entsprechende

Erlaubnis vom Zeichengeber erhalten haben. Diese Legitimation erwirken Druckbetriebe über einen Zertifizierungsprozess, der sicherstellt, dass die jeweiligen Anforderungen erfüllt werden. Für Sie ist das wichtig, da nicht jede Druckerei alle Zeichen vergeben darf. Sie können daher unter Umständen wegen eines bestimmten Umweltkennzeichens Ihre möglicherweise liebgewonnenen Stammdruckereien nicht mit entsprechenden Aufträgen bedenken. Diesen Umstand müssen auch Ihre Kund:innen berücksichtigen, die vielleicht schon seit vielen Jahren vertrauensvoll mit einigen Betrieben zusammenarbeiten.

Wenn Sie sich jetzt noch nicht im Detail mit den Umweltkennzeichen auseinandersetzen möchten, dann überspringen Sie diese Kapitel und orientieren sich auf Seite 276. Verstehen Sie den folgenden Abschnitt einfach als ein Nachschlagewerk, auf das Sie bei Bedarf zurückgreifen können.

MERKENSWERT Selbstverständlich können Sie alle Druckprodukte nach den Bedingungen und Anforderungen einzelner Kennzeichen umsetzen, ohne das Produkt damit auszuzeichnen.

BLICK INS BUCH Die Druckerei gugler* DruckSinn druckte viele Seiten dieses Buchs und ist nach FSC, PEFC, Cradle to Cradle (Silber und Gold), EU Ecolabel und nach dem österreichischen Umweltzeichen zertifiziert.

Cradle to Cradle (C2C)

Cradle to Cradle (engl. »von Wiege zu Wiege«, sinngemäß »vom Ursprung zum Ursprung«) ist ein Gegenentwurf zur Linearwirtschaft und strebt eine perfekte Kreislaufwirtschaft an, bei der es

keine Abfälle gibt. Sie können diesen Ansatz als eine Designphilosophie verstehen, die Produkte anstrebt, die nicht nur weniger schlecht sind, sondern einen positiven Beitrag für Natur, Mensch und Wirtschaft leisten. Alle eingesetzten Rohstoffe sollen absolut unschädlich für alle Lebewesen sein, am Ende des Lebenszyklus wieder vollständig als »technischer Nährstoff« in den Produktionsprozess zurückgeführt werden und/oder biologisch abbaubar sein. Die zugrunde liegende Idee orientiert sich an der Natur: Fülle und Verschwendung ist möglich und führt nicht zu Umweltproblemen, solange alle Stoffe dauerhaft in Kreisläufen gehalten werden. Entsprechend steht der C2C-Leitsatz unter dem Motto: waste equals food – Abfall ist Nahrung. Das C2C-Prinzip, das Sie als extreme Ausprägung der Ökoeffektivität betrachten können, wurde Ende der 1990er-Jahre von dem deutschen Chemiker Michael Braungart und dem US-amerikanischen Architekten William McDonough entworfen. Unternehmen wie Papierhersteller oder Druckereien, die Produkte nach C2C zertifizieren lassen möchten, müssen strenge und weitreichende Anforderungen erfüllen. Dazu gehören:

- Materialgesundheit aller eingesetzten Inhaltsstoffe
- Kreislauffähigkeit des Produktes in technischen und/oder biologischen Kreisläufen
- Nutzung von erneuerbaren Energien
- verantwortungsvolles Wassermanagement
- Einhaltung sozialer Standards

C2C ist in einen kontinuierlichen Verbesserungsprozess eingebettet. Unternehmen sollen sich und ihre Produkte folglich permanent verbessern, was sich in den fünf verschiedenen Zertifizierungslevel ausdrückt: Basic, Bronze, Silber, Gold und Platin. Bewertet werden alle fünf Kategorien, wobei das niedrigste Kategorieergebnis das Gesamtergebnis des Produkts definiert. Die Anforderungen werden von Stufe zu Stufe strenger und anspruchsvoller. Erst ab einer Zertifizierung der Kategorie Silber sind keine CMR-Stoffe (krebserregend, erbgutverändernd, fortpflanzungsgefährdend) mehr im Druckprodukt enthalten. Die Platin-Stufe kennzeichnet Produkte aus, die ohne Wertverlust zu 100 % kreislauffähig sind, was bei Drucksachen noch nicht und vielleicht auch nie möglich sein wird. Das Zertifikat muss alle zwei Jahre erneuert werden und wird vom

Non-Profit-Institut »Cradle To Cradle Products Innovation Institute« mit Sitz in San Francisco (USA) verliehen.

BEISPIEL Beim Papierrecycling nach dem C2C-Prinzip würden für die Papierherstellung unbrauchbare Reststoffe wie Farben, Lacke und Leime nicht verbrannt, sondern für andere Produkte genutzt, als Dünger eingesetzt oder kompostiert werden. Papierfasern und faserfremde Stoffe könnten folglich sowohl in biologischen als auch in technischen Kreisläufen gehalten werden.

BEISPIEL Eine Waschmaschine, die nach C2C entwickelt wurde, würde nach der Nutzung zurück zum Hersteller gehen, der diese dann aufbereitet und erneut verkauft oder vermietet.

KRITIK C2C suggeriert, dass Verzicht und Beschränkung nicht notwendig sind und grenzenloser Konsum auch in Zukunft möglich sein wird. Ob der C2C-Designansatz im großen Maßstab und global umsetzbar ist, ist keineswegs sicher und ein gesamtgesellschaftlicher Kraftakt, der in ein neuartiges Wirtschaftssystem, ähnlich einer Planwirtschaft, münden würde. Das C2C-Prinzip setzt komplett auf erneubare Energien und lehnt Energieformen aus Atomkraft ab. Ob dieser Anspruch in allen Regionen der Erde umsetzbar ist, steht in den Sternen. Es werden, wie auch beim Blauen Engel und EU Ecolabel, durchgefärbte Papiere, die meist nur für ein Downcycling zu gebrauchen sind, zertifiziert.

EINSCHÄTZUNG C2C ist in meinen Augen ein Umweltzeichen für Kund:innen mit Pioniergeist. Es ist das einzige Siegel, das alle Substanzen der verwendeten Druckkomponenten ab 0,01 Gewichtsprozent unter Einbeziehung der gesamten Lieferkette ökotoxikologisch auf Rezeptebene untersucht und bewertet. Darin liegt ein großer Unterschied zu allen anderen Umweltzeichen, die lediglich eine Herstellerbestätigung auf Basis eines Sicherheitsdatenblattes voraussetzen und Substanzen unter 0,1 Gewichtsprozent unberücksichtigt lassen. C2C setzt zudem auf hohe Standards in Bezug auf regenerative Energien und menschenwürdige Arbeitsbedingungen. Erlaubt sind alle Druckveredelungen, sofern sie die Bedingungen erfüllen. Das ist ein Vorteil gegenüber anderen strengen Siegeln, die bestimmte Veredelungen kategorisch ausschließen. Ich halte die C2C-Philosophie für einen weitsichtigen Ansatz, der nachweislich zu unschädlichen Produkten und einer verbesserten Kreislauffähigkeit führt. Vollständig umgesetzt würde C2C aufgrund harmloser Stoffe in Farben, Lacken, Leimen und Bedruckstoffen das Papierrecycling revolutionieren. Reststoffe könnten beispielsweise als Dünger anstatt als Brennstoff verwendet werden. Ein Downcycling, wie es oft beim Papierrecycling vorkommt, würde es nach C2C nicht mehr geben.

SYSTEMGRENZEN

ÖKOLOGIE, PRODUKT	ja, das Produkt muss strenge Kriterien erfüllen
ÖKOLOGIE, PRODUKTION	ja, Druckereien haben umfangreiche Anforderungen einzuhalten
RECYCLINGFÄHIGKEIT	ja, das Druckprodukt muss recycelbar sein
RECYCLINGPAPIER	ja, aber geringe Auswahl
CHEMIKALIENEINSATZ	ja, der Einsatz ist reglementiert
FORSTWIRTSCHAFT	ja, ab Stufe Silber

FOLGENDES MÜSSEN SIE BEI DER INANSPRUCHNAHME BEACHTEN:

DRUCKEREIEN	2 in DE, 1 in AT, 1 in CH (2023), weniger als 10 in ganz Europa
PAPIERAUSWAHL	gering, nur mit dem Siegel zertifizierte Papiere
VEREDELUNGEN	ausgewählte Heißfolienprägungen, Lasergravur, Folienkaschierungen, Blindprägung, Stanzungen
ZERTIFIZIERUNGSKOSTEN	im Ermessen der Druckerei
BEKANNTHEITSGRAD	in der Gesamtbevölkerung gering
SONSTIGES	in einigen Zielgruppen ist C2C sehr bekannt

EIN GRUSS AUS DER DRUCKEREI GUGLER* »Uns hat von Anfang an fasziniert, dass bei C2C, im Gegensatz zu anderen Zertifizierungen, alle Rezepte der Druckkomponenten offengelegt und untersucht werden müssen. Und nur dann eine Freigabe erfolgt, wenn alle Inhaltsstoffe, unter Einbeziehung der gesamten Lieferkette, ökotoxikologisch unbedenklich und positiv definiert sind! C2C ist also ein Design-Ansatz, der ganz weit vorne bei der Produktentwicklung anfängt und eine große Vision hat: Als Mensch nützlich für unseren Planeten, von dem wir ein Teil sind, zu sein.« – Ernst Gugler

WISSENSWERT Der große Unterschied zwischen einer Kreislaufwirtschaft und C2C liegt darin, dass die Kreislaufwirtschaft auf die Minimierung von Abfällen abzielt, während C2C eine komplett abfallfreie Wirtschaft anstrebt. Ab Stufe Gold gelten C2C-Produkte als die schadstofffreiesten überhaupt.

MERKENSWERT Einige Branchenstimmen sehen in C2C-zertifizierten Druckprodukten keine ökologischen Vorteile gegenüber dem Blauen Engel. Ich denke, ein Vergleich ist schwierig, denn die Zeichengeber verfolgen unterschiedliche Philosophien. Den Blauen Engel sehe ich eher in der Gegenwart verhaftet, während C2C eine an die Natur angelehnte und verlustfreie Kreislaufwirtschaft anstrebt, die heute noch nicht existiert. Außerdem zielt C2C zusätzlich auf die Verbesserung sozialer Standards ab. Ein Kriterium, das der Blaue Engel (noch) nicht abdeckt.

JETZT ENTDECKEN Ab den Seiten 2 bis 12, 17 bis 56, 61 bis 98, 103 bis 136, 245 bis 248 und 265 bis 268 finden Sie Papiere, die nach C2C zertifiziert sind.

HÖRENSWERT Möchten Sie sich intensiv mit C2C auseinandersetzen? Dann empfehle ich Ihnen diesen 90-minütigen Podcast, in dem sich Michael Braungart ausführlich zu seiner Philosophie äußert.

SEHENSWERT Sehen Sie hier einen erhellenden Beitrag von Heiner Klokkers, dem CEO des Farbherstellers Hubergroup, zum Thema C2C-Druckfarben.

LESENSWERT Was Cradle to Cradle für die Papierbranche und Printmedien bedeutet, beleuchte ich in diesem Interview, das ich mit der Papierfabrik Mondi führte.

Blauer Engel für Druckerzeugnisse (RAL UZ 195)

www.blauer-engel.de/uz195

Der Blaue Engel ist das Öko-Siegel der deutschen Bundesregierung zum Schutz von Mensch und Umwelt. Es gilt als das weltweit erste Umweltzeichen und wurde bereits 1978 eingeführt. Gekennzeichnet werden besonders umweltschonende Produkte und Dienstleistungen, ohne dabei die absolute Unbedenklichkeit zu bescheinigen. Sie kennen dieses Label sicherlich von Kopier- und Büropapieren. Seit 2015 können Sie Druckprodukte nach dem Blauen Engel für Druckerzeugnisse zertifizieren lassen. Druckereien, die das Label vergeben dürfen, müssen hohe Anforderungen erfüllen. Diese sind so umfassend, dass sich ein genauerer Blick lohnt:

- Nutzung eines Energiemanagementsystems
- Begrenzung von flüchtigen organischen Lösemitteln (VOC-Emissionen)
- Verzicht auf umwelt- und gesundheitsschädigende Einsatzstoffe
- Begrenzung der Papierabfälle (20 % im Offsetdruck, 10 % im Digitaldruck)
- Quantifizierung von Umweltzielen
- Einsatz mineralölfreier und schadstoffarmer Druckfarben
- Verwendung emissionsarmer Klebstoffe
- Roh-, Hilfs- und Betriebsstoffe dürfen nicht aus genetisch veränderten Pflanzen oder Regenwaldabholzung stammen
- Gewährleistung der Recyclingfähigkeit von Druckprodukten

Aufgrund dieser strengen und umfangreichen Anforderungen, die stetig aktualisiert werden, zählt der Blaue Engel für Druckerzeugnisse neben Cradle to Cradle als das glaubwürdigste Umweltzeichen der Druckbranche. Zertifizierte Recyclingpapiere gelten aufgrund strenger Grenzwerte und Anforderungen als sehr umweltschonend.

Möchten Ihre Kund:innen das Siegel nutzen, dann müssen Sie Folgendes bei der Produktentwicklung berücksichtigen:

- Die eingesetzten Papiere, Kartons und Pappen müssen aus Altpapier bestehen und mit dem Blauen Engel zertifiziert sein.
- Mit dem Blauen Engel zertifizierte Recyclingpapiere können deutlich teurer sein als vergleichbare Substrate aus Frischfasern oder Altpapier.
- Hochweiße Recyclingpapiere sind selten (die maximale CIE Weiße von 135 finden Sie ab Seite 253).
- Folienkaschierungen sind aufgrund ihrer Schutzfunktion nur für Buchumschläge zulässig.
- Papiere, Farben und Lacke müssen mindestens einen Masseanteil von 90 % im Endprodukt ausmachen.
- Lacke dürfen nur zum Schutz von Umschlägen und Deckblättern verwendet werden.
- Der UV-Offsetdruck, UV-Lacke, Heißfolienprägungen, Kaltfolien und weitere Effektveredelungen sind unzulässig.
- Viele Metallic- und Tagesleuchtfarben sind nicht zulässig.
- Eine Auszeichnung von Produkt-, Versand- und Umverpackungen ist ausgeschlossen.
- Der Einsatz von PVC, z. B. für Schutzumschläge, ist nicht gestattet.

KRITIK Einen Widerspruch sehe ich darin, dass durchgefärbte Papiere mit dem Blauen Engel ausgezeichnet werden. Und das, obwohl das Zeichen viel Wert auf die Recyclingfähigkeit setzt, die bei diesen Papieren nicht gegeben ist. Ich habe den Eindruck, dass Verbraucher:innen glauben, dass der Blaue Engel eine absolute Unbedenklichkeit und Umweltverträglichkeit bescheinigt, was nicht der Fall ist. Bedenken Sie auch, dass selbst dieses strenge Umweltkennzeichen viele Aspekte aus diesem Buch völlig unberücksichtigt lässt.

EINSCHÄTZUNG Viele Kund:innen sehen in den Zusatzkosten eine Hürde. Bei geringen Auftragswerten fallen die Zertifizierungsgebühren ins Gewicht und bei hohen Auflagen die (möglichen) Mehrkosten für das Papier. Sofern Ihre Auftraggeber:innen mit dieser Mehrbelastung einverstanden sind und die strikten Anforderungen einem attraktiven Druckprodukt nicht im Wege stehen, dann ist der Blaue Engel eine gute Wahl. Auch wenn Sie ein Druckprodukt nicht mit diesem Umweltzeichen ausstatten möchten, ist der Einsatz entsprechend zertifizierter Papiere und Druckereien empfehlenswert.

SYSTEMGRENZEN

ÖKOLOGIE, PRODUKT	ja, das Produkt muss strenge Kriterien erfüllen
ÖKOLOGIE, PRODUKTION	ja, Druckereien haben umfangreiche Anforderungen einzuhalten
RECYCLINGFÄHIGKEIT	ja, das Druckprodukt muss vollständig recycelbar sein
RECYCLINGPAPIER	ja, ausschließlich mit dem Blauen Engel zertifizierte Recyclingpapiere
CHEMIKALIENEINSATZ	ja, der Einsatz ist über gesetzliche Bestimmungen hinaus reglementiert
FORSTWIRTSCHAFT	nein, aber Recyclingpapier

FOLGENDES MÜSSEN SIE BEI DER INANSPRUCHNAHME BEACHTEN:

DRUCKEREIEN	ca. 40–50 Druckereien in Deutschland
PAPIERAUSWAHL	gering, nur mit dem Siegel zertifizierte Papiere sind zulässig
VEREDELUNGEN	Blindprägungen, Stanzungen
ZERTIFIZIERUNGSKOSTEN	bis zu 200 € Lizenzgebühr, abhängig vom Auftragswert, zzgl. 20–45 Euro Registrierungspauschale, plus eine Gebühr, die ggf. Ihre Druckerei zusätzlich einfordert
BEKANNTHEITSGRAD	mit über 90 % sehr hoch
SONSTIGES	Verpackungen sind nichtzertifizierbar

JETZT ENTDECKEN Das Papier ab der Seite 137 ist mit dem Blauen Engel zertifiziert und hat eine CIE Weiße von 80.

GRAUSTUFEN Das ab Seite 137 mit dem Blauen Engel zertifizierte Recyclingpapier stammt von der Papierfabrik Koehler. Sie gilt als eine der fortschrittlichsten Papierfabriken Europas. Dennoch wurde die für dieses Papier notwendige Energie aus einem betriebseigenen Kraftwerk erzeugt, das mit Kohlestaub betrieben wird. Dort hergestelltes Papier verursacht daher hohe durchschnittliche CO_2-Emissionen von 1.521 Kilogramm pro Tonne. Auch wenn Koehler den Brennstoff noch 2023 auf klimafreundlicheren Holzstaub umstellen möchte, zeigt dieser Umstand sehr schön die Systemgrenzen von Umweltkennzeichen und die Ambivalenz des Nachhaltigkeitsanspruchs auf. Oder hätten Sie gedacht, dass mit dem Blauen Engel zertifizierte Papiere mit Strom aus Kohlekraft hergestellt werden? Übrigens: Ein Kilogramm dieses Cradle to Cradle zertifizierten Frischfaserpapiers verursacht 316 Gramm CO_2.

EU Ecolabel

Das EU Ecolabel, das auch Euroblume oder Europäisches Umweltzeichen genannt wird, zeichnet über 20 verschiedene Produktgruppen aus und existiert bereits seit 1992. Es gilt als die (nicht ganz so strenge) EU-Variante des Blauen Engels. Da der Blaue Engel bereits 1978 eingeführt wurde und sich schnell etablierte, ist die Euroblume in Deutschland weniger bekannt. Zeicheninhaber ist die Europäische Kommission. Sie kennen das Siegel vielleicht aus dem Bereich der Kopierpapiere, Schreibwaren und Hygienepapiere. Printmedien, wie Bücher oder Magazine, werden damit eher selten ausgezeichnet. Die zu erfüllenden Bedingungen der Druckerei und die Anforderungen, die an das Druck produkt gestellt werden, sind in etwa vergleichbar mit denen des Blauen Engels. Die Kriterien für das eingesetzte Papier unterscheiden sich jedoch deutlich, da auch Papiere mit einem Frischfaseranteil zertifiziert werden. Dabei

müssen die eingesetzten Fasern zu mindestens 70 Prozent recycelt und/oder von Dritten, wie FSC oder PEFC, zertifiziert sein. Bei den restlichen 30 Prozent dürfen nicht zertifizierte Fasern aus kontrollierten und legalen Quellen (Controlled Wood) verwendet werden.

KRITIK Wie auch beim Blauen Engel, finde ich es seltsam, dass durchgefärbte Papiere zertifiziert werden, die nur für ein Downcycling geeignet sind. Und natürlich bescheinigt auch das EU Ecolabel lediglich eine in der jeweiligen Produktgruppe vergleichsweise geringe Umwelt- und Gesundheitsbelastung. Eine große Schwäche sehe ich darin, dass, wenn Primärfasern verwendet werden, diese nur zu 70 % aus zertifiziert nachhaltiger Forstbewirtschaftung stammen müssen.

EINSCHÄTZUNG Auch wenn ich das Umweltkennzeichen für glaubhaft halte, spricht wenig für die Zertifizierung von Printmedien mit dem EU Ecolabel. Die Auswahl an Druckereien ist noch kleiner als beim Blauen Engel, das Label ist unbekannter und die Anforderungen weniger streng. Für Druckprodukte, die auf dem europäischen Markt gehandelt werden und/oder für Papiere mit einem Frischfaseranteil ist die Euroblume aber eine Überlegung wert.

SYSTEMGRENZEN

ÖKOLOGIE, PRODUKT	ja, das Produkt muss strenge Kriterien erfüllen
ÖKOLOGIE, PRODUKTION	ja, Druckereien haben umfangreiche Anforderungen einzuhalten
RECYCLINGFÄHIGKEIT	ja, das Druckprodukt muss recycelbar sein
RECYCLINGPAPIER	nicht zwingend vorgeschrieben
CHEMIKALIENEINSATZ	ja, der Einsatz ist über die gesetzlichen Bestimmungen hinaus reglementiert
FORSTWIRTSCHAFT	70 % der eingesetzten Fasern müssen aus Altpapier und/oder aus zertifiziert nachhaltiger Forstwirtschaft stammen

FOLGENDES MÜSSEN SIE BEI DER INANSPRUCHNAHME BEACHTEN:

DRUCKEREIEN	ca. 10–15 Druckereien in Deutschland
PAPIERAUSWAHL	gering, nur mit dem Siegel zertifizierte Papiere sind zulässig
VEREDELUNGEN	Blind- und Heißfolienprägungen, Stanzungen, Schutzlacke
ZERTIFIZIERUNGSKOSTEN	im Ermessen der Druckerei
BEKANNTHEITSGRAD	EU-weit 27 %, Deutschland 15 %
SONSTIGES	Verpackungen sind nicht zertifizierbar

EIN GRUSS AUS DER DRUCKEREI GUGLER* »Grenzwerte für Schadstoffe in Druckprodukten sind ein erster Schritt in Richtung gesunde Druckprodukte. Die Anforderungen der Euroblume stupsen jedoch keine wirklich bedeutenden ökologischen Innovationen an und können mit geringen Auflagen von jeder durchschnittlichen Druckerei erfüllt werden. Gering deshalb, damit für das öffentliche Beschaffungswesen eine ausreichende Anzahl an Anbietern gewährleistet werden kann und es zu keinem ›Monopol-Lieferanten‹ kommt.« – Ernst Gugler

JETZT ENTDECKEN Die Papiere ab Seite 137 bis 143, 149 bis 223 und 265 bis 272 sind mit der Euroblume zertifiziert.

Forest Stewardship Council (FSC)

Der Forest Stewardship Council (FSC) ist eine internationale, nichtstaatliche und nach eigenen Angaben gemeinnützige Non-Profit-Organisation. Der FSC setzt sich seit 1993 für eine umweltgerechte, sozialverträgliche und ökonomisch tragfähige Nutzung der Wälder weltweit ein. Das Zertifizierungssystem berücksichtigt viele Interessensgruppen und wurde von Unternehmen, Gewerkschaften sowie Umweltverbänden gegründet. Neben der Zertifizierung von Wäldern vergibt der FSC Umweltzeichen für Produkte aus Holz. Das System regelt die Waldbewirtschaftung, die Nachverfolgbarkeit (Chain of Custody) und die Auszeichnung von Produkten mit dem FSC-Siegel. Es erstreckt sich damit vom Wald bis zum fertigen Produkt, ist aber laut eigenen Aussagen kein Öko-Label. Weltweit sind über 210 Millionen Hektar und damit mehr als 20 Prozent der regelmäßig bewirtschafteten Wälder FSC-zertifiziert. Den Zertifizierungsrahmen setzen zehn Prinzipien und 70 Kriterien, die global gültig sind, auf Länderebene jedoch angepasst werden können. Zu den Prinzipien zählen Aspekte wie die Einhaltung der geltenden Gesetze, der Erhalt oder die Verbesserung der Arbeitsbedingungen und der Schutz indigener Völker. Für Papier vergibt der FSC drei verschiedene Auszeichnungen:

- **FSC 100 %** Papier, das mit dem FSC-100 %-Logo ausgezeichnet ist, enthält 100 Prozent Frischfasern aus FSC-zertifizierten Naturwäldern oder Plantagen.

- **FSC-MIX** Das Papier muss zu mindestens 70 Prozent FSC-zertifizierte Frischfasern, Recyclingfasern oder eine Mischung von beidem enthalten. Bei den restlichen 30 Prozent können nicht zertifizierte Fasern, für die lediglich eine kontrollierte und legale Herkunft (Controlled Wood) vorgeschrieben wird, eingesetzt werden.

- **FSC-RECYCLED** Das FSC Recycled-Papier besteht vollständig aus Recyclingfasern. Das eingesetzte Altpapier stammt oft aus Druckereien oder Papierfabriken und muss daher nicht so aufwendig aufbereitet werden, wie es beim Blauen Engel der Fall ist. Die Auszeichnung gibt keine Auskunft darüber, ob die Fasern des eingesetzten Altpapiers aus FSC-zertifizierten Wäldern stammen.

KRITIK Auch wenn Umweltverbände und Nichtregierungsorganisationen den FSC für die derzeit beste und umfassendste Zertifizierung für eine nachhaltige Waldwirtschaft halten, ist die Kritikliste lang. So wird dem FSC-System unter anderem vorgeworfen, dass ökologische Aspekte aufgrund des Einflusses der Holzindustrie in den Hintergrund geraten und auch Monokulturen zertifiziert werden. Greenpeace, ein Mitglied der ersten Stunde, kritisiert, dass eine Holzentnahme aus Urwäldern erlaubt ist, anstatt diese konsequent zu schützen. Das Mengenbilanzierungssystem garantiert nicht, dass für alle FSC-Mix-Papierprodukte tatsächlich zu 100 % Fasern aus nachhaltiger Forstwirtschaft zum Einsatz kommen. So können Zellstofffabriken beispielsweise 70 % FSC-zertifiziertes Holz kaufen und 70 % der Produktion entsprechend auszeichnen. Daher ist es keineswegs sicher, dass in einem FSC-Mix-zertifizierten Papier Fasern aus FSC-zertifizierten Wäldern enthalten sind. Das FSC-Recycled-Label ist meiner Meinung nach Augenwischerei und ein Marketing-Gag, da überhaupt nicht sichergestellt werden kann, ob das eingesetzte Altpapier aus zertifizierten Fasern besteht. Da schon der innereuropäische Bedarf an FSC-zertifizierten Zellstoff- und Papierprodukten nicht aus eigenen FSC-zertifizierten Wäldern gedeckt werden kann, fördert eine verstärkte Nachfrage nach FSC-Papieren paradoxerweise den Import von zertifizierten Fasern aus außereuropäischen Ländern. Da die FSC-Siegel bei Verbraucher:innen Umweltfreundlichkeit suggerieren, die FSC-Zertifizierung jedoch keine Umweltaspekte der Papier- und Druckproduktion berücksichtigt, die über die gesetzlichen Anforderungen hinausgehen, sehen einige in entsprechend ausgezeichneten Druckerzeugnissen eine Verbrauchertäuschung. Druckereien kritisieren den hohen bürokratischen Aufwand und die mit einer Zertifizierung verbundenen Kosten.

MEINUNGSBILDEND Die kritikwürdigsten Projekte und Praktiken des FSC werden auf der Website FSC-Watch.com dokumentiert und veröffentlicht.

EINSCHÄTZUNG Trotz Kritik ist der FSC das glaubwürdigste Gütesiegel für eine nachhaltige Forstwirtschaft. In meinen Augen definiert es jedoch lediglich einen Mindeststandard. Auch wenn Sie Druckprodukte aus Frischfaserpapieren nicht mit diesem Siegel auszeichnen möchten, empfehle ich den Einsatz von FSC-zertifizierten Papieren. Soll es ein Recyclingpapier sein, dann ist der Blaue Engel die bessere Wahl, da diese Auszeichnung Bedingungen an eine umweltschonende Papierherstellung definiert.

SYSTEMGRENZEN

ÖKOLOGIE, PRODUKT	keine Berücksichtigung
ÖKOLOGIE, PRODUKTION	keine Berücksichtigung
RECYCLINGFÄHIGKEIT	keine Berücksichtigung
RECYCLINGPAPIER	FSC-Recycled und anteilig FSC-Mix
CHEMIKALIENEINSATZ	gesetzliche Mindestanforderungen der jeweiligen Produktionsländer
FORSTWIRTSCHAFT	ja

FOLGENDES MÜSSEN SIE BEI DER INANSPRUCHNAHME BEACHTEN:

DRUCKEREIEN	über 500 Druckereien in Deutschland
PAPIERAUSWAHL	sehr große Auswahl
VEREDELUNGEN	keine Einschränkungen
ZERTIFIZIERUNGSKOSTEN	im Ermessen der Druckerei
BEKANNTHEITSGRAD	mit über 60 % hoch
SONSTIGES	Alle in einem Druckprodukt eingesetzten Papiere, Pappen und Kartons müssen für die Zeichenvergabe FSC-zertifiziert sein

JETZT ENTDECKEN Dieses Inhaltspapier und die Papiermuster ab Seite 1 bis 224, 245 bis 256, 265 bis 272 sind FSC-zertifiziert.

WISSENSWERT Viele kleine private und kommunale Waldbesitzer erfüllen oder übererfüllen die Anforderungen des FSC, scheuen aber den organisatorischen, administrativen und finanziellen Aufwand einer Zertifizierung.

LESENSWERT Wenn Sie sich intensiver mit den Prinzipien und Kriterien des FSC beschäftigen möchten, dann empfehle ich Ihnen das Studieren dieses unbedingt lesenswerten Dokuments.

HÖRENSWERT In diesem Zeit-Podcast geht der Redakteur der Frage auf den Grund, was zwei Millionen Waldbesitzer in Deutschland gegen den Klimawandel unternehmen können. Der 40-minütige Beitrag zeigt zudem indirekt auf, warum nicht alle Wälder FSC-zertifiziert sind, aber dennoch nachhaltig bewirtschaftet werden.

Programme for the Endorsement of Forest Certification Schemes (PEFC)

PEFC (Programme for the Endorsement of Forest Certification Schemes) ist ein industrienahes Umweltkennzeichen der internationalen Holzwirtschaft, das die Interessen von Waldbesitzern vertritt. Das PEFC dokumentiert nach eigenen Angaben eine ökologisch, sozial, sowie ökonomisch nachhaltige Waldbewirtschaftung und garantiert eine kontrollierte und nachverfolgbare Verarbeitungskette. Mit über 300 Millionen Hektar zertifiziertem Wald in über 56 Ländern ist der PEFC das weltweit größte Waldzertifizierungssystem. In Deutschland sind rund zwei Drittel des Waldes zertifiziert. Im Allgemeinen wird das Engagement des PEFC (deutlich) niedriger bewertet als das des FSC. Viele nationale und internationale Institutionen und Unternehmen behandeln beide Labels jedoch gleichrangig. In Deutschland beispielsweise akzeptiert die öffentliche Hand bei der Beschaffung von Holzprodukten beide Auszeichnungen. Auch das PEFC-Siegel ist eine Produktkettenzertifizierung. Es soll eine lückenlose Aufzeichnung der Rohstoff- und Warenströme vom Wald bis zum fertigen Produkt garantieren. Es gibt keine Auskunft über ökologische Qualitäten der Papier- und Druckproduktion. Für Papier vergibt der PEFC zwei verschiedene Auszeichnungen:

- **PEFC-ZERTIFIZIERT** Papier, das mit dem PEFC-Logo ausgezeichnet ist, enthält 100 Prozent Frischfasern aus PEFC-zertifizierten Wäldern.

- **PEFC-RECYCELT** Das Papier muss zu mindestens 70 Prozent aus Altpapier bestehen. Nicht zertifizierte Rohstoffe müssen nachweisbar aus nicht kontroversen Quellen stammen.

KRITIK Viele Nichtregierungsorganisationen distanzieren sich vom PEFC. Greenpeace beispielsweise kritisiert die Industrienähe und das Fehlen unabhängiger Kontrollen. Der Naturschutzbund Deutschland (NABU) sieht in dem Siegel keinen ökologischen Mehrwert, unter anderem wegen des schwachen Kontrollsystems und des gestatteten Pestiziteinsatzes. Allgemein wird bemängelt, dass der Interpretationsspielraum für Forstbetriebe zu groß ist, Kontrollen nur stichprobenartig erfolgen und dass eine Zertifizierung mit einer einfachen Selbstverpflichtungserklärung der Forstbetriebe möglich ist. Ökologische Faktoren der Zellstoff- und Papierherstellung werden, wie auch beim FSC, nur im Rahmen der durch die Gesetzgebung definierten Mindeststandards berücksichtigt. Das Umweltbundesamt empfiehlt das PEFC-Siegel, kritisiert aber gleichzeitig die wenigen Kontrollen. Der Sachverständigenrat für Umweltfragen sieht im PEFC keinen hochwertigen ökologischen Standard. Wie auch beim FSC-Recycled-Logo ist das PEFC-Recycled-Siegel meiner Meinung nach ein Blendwerk, da nicht sichergestellt werden kann, dass die Altpapierfasern ursprünglich aus zertifizierten Wäldern stammten.

EINSCHÄTZUNG Ich schließe mich der Meinung vieler Umweltverbände an, die im PEFC ein von der Waldwirtschaft selbst vergebenes Gütesiegel sehen. Meine Empfehlung: Wenn Sie die Wahl zwischen einem FSC- und PEFC-zertifizierten Papier haben, entscheiden Sie sich für das FSC-Papier.

SYSTEMGRENZEN

ÖKOLOGIE, PRODUKT	keine Berücksichtigung
ÖKOLOGIE, PRODUKTION	keine Berücksichtigung
RECYCLINGFÄHIGKEIT	keine Berücksichtigung
RECYCLINGPAPIER	keine Berücksichtigung
CHEMIKALIENEINSATZ	nur gesetzliche Mindestanforderungen der jeweiligen Produktionsländer
FORSTWIRTSCHAFT	ja, der PEFC vertritt jedoch überwiegend die Interessen von Waldbesitzern

FOLGENDES MÜSSEN SIE BEI DER INANSPRUCHNAHME BEACHTEN:

DRUCKEREIEN	ca. 200 Druckereien in Deutschland
PAPIERAUSWAHL	große Auswahl
VEREDELUNGEN	keine Einschränkungen
ZERTIFIZIERUNGSKOSTEN	im Ermessen der Druckerei
BEKANNTHEITSGRAD	40 % der Bevölkerung in Deutschland
SONSTIGES	Alle eingesetzten Papiere, Pappen und Kartons müssen für die Zeichenvergabe PEFC-zertifziert sein

KLARGESTELLT Gelder, die durch den FSC und PEFC durch Zertifizierungen eingenommen werden, dienen der Aufrechterhaltung der jeweiligen Organisationen und fließen nicht als finanzielle Zuwendung in Wälder oder Aufforstungsprojekte.

JETZT ENTDECKEN Das Papier ab Seite 225 ist PEFC-zertifiziert.

Wie Sie einleitend gelernt haben, quantifizieren CO_2-Rechner produktspezifische Treibhausgasemissionen. Der ermittelte Wert, also die individuelle Treibhausgasbilanz Ihres Druckjobs, drückt sich in Kilogramm oder Tonnen CO_2 aus und kann über den Ankauf von Emissionsminderungszertifikaten kompensiert werden. Die Idee dahinter: Die eingenommenen Geldern finanzieren Projekte, die ohne diese Zuwendungen nicht realisierbar wären und geeignet sind, um die Menge der auftragsbedingten CO_2-Emissionen an einem anderen Ort zu einer anderen Zeit einzusparen. Das können beispielsweise Aufforstungsprojekte in Lateinamerika, Windparks in der Türkei oder die Errichtung von Biogasanlagen in Vietnam sein. Die Maßnahmen sollen zudem die wirtschaftliche und soziale Situation der Einheimischen verbessern.

Das klimaneutrale Drucken ist eine individuelle Maßnahme, die auf Freiwilligkeit beruht. Sie müssen sie daher vom gesetzlich regulierten Markt, der den Handel mit CO_2-Verschmutzungsrechten und CO_2-Steuern vorsieht, abgrenzen. Klimaschutzprojekte aus dem freiwilligen Markt werden oft in Entwicklungs- und Schwellenländern umgesetzt, da dort pro investiertem Euro bis zu zehnmal mehr CO_2 eingespart werden kann. Da viele Unternehmen jedoch Wert auf einen regionalen Einsatz ihrer finanziellen Zuwendungen legen, reagieren Projektentwickler:innen entsprechend und bieten mit zunehmender Tendenz auch innereuropäische oder lokale Maßnahmen an.

CoffeeCup Paper

MERKMALE matt-raue homogene Oberfläche, Naturpapiercharakter mit natürlicher Färbung und natürlicher Anmutung. | **GRAMMATUREN** 100, 120, 170, 270, 320 g/m² | **ZERTIFIKATE** Blauer Engel, FSC Recycled, EU Ecolabel | **FASERHERKUNFT** 100 % Altpapier, davon bis zu 25 % aus recycelten Einwegbechern | **VOLUMEN** 1,25 | **CIE-WEISSE** 80 | **BLEICHUNG** PCF | **DRUCKVERFAHREN** alle gängigen Druckverfahren | **VEREDELUNGEN** geeignet für alle Lackierungen, Prägungen (Blind- und Heißfolie), Lasergravur und Letterpress | **FABRIK** Koehler Paper, Greiz, Thüringen | **HÄNDLER** IGEPA | **OPAZITÄT** 95,5 % – 100 % | **DIESES MUSTER** 100 g/m², bedruckt im Offsetdruck bei gugler* DruckSinn

MERKENSWERT Als Synonym für das klimaneutrale Drucken kursieren Begriffe wie klimakompensiertes Drucken, klimagerechtes Drucken, klimapositives Drucken oder klimafreundliches Drucken.

KRITIK Über die Sinnhaftigkeit des Kompensationsmechanismus im Allgemeinen und über Klimaschutzprojekte im Speziellen wird innig debattiert. Kritiker sehen in CO_2-Kompensationen einen modernen Ablasshandel, der den Verursachern von Treibhausgasemissionen ein gutes Gewissen verleiht. Daher können Kompensationsmaßnahmen dazu führen, dass klimaschädliches Verhalten beibehalten oder sogar verstärkt wird. Sie führen auf, dass Klimaschutzprojekte einen Anstieg der klimaschädlichen Emissionen bestenfalls abmildern, jedoch nicht senken. Nur die Vermeidung und Reduzierung klimaschädlicher Gase sei ein Mittel zur Bekämpfung des Klimawandels. Produkte als klimaneutral zu deklarieren wäre somit eine Verbrauchertäuschung. Kritisiert werden auch einzelne Maßnahmen. So ist es fraglich, ob Aufforstungsprojekte geeignet sind, um Emissionen zu kompensieren. Wälder müssen über 50 Jahre stehen, ehe eine CO_2-Ersparnis sichergestellt ist. Niemand garantiert, dass ein durch Aufforstungsprojekte neu geschaffener Wald frühzeitig durch beispielsweise Brände, Schädlingsbefall oder Abholzung Schaden nimmt und somit seine klimaschützenden Eigenschaften verliert. Weitere Projekte, wie beispielsweise der Bau von Wasserkraftwerken, stehen ebenfalls in der Kritik, da hierdurch Lebensräume und ganze Landschaften unwiederbringlich zerstört werden. Es lohnt sich sehr, einzelne Projekte kritisch zu hinterfragen!

LESENSWERT »Millionen Tonnen an CO_2 werden nur auf dem Papier eingespart.« Das hat der »Tages-Anzeiger« aus der Schweiz in diesem enthüllenden und unbedingt empfehlenswerten Artikel herausgefunden.

HÖRENSWERT Im Podcast der »Zeit« gehen zwei Journalistinnen anhand eines erfundenen Blumenladens dem Versprechen der Klimaneutralität auf den Grund. Investigativ und erhellend!

EINSCHÄTZUNG Ich persönlich bin beim Einsatz entsprechender Logos auf Druckprodukten zwiegespalten. Meine Kund:innen sehen in Kompensationszahlungen eine kostengünstige Möglichkeit, um sich zu engagieren und ihre Druckerzeugnisse auszuzeichnen. Auf der anderen Seite empfinde ich dieses Instrument als einen grünen Etikettenschwindel, insbesondere dann, wenn meine Kund:innen viele der in diesem Buch vorgestellten Maßnahmen unterlassen. Und ich denke, dass Konsument:innen die Aussagekraft klimaneutraler Produkte falsch einschätzten. Die Verbraucherzentrale Nordrhein-Westfalen gibt mir Recht, denn sie fand in einer 2022 durchgeführten Studie Folgendes heraus:

- **42 %** der Befragten äußerten, dass bei klimaneutralen Produkten »Klima- und/oder Umweltschutz berücksichtigt« wird oder dass diese »umweltfreundlich« seien.
- **21 %** waren der Meinung, dass es um »umweltfreundliche Herstellung« geht.
- **21 %** gaben an, es gehe um »Regionalität, kurze Transportwege« oder um »weniger Plastik und Verpackungen«
- **18 %** verbanden klimaneutrale Produkte mit »weniger / reduzierter / kein CO_2-Ausstoß«

Das klimaneutrale Drucken ist zweifelsfrei eine sehr einfache und kostengünstige Möglichkeit, um Printmedien auszuzeichnen. Sie steht aber zunehmend in der Kritik. Klären Sie Ihre Kund:innen über den Kompensationsmechanismus auf und finden Sie heraus, ob sich diese Maßnahme mit ihren Erwartungen deckt.

ZITAT »Das Werbeversprechen der Klimaneutralität ist vielfach Verbrauchertäuschung. Oftmals ist es eher ein CO_2-Ablasshandel, mit dem sich Unternehmen grün waschen.« – Jürgen Resch, Bundesgeschäftsführer Deutsche Umwelthilfe (DUH)

TIPP Beschränken Sie CO_2-Kompensationen auf unvermeidbare Emissionen und nutzen Sie das klimaneutrale Drucken nicht als Alibi für unterlassene Maßnahmen.

SYSTEMGRENZEN

ÖKOLOGIE, PRODUKT	keine Berücksichtigung
ÖKOLOGIE, PRODUKTION	keine Berücksichtigung
RECYCLINGFÄHIGKEIT	keine Berücksichtigung
RECYCLINGPAPIER	keine Berücksichtigung
CHEMIKALIENEINSATZ	keine Berücksichtigung
FORSTWIRTSCHAFT	keine Berücksichtigung

FOLGENDES MÜSSEN SIE BEI DER INANSPRUCHNAHME BEACHTEN:

DRUCKEREIEN	große Auswahl
PAPIERAUSWAHL	keine Einschränkung
VEREDELUNGEN	keine Einschränkungen
ZERTIFIZIERUNGSKOSTEN	ca. 0,5 % bis 2 % des Auftragswerts
BEKANNTHEITSGRAD	hoch
SONSTIGES	kombinierbar mit allen anderen Umweltzeichen

BLICK INS BUCH Die Druckerei gugler* DruckSinn verwendet einen eigenen Rechner und gleicht freiwillig alle nicht vermeidbaren betrieblichen CO_2-Emissionen zu 110 % aus. Die Kompensation kommt zertifizierten Waldaufforstungsprojekten und betriebsinternen Klimaschutzprojekten zugute. Dieses komplexe Buchprojekt mit vielen Beteiligten ist schwer zu berechnen. Auf die konkrete Klimakompensation haben wir daher bewusst verzichtet.

Veganes Drucken

Die vegetarische und vegane Ernährung ist längst in der Mitte unserer Gesellschaft angekommen. Rund acht Millionen Deutsche und knapp neun Prozent der EU-Bürger:innen essen kein Fleisch – mit zunehmender Tendenz. Das V-Label wurde ursprünglich als

Gütesiegel für vegane oder vegetarische Lebensmittel entwickelt. Die Nichtregierungsorganisation ProVeg, die bereits 1892 in Leipzig gegründet wurde, ist der Zeichengeber des Labels und setzt sich für einen »tierleidfreien Ernährungsstil und eine ökologisch, ethisch, sozial verantwortlich sowie ökonomisch tragfähige Landwirtschaft ein«. Seit 2018 lizenziert ProVeg neben Nahrungsmitteln zusätzlich Non-Food-Produkte. Für die Druckvorhaben Ihrer Klient:innen ist das relevant, da die vegan-vegetarische Kundengruppe neben Lebensmitteln Konsumgüter bevorzugt, die ohne tierische Bestandteile auskommen. Dabei ist es keine Selbstverständlichkeit, dass die in der Papier- und Druckproduktion eingesetzten Stoffe frei von tierischen Zutaten sind.

HIER EIN PAAR BEISPIELE:

- **PAPIERHERSTELLUNG** Leime und Strichmittel mit Gelatine oder Kasein
- **FARBHERSTELLUNG** Karmin, Knochenkohle oder Wollwachs
- **HEFTDRAHT** Hilfsmittel tierischen Ursprungs
- **DRUCKSAAL** z. B. tierische Fettsäuren in Hilfsstoffen oder Reinigungsmitteln, Reinigungspinsel aus Tierhaare
- **BUCHDECKENPRODUKTION** Gallerten-Leime auf der Basis tierischer Knochen oder Häute

Möchten Sie Druckobjekte mit dem V-Label auszeichnen, dann müssen die von Ihnen angedachten Produktbestandteile wie Papiere, Farben und Veredelungen von ProVeg freigegeben sein. Ist das nicht der Fall, muss die Druckerei entsprechende Nachweise einholen und vom Zeichengeber freigeben lassen. Das kann Ihren Zeitplan durcheinanderwirbeln und Zusatzkosten für die Zertifizierung verursachen. Erkundigen Sie sich früh bei Ihrer Druckerei, welche Komponenten bereits zertifiziert sind und passen Sie gegebenenfalls Ihre Vorstellungen den gegebenen Möglichkeiten an. Ist das nicht erwünscht, bitten Sie Ihre Druckerei um eine entsprechende Zertifizierung der von Ihnen vorgesehenen Produktkomponenten.

KRITIK Da eine vegane und vegetarische Ernährung mit einer umweltfreundlichen und gesunden Lebensweise verbunden wird, suggeriert das V-Label gegebenenfalls eine ökologische Qualität von Druckprodukten, die nicht zutreffen muss. Achten Sie daher zusätzlich auf eine umweltschonende Produktion. Da bei der Holzernte zumindest Insekten zu Schaden kommen, kann bei einer kritischen Betrachtung infrage gestellt werden, ob Papierprodukte überhaupt vegan sein können.

EINSCHÄTZUNG Ich stufe dieses Label innerhalb der eigenen Systemgrenzen als sehr glaubwürdig ein. Sofern Ihre Kund:innen eine entsprechende Zielgruppe adressieren, eignet es sich hervorragend für die Auszeichnung von Werbematerialien und für Verlagsprodukte. Aber Achtung: Das Vegan-Label ist kein Umweltlabel! Es gibt keine Auskunft zu umweltrelevanten Aspekten.

SYSTEMGRENZEN

ÖKOLOGIE, PRODUKT	keine Berücksichtigung
ÖKOLOGIE, PRODUKTION	keine Berücksichtigung
RECYCLINGFÄHIGKEIT	keine Berücksichtigung
RECYCLINGPAPIER	keine Berücksichtigung
CHEMIKALIENEINSATZ	keine Berücksichtigung
FORSTWIRTSCHAFT	keine Berücksichtigung

FOLGENDES MÜSSEN SIE BEI DER INANSPRUCHNAHME BEACHTEN:

DRUCKEREIEN	unter 10 Betriebe sind deutschlandweit zertifiziert (Stand 2023)
PAPIERAUSWAHL	erst ein kleiner Teil der marktweit verfügbaren Papiere sind zertifiziert
VEREDELUNGEN	erst wenige Veredelungen und Sonderfarben sind nachweislich frei von tierischen Substanzen

ZERTIFIZIERUNGSKOSTEN liegen im Ermessen der Druckerei ca. 200 Euro bei noch nicht zertifizierten Produktbestandteilen

BEKANNTHEITSGRAD mit über 60 % im deutschen Markt sehr hoch. In der Zielgruppe liegt der Bekanntheitsgrad vermutlich bei nahezu 100 %.

SONSTIGES Sie können nur vegane, jedoch (noch) keine vegetarischen Druckprodukte auszeichnen. Verpackungen sind nicht zertifizierbar.

JETZT ENTDECKEN Das Lederimitat und das Leinen des Umschlags und einige Papiere in diesem Buch sind laut Herstellerangaben vegan, jedoch nicht durch ProVeg zertifiziert.

IHR WISSENSVORSPRUNG Bei der industriellen Hardcover-Produktion werden überwiegend Leime verwendet, die nicht vegan sind. Entsprechende Bücher sind folglich nicht zertifizierbar. Bei kleineren Auflagen schafft eine manuelle buchbinderische Umsetzung Abhilfe, da hier tierfreie Leime möglich sind. Durch den manuellen Vorgang können Zusatzkosten und längere Produktionszeiten anfallen. Auch Materialien wie Kapitalbänder, Krepppapier oder Lesezeichen sind nicht unbedingt vegan.

AUS DER PRAXIS Die Buchbinderei Spinner hat dieses Werk buchbinderisch realisiert und ist seit 2023 unter bestimmten Bedingungen in der Lage, selbst große Buchproduktionen mit veganen Leimen und Klebstoffen wirtschaftlich sinnvoll durchzuführen.

BLICK INS BUCH Der für die Buchdeckenproduktion eingesetzte Heißleim basiert auf tierischer Gelatine und pflanzlichen Eiweißstoffen. Der Leim hat keine kennzeichnungspflichtigen Inhaltsstoffe und ist ungefährlich gegenüber Menschen und Umwelt.

LESENSWERT In diesem Interview beleuchte ich zusammen mit einer Sprecherin von ProVeg die Auszeichnung veganer Druckprodukte.

Zusammenfassung

Sicherlich sind nicht alle Inhalte dieses anspruchsvollen Kapitels bei Ihnen hängengeblieben. Genehmigen Sie sich eine kurze Pause nach dem Lesen dieser Zusammenfassung, die beim Erinnern des Stoffs behilflich ist.

- Je nach Motivation Ihrer Auftraggeber:innen dienen Öko-Labels zur Imageförderung von Produkten und Marken, zur Realisierung höherer Preise, zur Produktdifferenzierung und/oder als Entscheidungshilfe für Konsument:innen. Sie werden auch eingesetzt, um Druckprodukte ökologisch zu legitimieren.
- Einige Umweltkennzeichen belegen eine höhere Umweltverträglichkeit als von Gesetzgebenden gefordert.
- Die Inanspruchnahme von Auszeichnungen kann dazu führen, dass Umweltinnovationen vorangetrieben und in Zukunft zu einem Branchenstandard werden.
- Regulierte Umweltkennzeichen sind geschützt und werden durch Dritte vergeben. Möchten Sie diese Zeichen nutzen, müssen das Druckprodukt und der Produktionsbetrieb bestimmte Bedingungen erfüllen. Die Inanspruchnahme kann zusätzliche Zeit in Anspruch nehmen und Mehrkosten verursachen.
- Unregulierte Öko-Labels behaupten oder suggerieren ökologische Qualitäten, die nicht durch unabhängige Dritte validiert werden. Nutzen Sie solche Labels, dann müssen Behauptungen der Wahrheit entsprechen, relevant und nachprüfbar sein. Nur so vermeiden Ihre Auftraggeber:innen eine ungewollte Öffentlichkeit und Abmahnungen.
- Regulierte Umweltkennzeichen sind nur innerhalb ihrer jeweiligen Systemgrenzen gültig und geben darüber hinaus keine Auskunft über ökologische Qualitäten eines Druckprodukts.

- Verwenden Sie Umweltzeichen nicht als Alibi für unterlassene Maßnahmen.
- Gehen Sie mit Ihren Kund:innen in einen Dialog und finden Sie heraus, was genau sie sich von Umweltkennzeichen auf ihren Printmedien versprechen. Nur so sind Sie in der Lage, zielführende Empfehlungen abzugeben.
- Viele Umweltkennzeichen sind mit Restriktionen verbunden, die zu Zielkonflikten beim Projektablauf und beim Produktdesign führen können.
- Regulierte Umweltzeichen schützen nicht vollumfänglich vor Greenwashing.

Extrarough Recycling

MERKMALE 100 % Recyclingfasern aus Altpapier (PCW) bestehendes mit einer einzigartigen rauen Oberfläche, zu 100 % mit regenerativer Energien (Windkraft) gefertigt, CO_2 neutral, vegan | **GRAMMATUREN** 105, 120, 150, 175, 270 und 350 g/m² **ZERTIFIKATE** FSC Recycled | **FASERHERKUNFT** 100 % aus Post-Consumer-Waste | **OPTISCHE AUFHELLER** ohne optische Aufheller, säurefrei, formaldehydfrei | **VOLUMEN** 1,3 | **CIE-WEISSE** 134 | **DRUCKVERFAHREN** Indigo, Toner, Riso, Letterpress, Offsetdruck | **HÄNDLER** Metapaper, Stuttgart | **OPAZITÄT** 94–99,5 % | **DIESES MUSTER** 105 g/m², bedruckt im Risographiedruck von Herr & Frau Rio, München

4

Das Produktdesign im Spannungsfeld von Ökologie, Ökonomie und sensorischer Ästhetik

Im Nachhaltigkeitskontext spielt die Produktentwicklung eine vielschichtige und wesentliche Rolle. Denn damit Drucksachen eine lang anhaltende und positive Wirkung bei den drei primären Anspruchsgruppen entfalten, müssen sie inhaltlich und sensorisch attraktiv und gleichzeitig umweltschonend und bezahlbar sein. Richten Sie Ihre kreativen Gedanken, Ideen und Entscheidungen auf dieses Ziel aus!

In der Phase der Produktentwicklung befinden Sie sich im Spannungsfeld von Ökologie, Ökonomie und Ästhetik. Folgend serviere ich Ihnen einige Vorschläge, die Sie dabei unterstützen, diese drei Kräfte bestmöglich auszutarieren.

Zum Einstieg möchte ich Ihnen die Bedeutung der Produktentwicklung anhand einiger Ansichten, Gedanken und Studien verdeutlichen. Anschließend zeige ich Ihnen auf, welche ästhetischen Codes häufig mit Nachhaltigkeit in Verbindung gebracht werden und wie Sie im Meer der drucktechnischen Möglichkeiten Komplexität reduzieren. Ausgestattet mit diesem Rüstzeug wird es dann konkret: Sie durchstreifen die Welt der Bedruckstoffe, Formate, Veredelungen und Bindetechniken, die ich in puncto ökologischer Nachhaltigkeit für Sie einordne.

Aber bevor Sie einsteigen, möchte ich noch einen Gedanken pflanzen: Für Ihre Druckvorhaben werden Bäume gefällt, Mineralien, Erdöl und Gas gefördert, Wasser gebraucht, Pflanzen angebaut und geerntet und klimaschädliche Gase freigesetzt. Sie, Ihre Kund:innen und alle anderen Beteiligten setzen ihre Zeit, Intelligenz und Kreativität ein, um Druckprodukte möglich zu machen. Der Ver- und Gebrauch naturgegebener Ressourcen ist eine unverrückbare Tatsache. Würdigen und wertschätzen Sie diesen Umstand und die unendlichen Möglichkeiten, die sich aus der Nutzung Ihrer Mitwelt ergeben. Wie das gelingen kann? Indem Sie das allerbeste aus einem Druckprojekt machen! Es liegt an Ihnen. Und es macht einen Unterschied.

Warum die Wirkung zählt: Kreativität und relative Nachhaltigkeit

Es ist ganz einfach: Nur Überdurchschnittliches erfährt überdurchschnittliches Interesse. Das zu wecken wird für Sie als kreativer Kopf in einer reizüberfluteten Welt immer kniffliger. So will der Technologieriese Microsoft in einer Studie herausgefunden haben, dass unsere Aufmerksamkeitsspanne stetig sinkt. Im Jahr 2000 soll sie bei zwölf Sekunden gelegen haben, heute bei nur noch acht. Über 10.000 Werbebotschaften erreichen uns täglich. Ungefähr alle zehn Minuten und damit rund hundert Mal pro Tag zücken wir unsere Smartphones, denen wir durchschnittlich über drei Stunden täglich unsere Konzentration schenken. Die digitale Medienvielfalt nimmt in einem atemberaubenden Tempo zu und steht im direkten Wettbewerb zum Gedruckten, in dem einige Mitmenschen nur noch leblose Bildschirme aus toten Bäumen sehen.

FUN FACT Die Aufmerksamkeitsspanne eines Goldfischs soll bei neun, die eines Menschen nur noch bei acht Sekunden liegen.

In unserer schnelllebigen Zeit entscheiden wenige Augenblicke darüber, ob jemand bei der Stange bleibt oder sich der nächsten Verlockung hingibt. Die Währung, mit der wir handeln, ist die Dauer der positiven Aufmerksamkeit, die Betrachter:innen den Druckprodukten Ihrer Kund:innen schenken. Und je länger Printmedien positiv und mit möglichst vielen Sinnen wahrgenommen werden, desto wahrscheinlicher ist es, dass die gewünschte Reaktion eintritt. Das betrifft ein Theaterprogramm, eine Imagebroschüre, ein Mailing und einen Verkaufskatalog ebenso wie den in die Hand gedrückten Flyer, das Buch beim Buchhändler, das Magazin im Kiosk oder die Verpackung im Supermarktregal.

Ich sehe es so: Attraktive Drucksachen sind wie Aufmerksamkeit anziehende Magnete. Diese These können Sie vermutlich

Hier geht es weiter mit dem CoffeeCup Paper. Die zugehörigen Spezifikationen finden Sie auf Seite 137.

anhand Ihres eigenen Verhaltens bestätigen. Auch viele Studien, Analysen und Erfahrungsberichte belegen, wie verführerisch die analoge Kommunikation abseits einfallsloser Normen ist. So durfte beispielsweise Volkswagen über einen A/B-Tests erfahren, dass die Responserate bei einem hochwertigen Mailing bei sagenhaften zwölf Prozent lag, während es ein inhaltlich vergleichbares Standardmailing auf nur zwei Prozent brachte. Der Papiergroßhändler Antalis machte ähnliche Erfahrungen und fand heraus, dass eine druckveredelte und individualisierte Einladungskarte für eine hauseigene Veranstaltung 4,4-mal erfolgreicher war als eine Standardkarte.

MERKENSWERT Ohne Wahrnehmung kein Kauf.

Leider wird das Aufmerksamkeitspotenzial von Print nur selten voll ausgeschöpft. Sensorisch arme Standardprodukte machen viel zu oft das Rennen. Aber mangelnde Wertschätzung, ein negatives Image und ausbleibende Erfolge sind schlechte Argumente für ein Medium, das wir als nachhaltig propagieren möchten.

Sie müssen sich also etwas einfallen lassen, damit die Drucksachen Ihrer Klient:innen im Meer der Verführungen überhaupt wahrgenommen werden. Verstehen Sie es als Ihre Aufgabe, analoge Kommunikationskanäle permanent weiterzuentwickeln und Ihre Auftraggeber:innen und deren Kund:innen mit zeitgemäßen Druckverfahren und Druckveredelungen, schönen Papieren und kreativen Konzepten zu begeistern und zu überzeugen.

Denn in dieser Herausforderung liegt Ihre Chance! Wenn Sie Ihre Kund:innen im Bereich der Nachhaltigkeit umfassend beraten möchten, dann muss das Produktdesign eine übergeordnete Rolle spielen. Versteifen Sie sich nicht auf ökologische Fragestellungen, sondern betrachten Sie das Vorhaben ganzheitlich. Denn der ökologisch optimierte Standard ist nicht unbedingt nachhaltiger als ein Druckprodukt, das sensorisch überzeugend kommuniziert und in der Ökobilanz vielleicht etwas unvorteilhafter abschneidet.

Führen Sie aus dieser Perspektive ein Gedankenexperiment durch: Angenommen, der Verlag und ich hätten dieses Buch radikal umweltfreundlich ausgestattet. Wir hätten eine gerade noch lesbare Schrift, die erst kurz vor den Formatgrenzen endet, eingesetzt, auf einem 45 g/m² gelb-gräulichen Recyclingpapier einfarbig gedruckt und das Buch ohne Umschlag und lediglich mit einer Klammerheftung versehen. Damit hätten wir den Anspruch an eine maximal ökologische Umsetzung erfüllt. Nur kaufen und wertschätzen würden Sie dieses Produkt vermutlich nicht.

Wie schon im ersten Kapitel erwähnt, greift in meinen Augen die absolute Gewichtung von Umweltkennzahlen in Form von beispielsweise CO_2-Emissionen im Zusammenhang einer nachhaltig gedachten Druckproduktion zu kurz. Um das noch einmal zu verdeutlichen, teile ich gerne folgende Annahmen mit Ihnen:

Der Marketingleiter eines Online-Weinhändlers kommt mit einem Auftrag für ein Stammkundenmailing in einer Auflage von 5.000 Stück auf Sie zu. Sie entwickeln und gestalten eine Postsendung, die den Spezifikationen unseres Referenz-Flyers entspricht. Der verursacht neun Gramm CO_2 und elf Cent Druckkosten pro Stück. Hinzu kommen pro Exemplar 20 Gramm CO_2 und 50 Cent für Briefumschläge, Konfektionierung und den Postversand. Sie bekommen für Ihre Arbeit 1.000 Euro. Gehen wir davon aus, dass 6,8 Prozent der Empfänger:innen wie gewünscht auf dieses Mailing reagieren. Dies ist der durchschnittliche Wert, den der Collaborative Marketing Club in Kooperation mit der Deutschen Post 2021 durch eine Studie unter Stammkunden im Onlinehandel feststelle. Das macht in der Gesamtbetrachtung:

KOSTEN PRO REAKTION 1

- 340 Personen reagieren wie gewünscht
- 145 kg CO_2 verursacht die Kampagne
- 4.050 € Gesamtkosten
- 427 Gramm CO_2 und 11,91 € pro gewünschter Reaktion

Die Wirkung beeinflusst die Nachhaltigkeit

Ihr Kunde war zwar mit Ihrer Arbeit, jedoch nicht mit dem Ergebnis der Aussendung zufrieden. Ihrem Vorschlag, beim nächsten Mailing mehr Ressourcen in das Produktdesign zu investieren, folgt er gerne. Sie werden kreativ und das Mailing bekommt dank einer Konturstanzung die Form einer Flasche. Aus der Kaufhistorie der Stammkunden leitet Ihr Auftraggeber zwei gleichgroße Kundengruppen ab: Weißwein- und Rotweintrinkende. Die Mailings teilen Sie entsprechend in zwei Versionen auf. Die Gestaltungskosten in Höhe von 1.000 Euro fallen erneut an. Die Betrachtungsdauer der Werbemaßnahme klettert in die Höhe und damit die Anzahl erwünschter Reaktionen um drei Prozent auf 9,8 Prozent. Gleichzeitig verdoppeln sich durch die Veredelungen die Emissionen pro Flyer auf 18 Gramm und die Druckkosten von elf auf 18 Cent pro Exemplar. Die Emissionen und Kosten aus dem Versand bleiben identisch. Es ergibt sich folgendes Bild:

KOSTEN PRO REAKTION 2

- 490 Personen reagieren wie gewünscht (+44 %)
- 190 kg CO_2 verursacht die Kampagne (+31 %)
- 4.400 € Gesamtkosten (+9 %)
- 388 Gramm CO_2 und 8,98 € pro gewünschter Reaktion (-9 %, -25 %)

Das bedeutet: Absolut gesehen sind die Gesamtemissionen und Kosten gestiegen. Betrachten Sie jedoch das Ergebnis und setzten es in Relation zu den ökologischen sowie ökonomischen Kosten, dann ergeben sich satte Einsparungen. Bei einer rein ökologischen Bewertung ist das attraktivere Druckprodukt dennoch im Nachteil, denn die absolute Umweltbelastung steigt. Aber ich denke, dass die relative Bewertung im Sinne der Nachhaltigkeit ebenfalls eine tragende Rolle spielt. Schließlich verfolgen Ihre Kund:innen mit deren Druckprodukten ein konkretes Ziel und Nachhaltigkeit bemisst sich meiner Meinung nach auch am Grad der Zielerreichung. Oder anders ausgedrückt: Ziel einer nachhaltig gedachten Druckkampagne kann es sein, die Emissionen pro gewünschter Reaktion zu reduzieren. Und genau das kann gelingen, wenn Sie mehr kreative Power für die Gestaltung attraktiver Printmedien aufbringen.

Natürlich spiegeln die hier aufgeführten Annahmen nicht zwingend die Realität wider. Aber es ist unstrittig, dass aufmerksamkeitsstarke Druckprodukte die Explorationslust anregen und zu besseren Ergebnissen führen (können). Ob das für ein konkretes Projekt mit seinen individuellen Anforderungen, Bedingungen und Voraussetzungen der Fall ist, ist keinesfalls garantiert. Es ist aber unbedingt einen Versuch wert! Ihre Kund:innen sind nicht überzeugt? Dann machen Sie ihnen die bereits erwähnten A/B-Tests schmackhaft!

IHRE EINSCHÄTZUNG ZÄHLT Die Responserate analoger Mailings liegt im Neukundengeschäft bei etwa 1%. 99% der Mailings werden folglich ohne Zielerreichung entsorgt. Würden Sie persönlich dieses Vorgehen als nachhaltig bezeichnen? Und falls nicht, ab welcher Rücklaufquote würden Sie das tun?

LESENSWERT Die hier zitierte Studie des Collaborative Marketing Clubs und der Deutschen Post empfehle ich Ihnen gerne als ergänzende Lektüre. Sie gewinnen daraus wertvolle Rückschlüsse über die Werbewirkung gedruckter Mailings.

Neben der Verkaufsförderung können maßgeschneiderte Druckprodukte zu nicht oder schwer quantifizierbaren Vorteilen führen. Dazu gehören: mehr Wertschätzung, höhere Erinnerungsraten, besseres Empfehlungsmarketing, Sichtbarkeit in den sozialen Medien und Imagesteigerung auf Produkt- und Unternehmensebene. Sie steuern mit der Produktentwicklung folglich einen ganzen Blumenstrauß wünschenswerter Begleiterscheinungen und damit auch das Maß der ökonomischen Nachhaltigkeit. Sehen Sie es wie der Philosoph John Locke, der schon im 17. Jahrhundert erkannte: »Nichts ist im Verstand, was nicht vorher in den Sinnen war«.

Verstehen Sie Printmedien daher nicht als leere, standardisierte Leinwand, die es mit Texten, Bildern und Grafiken zu dekorieren gilt, sondern als einen vielschichtigen Kanal, um Inhalte sensorisch erlebbar zu machen. Setzten Sie beim Produktdesign nicht auf seelenloses »Bling Bling« und einfache Effekthascherei. Versuchen Sie sich an der Königsdisziplin: dem analogen Codieren von Botschaften. Wenn Sie es schaffen, dass sich Rezipienten und Rezipientinnen intensiv mit den Drucksachen Ihrer Auftraggeber:innen auseinandersetzen, mit ihnen interagieren und die impliziten Botschaften unmittelbar erleben, dann haben Sie den sensorischen Jackpot geknackt! Damit Sie diese Denkweise im Designprozess verankern können, muss es nur »Klick« machen. Folgend habe ich Ihnen ein paar Beispiele zusammengetragen, die sehr schön illustrieren, wie Gedrucktes zur Interaktion einladen und Botschaften erfahrbar machen kann.

BEISPIEL Das US-amerikanische Kosmetikunternehmen Neutrogena machte die reinigende Kraft seiner Kosmetikfeuchttücher durch eine Produktbeigabe in einer Frauenzeitschrift direkt erlebbar: Leserinnen konnten mit einem beigelegten Tuch das Model auf der Titelseite, das mit einem Make-Up-Speziallack bedruckt war, abschminken und so die ungeschminkte Schönheit der abgebildeten Frau enthüllen.

BEISPIEL Der Automobilhersteller Smart entwickelte 2013 eine Pop-Up-Karte, die im Briefkasten der Empfänger:innen ihre Form durch einen Gummiband-Mechanismus entfaltete. Beim Öffnen des Briefkastens war ein dreidimensionaler Smart zu finden, der eigentlich nicht durch den Briefschlitz passte. Im Zusammenspiel mit dem Werbeslogan »Findet überall einen Parkplatz« hat das Mailing genau diese Aussage bewiesen. Die Kampagne motivierte sagenhafte 16 % der Empfänger:innen dazu, Informationen zum Smart über die Website anzufordern.

BEISPIEL Zusammen mit der Autorin Laura-Linda Kloep veröffentliche ich Kriminalromane rund um die Druckdetektive Schorsch Hesse und Dr. Jan Winter. In dem 2021 veröffentlichten Buch »Liebesgrüße aus dem Jenseits« erhält eine Yogalehrerin handgeschriebene Liebesbotschaften von ihrem längst verstorbenen Ehemann. Es ereignen sich unerklärliche Phänomene. Menschen und Tiere sterben. Die Stimmung ist düster. Regen, Raben und Nebel sind treue Begleiter der beiden Druckexperten. Diese morbide Stimmung spiegelt sich in zahlreichen drucktechnischen Finessen wider und Lesende ermitteln anhand beigelegter Reproduktionen wichtiger Beweisstücke mit, wenn es darum geht, den Verfasser der Liebesgrüße mittels drucktechnischer Kriminalistik zu überführen.

BEISPIEL Die Metal-Band »Slayer« beweist anhand einer geschickten Verpackung und einer auf 666 Stück limitierten Schallplatte, dass deren Musik selbst in der Hölle abspielbar ist. Der Clou? Lassen Sie sich überraschen!

Aber bei aller Liebe zu clever gemachten Druckprodukten: Oft sind sie mit einem Aufwand verbunden, der nicht immer in einem gesunden Verhältnis zum Projekt und den vorgesehenen Mitteln steht. Sind Ressourcen knapp, dann setzen Sie Ihren Fokus auf kleine Modifikationen, die dennoch zu einer deutlichen Abgrenzung zum Standard führen. Manchmal ist schon ein winziger Kunstgriff sehr effektvoll.

EIN KURZES NACHSINNEN Welches Druckprodukt hat Sie zuletzt begeistert? Welche Besonderheiten haben Ihr Interesse geweckt?

Nachhaltigkeits-Codes und kollektive Denkmuster

Bei der Generierung von Ideen für die Druckvorhaben Ihrer Kund:innen müssen Sie sich mit gesellschaftlichen Denkmustern und den daraus resultierenden ästhetischen und sensorischen Erwartungen auseinandersetzen. Nach meiner Einschätzung sind diese auf dem Spielfeld der Nachhaltigkeit relativ homogen. So dürften beispielsweise grelle Farben, metallische Effekte, Lacke, Folien, glatte Oberflächen, große Formate und spitze Formen als wenig nachhaltig empfunden werden. Raue Naturpapiere, Pastellfarben, Erdtöne, runde Formen und ein reduziertes Grafikdesign bilden hierzu ein fast schon klischeehaftes Gegengewicht. Besonders im Fokus steht die Farbe Grün. Sie vermittelt keine Tatsachen, wird aber fast immer mit Umweltfreundlichkeit, Nachhaltigkeit und etwas Gutem assoziiert.

Aber ich meine, dass Sie als Designer:in Bild- und Farbwelten sowie sensorische Eindrücke, die mit Nachhaltigkeit in Verbindung gebracht werden, nicht unreflektiert übernehmen sollten. Verbraucher:innen durchschauen zunehmend, dass diese Codes die leichteste Art sind, um Nachhaltigkeit zu kommunizieren. Sie fragen sich, ob sich dahinter nicht nur ein grüner Etikettenschwindel verbirgt. Daher meine Empfehlung: Seien Sie mutig, brechen Sie Öko-Konventionen und Bio-Tabus! Reiten Sie vor und prägen Sie neue ästhetische Codes! Denn die Zeiten, in denen Nachhaltigkeit mit Askese und Gewissenhaftigkeit assoziiert wird, sind vielleicht schon bald vorbei. Zuversicht und Lebensfreude sind meiner Meinung nach bessere Interpretationen des Nachhaltigkeitsbegriffs als ein moralischer Zeigefinger, Abgrenzung und Pessimismus. Bringen Sie mit dieser nonkonformistischen Sichtweise neuen Schwung in Ihr Produkt- und Grafikdesign! Dabei dürfen Sie durchaus Bedruckstoffe, Veredelungen oder Druckverfahren verwenden, zu denen es vielleicht umweltschonendere Alternativen gibt. Ich finde das völlig okay, sofern dabei ein starkes Produkt entsteht, das einen Mehrwert für Ihre Auftraggeber:innen und deren Kund:innen verspricht. So haben der Verlag und ich es übrigens auch mit diesem Buch gehalten. Wir haben uns ganz bewusst gegen eine ökologisch bestmögliche Umsetzung entschieden, sind Kompromisse eingegangen und haben versucht, bewährte Öko-Codes weitestgehend zu umschiffen. Denn wir wollten Ihnen unbedingt zeigen, wie facettenreich nachhaltig konzipierte Druckobjekte sein können. Ist es uns gelungen? Was denken Sie?

EINE KURZE REFLEXION Welche haptischen und optischen Codes verbinden sie mit dem Thema Nachhaltigkeit? Welche harmonieren Ihrer Meinung nach überhaupt nicht damit?
WISSENSWERT Je nach Kulturkreis und Sozialisation können sensorische Codes ganz unterschiedlich interpretiert werden.

ZITAT »Nachhaltigkeit ist kein Schlechtes-Gewissen-Thema mehr, sondern ein Lebensfreudethema, und das wirkt sich auf das Design aus, das grell, knallig, laut und lustig sein darf. Es geht nicht mehr um ein grünes Label auf Verpackungen. Wir müssen uns in der Gestaltung davon lösen, diesen Schlüsselreiz zu bedienen, weil man damit auch Plattitüden bedient und die Ernsthaftigkeit des Themas Nachhaltigkeit in Frage stellt.« – Lukas Cottrell, Geschäftsführer der Peter Schmidt Group

So reduzieren Sie Komplexität bei der Ideenfindung: Now-, Wow-, How- und Ciao-Produkte

Der Gestaltungsraum bei der Entwicklung von Printmedien ist unendlich. Sie schöpfen aus einem riesigen Fundus an Bedruckstoffen, Veredelungen, Druckverfahren und Weiterverarbeitungstechniken. Diese Vielfalt kann bei der Kreativarbeit durchaus eine Herausforderung sein. Wenn ich bei der Generierung von Ideen im Meer der Möglichkeiten zu versinken drohe, dann gibt mir folgende Einteilung Orientierung:

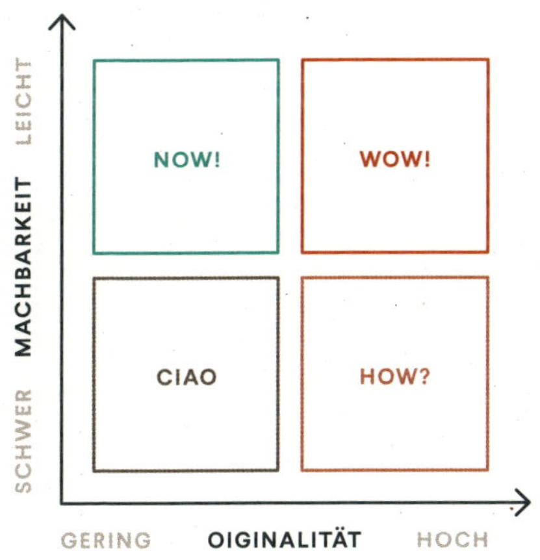

- **NOW-PRODUKTE** Standardprodukte, die kaum Expertise abverlangen, überall schnell verfügbar und kostengünstig sind.
  BEISPIEL Für einen Reiseveranstalter entwerfen Sie einen einfachen Handzettel, wie er unserem Referenz-Flyer entspricht.

- **WOW-PRODUKTE** Etablierte, relativ kostengünstige aber effektvolle Modifikationen, die mit wenig Expertise realisierbar sind.
  BEISPIEL Dem Handzettel verpassen Sie eine Konturstanzung. Er hat nun die Form eines Reisekoffers.

- **HOW-PRODUKTE** Produkte, die eine drucktechnische Pionierarbeit, viel Expertise und ein umfassendes Qualitätsmanagement verlangen. Sie sind komplex, oft kostspielig, mit Unwägbarkeiten und langen Produktionszeiten verbunden – dafür aber manchmal der Schlüssel zu langanhaltendem Erfolg.
  BEISPIEL Auf dem konturgestanzten Flyer in Kofferform bilden Sie auf der Rückseite einen Strand ab. Dessen Haptik empfinden Sie über einen Sandlack nach. Rezipient:innen werden namentlich angesprochen, eine individualisierte Anfahrtsskizze zeigt den Fahrtweg zum Reisebüro auf. Den Flyer werten Sie olfaktorisch auf. Er riecht dank Duftlack nach Sonnencreme. Der Lederstruktur des Koffers simulieren Sie über eine Prägung.

- **CIAO-PRODUKTE** Diese Produktideen verwerfen Sie besser! Sie sind oft schwer umsetzbar, teuer und gleichzeitig nicht besonders innovativ. Der Aufwand steht in einem ungünstigen Verhältnis zum Aufmerksamkeitspotenzial.
  BEISPIEL Der Flyer des Reiseveranstalters soll beim Öffnen ein Meeresrauschen von sich geben. Ein integrierter NFC-Chip führt bei Nutzung auf eine individuelle Landingpage. Diese Sound-Klappkarten sind teuer, durch Glückwunschkarten längst bekannt und sie klingen furchtbar. NFC-Chips sind schon lange keine technische Innovation mehr und bieten bei diesem Nutzungsszenario keinen Mehrwert gegenüber einem QR-Code.

Auch wenn How-Produkte das größte Aufmerksamkeitspotenzial bergen, sollten Sie bei der Ideengenerierung Wow-Produkte im Hinterkopf verankern. Denn auch mit guten Ideen und einfachen Techniken können Sie eindrucksvolle Publikationen realisieren. Wow-Produkte sind zugänglich, kostengünstig und mit wenig Expertise umsetzbar. Sie schaffen jedoch deutlich mehr Aufmerksamkeit als ein Standardprodukt. Selbst Onlinedruckereien offerieren Veredelungsoptionen, Bedruckstoffe und Weiterverarbeitungstechniken, die ich dieser Kategorie zuordne. Konzentrieren Sie sich auf ein bis zwei Techniken, die vom Standard abweichen. Finden Sie den für jedes Projekt perfekten Kompromiss zwischen Aufwand, Kosten, Umweltverträglichkeit und Wirkung. Übrigens: Worunter würden Sie dieses Buch verorten und wie hätten Sie es drucktechnisch umgesetzt?

Ist Papier ein nachhaltiges Naturprodukt?

Es ist allgegenwärtig und unser bekanntes Leben wäre ohne Papier trotz der fortschreitenden Digitalisierung unvorstellbar. Obwohl Sie und ich nicht nur berufsbedingt tagtäglich mit Papier, Pappe und Karton in Berührung kommen, vergegenwärtigen wir uns selten, was es mit diesem facettenreichen Material auf sich hat. Damit Sie die ökologische Relevanz von Bedruckstoffen besser durchdringen, möchte ich einen kleinen Exkurs in die Welt der Forstwirtschaft, der Zellstoffgewinnung und Papierherstellung mit Ihnen unternehmen. Ausgestattet mit diesem Wissen können Sie die praxisgerechten Empfehlungen des anschließenden Kapitels viel besser durchdringen.

DEFINITION Laut DIN-Norm 6730 ist Papier ein »flächiger, im Wesentlichen aus Fasern meist pflanzlicher Herkunft bestehender Werkstoff, der durch Entwässerung einer Faserstoffaufschwemmung auf einem Sieb gebildet wird. Dabei entsteht ein Faserfilz, der anschließend verdichtet und getrocknet wird.«

Für den Einstieg ist es hilfreich, wenn Sie sich anhand dieser Infografik bewusst machen, wie Papier hergestellt wird.

ZELLSTOFF- UND PAPIERPRODUKTION

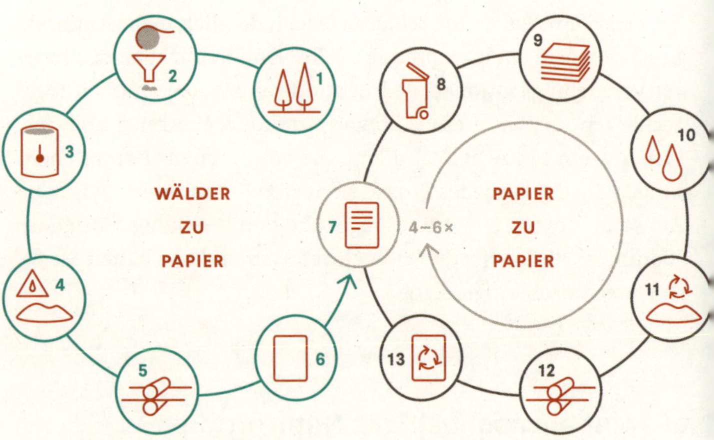

1 FSC oder PEFC zertifizierte Wälder
2 Entrinden & Hackschnitzelproduktion
3 Zellstoffaufbereitung
4 Bleichen
5 Papierherstellung
6 Papier

7 Benutzung
8 Altpapiersammlung
9 Altpapiersortierung
10 Reinigung und Deinking
11 Altpapierstoffaufbereitung
12 Papierherstellung
13 Recyclingpapier

Auf Dauer? Forstwirtschaft

Obwohl mehr als 60.000 Baumarten bekannt sind, eignen sich nur wenige für die Papierherstellung. Nadelhölzer wie Fichten, Tannen und Kiefern sind langfaserig, was das Verfilzen und somit die Papierfestigkeit fördert. Aber auch sommergrüne, kurzfaserige Arten wie Buchen, Pappeln oder Eukalyptus werden genutzt. Holz und Zellstoffe für die Papierproduktion sind ein weltweites Handelsgut.

Laut dem europäischen Branchenverband der Papierindustrie CEPI (Confederation of European Paper Industries) stammen 92 Prozent aller in EU-Papierfabriken eingesetzten Rohstoffe aus Europa und sind als nachhaltig zertifiziert. 85,8 Prozent der Hölzer, die EU-weit zu Papierprodukten verarbeitet werden, wachsen in der EU oder Norwegen. Der Rest wird überwiegend aus lateinamerikanischen Ländern wie Brasilien importiert. Nun stammen diese Angaben aus einer Selbstauskunft der Papierindustrie. Sie sollten sie daher mit Vorsicht und einer kritischen Haltung genießen. Fest steht jedoch: Die Bedingungen des Holzanbaus verbessern sich aufgrund des stetig steigenden Nachhaltigkeitsanspruchs und strenger Kontrollmechanismen permanent. Legal gewonnenes Holz wird sowohl Plantagen als auch Naturwäldern entnommen. Holzplantagen machen etwa 0,2 Prozent der gesamten Landmasse und laut WWF rund drei Prozent der globalen Forstfläche aus. Der Plantagenanbau von Bäumen ist insofern sinnvoll, da er den Nutzungsdruck von den Ur- und Regenwäldern nimmt. »Für die Produktion von Holz ist es sinnvoll, Baumplantagen anzulegen. Um verloren gegangene Biodiversität zurückzugewinnen, ist es nicht so gut«, lautet das Fazit einer Studie der Forscherin Fangyuan Hua von der britischen University of Cambridge.

Selbstverständlich haben die Holzproduzenten längst erkannt, dass nur eine zukunftsfähige Waldbewirtschaftung auch morgen noch Profite sichert. Produktkettenzertifizierungen wie die des FSC gewinnen an Relevanz und verbessern die forstwirtschaftlichen Bedingungen fortlaufend. Da auf dem europäischen Markt fast ausschließlich FSC und PEFC zertifizierte Frischfaserpapiere gehandelt werden, ist eine Faserherkunft aus zweifelhaften Quellen weitestgehend ausgeschlossen. Die Sorgfaltspflichten der europäischen Holzhandelsverordnung, welche die Einfuhr von Holz oder Zellstoff aus illegalem Einschlag verbietet, wird von der Papierindustrie penibel eingehalten. Dennoch: Laut einer Recherche des WDR stammen bis zu 30 Prozent des global gehandelten Holzes aus illegalen Quellen. Es wird in Urwäldern geschlagen und überwiegend zu Holzpellets, Holzkohle, Möbeln und Bodenbelägen verarbeitet.

In Form importierter Papierprodukte, wie beispielsweise komplex verarbeiteter Kinderbücher oder Produktverpackungen aus beispielsweise Asien, können diese Fasern auch auf den europäischen Markt gelangen.

Die Forstwirtschaft steht aufgrund der Anbau- und Erntemethoden, die von Plantagen, Monokulturen und teilweise auch Kahlschlägen geprägt sind, in der Kritik. Ob eine natürlichere Mischwaldbewirtschaftung als Alternative zur Monokultur für Forstwirte und Holzindustrie profitabel sein kann, ist Gegenstand aktueller Diskussionen, Forschung und Experimente.

Auch wenn sich vieles enorm verbessert hat: Die Veränderungsprozesse, die mit einer zukunftsfähigeren Waldbewirtschaftung einhergehen, werden Forstwirte noch über Generationen hinweg beschäftigen. Die gegenwärtige Art und Weise, wie Wälder angelegt und bewirtschaftet werden, ist sicherlich nicht perfekt, aber deutlich nachhaltiger als in der Vergangenheit. Bei aller Kritik dürfen Sie nicht vergessen, dass Holz eine nachwachsende Ressource ist. Und wie Sie bereits wissen: Nachhaltigkeit ist kein Zustand, sondern ein Prozess. Und in diesem befindet sich auch die Forstwirtschaft.

MERKENSWERT Laut bifa Umweltinstitut wird in der deutschen Papierindustrie überwiegend Durchforstungsholz und Schwachholz eingesetzt. Erntereife Bäume hingegen werden vorrangig für die Säge- und Holzmöbelindustrie entnommen.

WISSENSWERT Mit der »Verordnung zu entwaldungs- und waldschädigungsfreien Lieferketten« greifen seit 2023 EU-weit neue unternehmerische Sorgfaltspflichten für den Handel mit landwirtschaftlichen Erzeugnissen. Dazu gehört auch Holz. Rohstoffe und die daraus hergestellten Erzeugnisse, wie beispielsweise Bücher, dürfen nicht auf Flächen gewonnen worden sein, auf denen seit dem 31. Dezember 2020 Entwaldung oder Waldschädigung stattgefunden hat. Zudem müssen die Rohstoffe und Produkte im Einklang mit den Gesetzen des Ursprungslands stehen und elementare Menschenrechte eingehalten werden. Mit einer Sorgfaltserklärung müssen Unternehmen die Erfüllung der Sorgfaltspflicht und die Einhaltung der Verordnung bestätigen. Unternehmen mit unter 249 Mitarbeiter:innen und einem Jahresumsatz von höchstens 50 Millionen Euro müssen keine eigene Sorgfaltserklärung abgeben.

Sie tragen aber Verantwortung dafür, dass Produkte, die sie vertreiben, die Vorgaben der Verordnung erfüllen. Wie genau das geschehen muss, ist noch nicht eindeutig geregelt. Es lohnt sich daher, diese Verordnung im Blick zu behalten.

HÖRENSWERT Der WDR beleuchtet in mehreren Beiträgen den Kampf gegen illegalen Holzhandel und die Auswirkungen von Holzpellets auf den europäischen Markt. Das investigative Feature »Gestohlener Wald« ist auf den Spuren der Holzmafia unterwegs. Hören Sie unbedingt mal rein, schließlich finanzieren Sie über Ihre Rundfunkbeiträge diesen Qualitätsjournalismus.

Fasergewinnung aus Frischholz und Altpapier

Papier basiert in großen Teilen auf in Holz gebundenen Zellulosefasern. Holz besteht allerdings nur zu etwa 50 Prozent aus diesem begehrten Material. Die andere Hälfte enthält überwiegend das Bio-Polymer Lignin und den Vielfachzucker Hemicellulose. Diese Stoffe kleben an den Fasern und sind überwiegend für die Stabilität von Bäumen verantwortlich. Da diese Stoffe Papier schnell vergilben lassen und die Festigkeitseigenschaften negativ beeinflussen, werden sie bei der Fasergewinnung von den Zellulosefasern getrennt. Hierfür wird zu Hackschnitzeln zerkleinertes Holz mit Lösungsmitteln wie Natronlauge und Natriumsulfit oder Schwefeldioxid bei bis zu 170 Grad Celsius in Wasser gekocht und zu einer faserigen Masse, dem Zellstoff, verarbeitet. Die Chemikalien und das Wasser werden so weit wie möglich aufbereitet und dem Prozess erneut zugeführt.

Gänzlich ohne Chemikalien gelingt die Faserstoffgewinnung, wenn das Holz mechanisch aufgeschlossen und zerfasert wird. Hierbei bleibt das Lignin im Faserstoff enthalten, weshalb entsprechende Papiere schnell vergilben. Mechanisch gewonnene Fasern werden Holzstoff oder Holzschliff genannt. Dieser wird vornehmlich für kurzlebige und qualitativ anspruchslosere Bedruckstoffe, wie Zeitungsdruck- und Magazinpapiere, Pappe und

Bieruntersetzer, eingesetzt. Bezogen auf den Holzeinsatz ist die Ausbeute bei diesem Verfahren mit rund 90 Prozent sehr günstig. Zur Erinnerung: Bei der Herstellung von Zellstoff gehen durchschnittlich etwa 50 Prozent des Holzes verloren. Um die Papierfestigkeit zu erhöhen, wird der kurzfaserige Holzschliff häufig mit Zellstoff gemischt.

KLARGESTELLT Als holzfrei deklarierte Papiere sind nicht frei von Holz. Sie werden aus Zellstoff hergestellt. Holzhaltiges Papier wiederum enthält Holzstoff, der mechanisch (und gelegentlich durch chemische oder thermische Unterstützung) gewonnen wird.
WISSENSWERT Die in der Zellstoffgewinnung eingesetzten Chemikalien finden Sie auch in vielen Alltagsprodukten. Natronlauge beispielsweise sorgt bei Laugengebäck für die kräftige braune Farbe und den charakteristischen Geschmack, Natriumsulfit konserviert und Schwefeldioxid desinfiziert Lebensmittel.
ACHTUNG FACHJARGON Als Primärfasern werden Fasern aus frischem Holz bezeichnet. Sekundärfasern werden aus Altpapier gewonnen. Alle Sekundärfasern waren einmal Primärfasern.

Es ist allerdings ein großer Irrtum, dass Papier überwiegend aus frischem Holz gewonnen wird. Fasern aus Altpapier sind die primäre Quelle bei der Papierproduktion. Im Bereich der grafischen Papiere liegt der Sekundärfaseranteil laut dem Branchenverband Die Papierindustrie e.V. bei circa 50 Prozent.

ROHSTOFFVERBRAUCH DER DEUTSCHEN PAPIERINDUSTRIE 2021

ALTPAPIER	67,8 %
ZELLSTOFF	15,5 %
MINERALIEN UND ADDITIVE	13,0 %
HOLZSTOFF	3,4 %
SONSTIGE FASERSTOFFE	0,3 %

Altpapier, das übrigens weltweit gehandelt wird, stammt sowohl aus privaten Haushalten, als auch aus Industrie, Gewerbe und Handel. In Sortieranlagen wird das eingesammelte Papier in über 60 Qualitätsstufen eingeteilt. Das ist keine Haarspalterei, sondern eine Notwendigkeit, denn die Altpapierqualität bestimmt darüber, welche Papierqualitäten daraus herstellbar sind. So sind beispielsweise braune Wellpappe, durchgefärbte Papiere oder Graukarton für die Herstellung von grafischen Papieren ungeeignet. Sortenreine Papierabfälle aus Druckereien und Papierfabriken sind qualitativ deutlich hochwertiger als gemischtes Altpapier aus Privathaushalten. Nach der Sortierung wird in Zellstofffabriken das Altpapier gereinigt und entfärbt. Dazu wird es mechanisch zerkleinert und mit Wasser vermischt – die sogenannte Zellstoffsuspension, in der die Papierfasern aufquellen, entsteht. Die Suspension lockert die Bindung zwischen Fasern und Druckfarbe und sie durchläuft verschiedene Reinigungsstufen, in der grobe Fremdkörper, wie Heftdrähte, Folien und Beilagen, entfernt werden.

Nun folgt der Entfärbeprozess, der im Fachjargon, Faserwäsche oder Deinking (von englisch ink = »Druckfarbe«, »Tinte«) genannt wird. Hier werden papierfremde Anhaftungen wie Druckfarben und Lacke unter Einsatz von Wasser und Seifen oder Laugen befreit. Dabei werden durch Einblasen von Luft die wasserabstoßenden Farb- und Lackpartikel in einem Schaum gebunden, der sich an der Oberfläche sammelt und abgeschöpft wird. Dieser Vorgang, der sich Flotation nennt, wird solange wiederholt, bis der Schaum fast weiß und die Fasern hell sind. Diese so gewonnenen Fasern werden als DIP (Deinked Pulp), also entfärbter Zellstoff, bezeichnet. Sie sind wiederum der Ausgangsstoff für die Herstellung von Recyclingpapier und Papier, das sowohl Primär- als auch Sekundärfasern enthält.

Ganz wichtig: Das Deinking ist neben der Sammlung und Sortierung von Altpapier der Schlüsselprozess bei der Gewinnung von Sekundärfasern. Nicht alle Druckfarben, Leime und Veredelungen lassen sich bei der Faserwäsche gut von den Fasern trennen. Sie können Verschmutzungen verursachen, den Energie- und Ressourceneinsatz im Recyclingprozess steigern und/oder auch die Eigenschaften des entfärbten Zellstoffs negativ beeinträchtigen. Viele nicht oder schlecht deinkbare Bedruckstoffe werden zu beispielsweise Wellpappe oder Graukarton, was einem Downcycling entspricht und den Zellstoff- und Primärfaserbedarf der Papierproduktion erhöht. Sorgen Sie daher dafür, dass die Druckprodukte Ihrer Kund:innen problemlos recycelbar sind! Dabei gelten folgende Grundregeln:

- Je größer der Farb- und Lackauftrag und je dünner das Papier, desto schlechter gelingt in der Regel die Faserwäsche.
- Druckfarben und Lacke lassen sich von gestrichenen Papieren meist besser entfernen als von ungestrichenen Bedruckstoffen.
- Da mit der Zeit die Bindung zwischen vielen Druckfarben und den Papierfasern zunimmt, sind langlebige Druckprodukte oft schlechter deinkbar als kurzlebige Printmedien.

Diese drei Punkte zeigen einmal mehr auf, wie kontrovers der ökologische Anspruch in der konkreten Praxis ausfallen kann. Denn dünne und ungestrichene Papiere sowie langlebige Druckprodukte zahlen natürlich auf die Nachhaltigkeit ein. Unter dem Aspekt des Papierrecyclings sind diese Aspekte aber eher hinderlich.

ALTPAPIER-RECYCLING-KREISLAUF

Weitere maßgebliche, das Recycling betreffende Faktoren, die Sie bei der Gestaltung von Druckprojekten und der Entwicklung von Printmedien beachten können, lernen Sie im weiteren Verlauf dieses Buchs kennen.

PRINZIP DER DRUCKFARBENTRENNUNG (DEINKING DURCH FLOTATION)

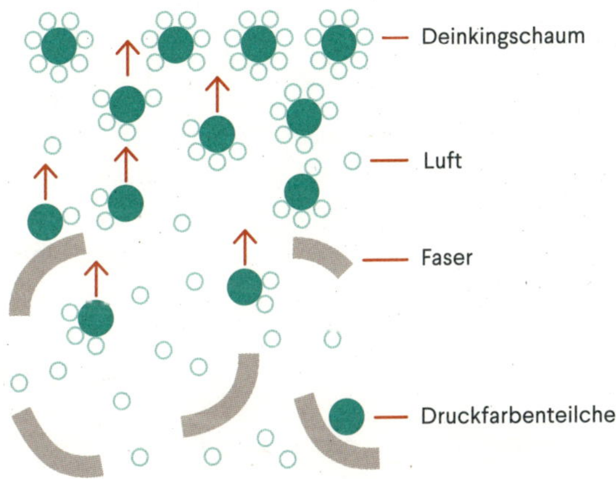

MERKENSWERT Mit der INGEDE-Methode 11 wird unter Laborbedingungen geprüft, wie gut sich Druckfarben im Recyclingprozess von den Papierfasern lösen.
WISSENSWERT Nicht brennbare Rückstände aus dem Papierrecycling sind willkommene Hilfsmittel in der Ziegelherstellung, wo sie winzige Hohlräume in den Ziegeln hinterlassen, was die wärmedämmenden Eigenschaften verbessert. In der Zementindustrie finden Reststoffe aus der Druckfarbenentfernung Verwendung. Sie optimieren die Zementqualität
HÖRENSWERT In diesem Podcast erzählt der Deinking-Experte Axel Fischer von der internationalen Forschungsgemeinschaft Deinking-Technik (Ingede) über den Entfärbeprozess von Altpapier und die damit verbundenen Herausforderungen.

LESENSWERT Wenn Sie sich intensiv mit dem Deinking von Altpapier und Altpapiermischungen auseinandersetzen möchten, dann empfehle ich Ihnen diese Untersuchung der Technischen Universität Darmstadt und des Verbands Deutscher Papierfabriken. Sie ist sehr detailliert und zeigt schön auf, dass viele Faktoren beim Papierrecycling noch unerforscht sind.

Gelb, grau oder schneeweiß? Die Faserbleiche

Der weiße Zellstoff aus frischem Holz enthält noch immer etwas Lignin. Da es das spätere Papier schnell vergilben lassen würde, wird es durch eine chemische Bleiche fast vollständig entfernt. Aus Altpapier gewonnene Fasern können je nach Qualität des Ausgangsmaterials gräulich sein. Ist das nicht gewünscht, lässt eine Bleiche Sekundärfasern ebenfalls weiß strahlen. Unterschieden wird zwischen drei Bleicharten:

1. ELEMENTAR CHLORFREI (ECF = ELEMENTARY CHLORINE FREE)

Zumindest in der EU wird nicht mehr mit dem ökologisch und gesundheitlich bedenklichen elementaren Chlor gebleicht, dass mittlerweile weltweit einen Anteil von unter fünf Prozent einnimmt. Stattdessen kommen unproblematischere Verbindungen wie Chlordioxid oder Hypochlorit zum Einsatz, die kaum noch Dioxine freisetzen. Entsprechende Papiere werden als ECF (elementary chlorine free) deklariert.

KLARGESTELLT Werden Papiere als »chlorfrei gebleicht« ausgewiesen, muss das nicht stimmen. Auch wenn das elementare Chlor kaum noch verwendet wird, beruhen Bleichvorgänge für ECF-Papiere dennoch auf Chlorverbindungen.

2. TOTAL CHLORFREI (TCF = TOTALLY CHLORINE FREE)

Komplett chlorfrei sind Sauerstoffverbindungen, wie Wasserstoffperoxid und Ozon, die den Wert umweltbelastender organischer Verbindungen im Abwasser unter die Nachweisbarkeitsgrenze senken. Dennoch sind diese so gebleichten Zellstoffe mit unter zehn Prozent am Gesamtmarkt noch in der Minderheit. Komplett chlorfrei gebleichte Papiere werden mit dem TCF-Siegel (totally chlorine free) ausgestattet. Wenn Sie die Wahl haben, entscheiden Sie sich für Bedruckstoffe mit dem TCF-Siegel. Aber Vorsicht: Sie können schneller vergilben als ECF-Papiere.

GUT ZU WISSEN Die Logos zu den Bleichverfahren sind nicht standardisiert, weshalb viele verschiedene Varianten kursieren.

3. PROZESS CHLORFREI (PCF = PROCESS-CHLORINE-FREE)

Wird bei der Zellstoffgewinnung Altpapier eingesetzt, kann nicht mehr festgestellt werden, wie es zuvor gebleicht wurde. Werden die recycelten Fasern ohne Chlor oder Chlorverbindungen gebleicht, wird das Papier mit dem PCF-Siegel (process-chlorine-free) ausgezeichnet. Technisch gesehen ist PCF und TCF identisch.

BLICK INS BUCH Dieses Inhaltspapier hat eine Weiße von 80.
MERKENSWERT Der Weißgrad von Papier korreliert mit dem Energie-, Wasser- und Chemikalieneinsatz der Zellstoffproduktion. Je weißer das Papier, desto ressourcenintensiver ist meist die Herstellung. Gräuliches Recyclingpapier ist daher aus einer rein ökologischen Perspektive heraus betrachtet die beste Wahl.

Die Papierproduktion: Ressourcenbedarf und Papierzusammensetzung

In der Papierfabrik werden die Papierfasern mit Wasser und Hilfsstoffen vermischt, auf ein Sieb geschwemmt, entwässert, gepresst und getrocknet. Der Prozess ist ressourcen- und energieintensiv, auch wenn die Papierindustrie ihren Energiebedarf seit den 50er Jahren um satte 68 Prozent reduzieren konnte. Der CO_2-Ausstoß pro Tonne Papier liegt heute mit durchschnittlich 0,54 Tonnen rund 40 Prozent niedriger als in den 1990er Jahren. Der Wasserbedarf lag in den 1970er Jahren bei knapp 50 und heute dank weitestgehend geschlossener Kreisläufe laut der Wasser und Rückstandumfrage des Branchenverbands Die Papierindustrie e.V. bei durchschnittlich unter neun Liter pro Kilogramm Papier. Bezieht man das virtuelle Wasser, das die gesamte Wassermenge, die bei der Herstellung eines Produkts in allen Herstellungsschritten berücksichtigt, mit ein, kommt Papier auf 2.000 Liter pro Kilogramm. Zum Vergleich: Ein Kilo Rindfleisch benötigt 15.500 Liter und eine Tasse Kaffe etwa 130 Liter virtuelles Wasser.

Über 62 Prozent der in Europa für die Papier- und Zellstoffherstellung verwendeten Energie basiert laut CEPI auf der thermischen Verwertung nachwachsender Biomasse, wie Baumrinde und Faserreststoffe. Ein Spitzenwert! Der Weg hin zu einer Produktion, die ausschließlich auf Energie aus nachhaltigen Quellen beruht, ist, wie in allen anderen Wirtschaftssektoren, Zukunftsmusik. Aber alleine schon aus wirtschaftlichen Erwägungen arbeitet die Industrie extrem effizient und ressourcenschonend.

KLARGESTELLT Oft wird behauptet, dass die Produktion einer Tonne Stahl so viel CO_2 verursacht wie die Herstellung einer Tonne Papier. Tatsächlich setzt Papier mit durchschnittlich 0,54 Tonnen rund dreimal weniger CO_2 frei.

LESENSWERT Möchten Sie sich intensiv mit Zahlen, Daten und Fakten der deutschen Papierindustrie beschäftigen? Dann empfehle ich Ihnen den »Leistungsbericht Papier 2022« und die »Wasser- und Rückstandsumfrage der deutschen Zellstoff- und Papierindustrie«. Beide lesenswerten Lektüren stammen vom Interessensverband »Die Papierindustrie e. V.«.

Die gewünschten Papiereigenschaften werden über den Einsatz verschiedener Faser- und Holzstoffe gesteuert. Der Faseranteil in einem Papier macht je nach Qualitätsanspruch 60 bis 95 Prozent aus. Die übrigen Bestandteile sind überwiegend Füll- und Hilfsstoffe sowie Wasser. Gerne wage ich mit Ihnen einen Blick auf die ökologisch relevantesten faserfremden Stoffe der Papierproduktion.

FÜLLSTOFFE Füllstoffe füllen die Lücken im Fasernetz und bestimmen Charakteristika wie Glätte, Gewicht, Opazität und den Weißgrad des Papiers. Sie werden heute aus wirtschaftlichen Erwägungen in größeren Mengen denn je eingesetzt, denn sie dienen als eine Art kostengünstiges »Streckmittel«. Ein weiterer Vorteil: Füllstoffe binden kein Wasser und müssen daher nicht energieintensiv getrocknet werden. Sie bestehen aus Calciumcarbonat (Kreide), Kaolin oder Titanoxid, sind mineralischen Ursprungs und gelten als weitestgehend unbedenklich. Aber: Titanoxid, das Ihnen vielleicht als Zusatzstoff E 171 bekannt ist, darf seit 2022 aufgrund einer nicht auszuschließenden erbgutschädigenden Wirkung nicht mehr für Lebensmittel verwendet werden.

LEIMUNGSMITTEL Leimungsmittel haben in der Papierproduktion zwei Funktionen: Sie machen Fasern wasserabstoßend, damit sie mit wasserlöslichen Tinten und Farben bedruck- und beschreibbar werden. Und sie werden verwendet, um den Faserverbund zu verfestigen. Leimungsmittel bestehen aus vielen natürlichen Stoffen, wie Stärke, Wachs, Tierleim, Casein oder Paraffin. Sie werden zunehmend durch synthetische Polymere ergänzt oder ersetzt, da diese günstiger und im Papierherstellungsprozess besser zu beherrschen sind.

FARBSTOFFE Farbstoffe, Sie ahnen es, färben Bedruckstoffe. Sie sind organischen oder anorganischen Ursprungs und werden in mitunter chemisch komplexen Prozessen aus beispielsweise Mineralien, Metallen, Pflanzen, Erden, Gasen und Ölen gewonnen. Farbstoffe gelten auch aufgrund der geringen Konzentration als weitestgehend unbedenklich gegenüber Menschen und Umwelt.

OPTISCHE AUFHELLER Strahlen Papiere besonders weiß, dann sind oft optische Aufheller im Spiel. Das sind fluoreszierende Substanzen, die ultraviolettes Licht absorbieren und durch Abgabe von hellerem Licht den Gelbstich kompensieren. Optische Aufheller sind synthetische Produkte und biologisch nur schwer abbaubar. Mögliche Auswirkungen auf Umwelt und Gesundheit sind nicht eindeutig geklärt. Wenn Sie eine Schwarzlichtlampe zur Hand haben, beleuchten Sie einmal Ihre Bücher und Magazine. Schimmern diese bläulich, ist das ein eindeutiges Indiz für optische Aufheller. Auch in Ihren Haushaltsprodukten werden diese Substanzen eingesetzt. In Waschmitteln beispielsweise, da sie Wäsche weißer erscheinen lassen.

JETZT ENTDECKEN Das Papier auf Seite 261 strahlt so weiß, weil es optische Aufheller enthält.
BLICK INS BUCH Das C2C-zertifizierte Frischfaserpapier der ersten Seiten besteht zu 69,2 % aus Faserstoffen, 19,1 % Füllstoffen und Pigmenten, 6,7 % Bindemittel und 5 % Feuchtigkeit. Für dieses Recyclingpapier haben wir leider keine entsprechenden Auskünfte bekommen.

Stoffe, die ich hier nicht aufgeführt habe, sind verschiedene Hilfsmittel, die für eine ökologisch und ökonomisch optimierte Papierproduktion notwendig sind aber nur in Kleinstmengen eingesetzt werden. Viele davon gelangen nicht ins Papier, sondern werden über das Prozesswasser ausgewaschen und wieder aufbereitet.

LESENSWERT In diesem Interview spreche ich mit dem Nachhaltigkeitsbeauftragten der Papierfabrik Koehler über ökologische Aspekte der Papierproduktion.

Ist Papier nun nachhaltig? Ihre Perspektive entscheidet!

Ob Sie Papier als nachhaltig deklarieren möchten, hängt, wie so oft, von Ihrer Perspektive ab. Papier basiert im Wesentlichen auf Holz, einem nachwachsenden Rohstoff. Der wird zumindest für den Bedarf der Industrienationen in Naturwäldern und auf Plantagen kultiviert. Plantagen liefern mehr als doppelt so viel Holz, sind daher deutlich effizienter und verringern den Nutzungsdruck auf naturbelassenere Wälder und unberührte Urwälder. Naturwälder hingegen sorgen für deutlich mehr Biodiversität, fruchtbarere Böden und sie sind resilienter. Das in der deutschen Papierindustrie eingesetzte Holz stammt zu großen Teilen aus Abfällen der Sägeindustrie und aus Hölzern, die bei der Pflege von Wäldern anfallen.

Papier ist eines der am meisten recycelten Materialien überhaupt! Fasern aus Altpapier überwiegen in der Papierproduktion sogar den Primärfaseranteil. Das in Papier enthaltende CO_2 wird solange gespeichert, bis es thermisch verwertet wird, was wiederum den Einsatz fossiler Brennstoffe für die Energieerzeugung einspart.

Auf der anderen Seite ist Papier ein komplexes Industrieprodukt, dessen Herstellung Naturflächen, Energie, Wasser, Chemikalien und neben natürlichen auch synthetische Stoffe benötigt. Einige Zutaten basieren auf endlichen Quellen, wie Erdöl, Erdgas, Mineralien oder Metallen und sind damit per Definition ökologisch nicht nachhaltig. Der Naturschutzbund Deutschland (NABU) möchte Papier aufgrund der chemischen Herstellungsprozesse und der Vielzahl chemischer Hilfsstoffe als Chemieprodukt deklarieren. Ich persönlich sehe das nicht so eng, denn dann müsste fast alles, was uns umgibt, entsprechend ausgezeichnet werden. Denn klar ist: Viele der in der der westlichen Papierindustrie verwendeten Chemikalien sind weitestgehend unbedenklich, nur in geringen Mengen im Papier enthalten und sie gelangen, wenn überhaupt, nur in geringen Konzentrationen in die Umwelt. Und sofern Papier nicht auf Ihrem Speiseplan steht, gelangen diese Stoffe auch nicht in ihren Körper.

KLARGESTELLT Alle EU-weit in der Farben-, Papier- und Druckindustrie eingesetzten Stoffe sind im Einklang mit den geltenden Chemikalien- und Umweltrechten. Die europäische REACH-Verordnung schreibt vor, dass alle Materialien innerhalb des europäischen Marktes auf ihre Auswirkungen auf die menschliche Gesundheit und die Umwelt hin beurteilt werden.

WISSENSWERT Viele verwenden den Begriff »Chemie« als Synonym für »schlecht«. Das ist eine sehr verkürzte und naive Vorstellung von den Prozessen der Natur, die allesamt auf Chemie beruhen. Und nur weil etwas »natürlich« ist, ist es noch lange nicht gut. Chemieprodukte sind nicht per se schlecht. Ein genauerer Blick lohnt sich immer!

Die Qual der Wahl: Eine Hilfestellung beim Aufspüren geeigneter Bedruckstoffe

Die eingesetzten Bedruckstoffe sind für den Großteil der Umweltauswirkung einer Publikation verantwortlich. Das leuchtet Ihnen sofort ein, schließlich besteht ein Druckprodukt überwiegend aus Papier. Mit der Papierwahl beeinflussen Sie und Ihre Kund:innen unmittelbar die ökologische und natürlich auch die ästhetische Qualität gedruckter Kommunikation.

Bei über 3.000 Papiersorten, unzähligen Inhaltsstoffen und über den ganzen Globus verstreuten Papierfabriken lassen sich die Vor- und Nachteile einzelner Sorten nicht im Detail klären. Dieses Kapitel soll Ihnen vielmehr dabei helfen, zu verstehen, in welche Kategorien Sie Bedruckstoffe einordnen können und ob sie wirklich so umweltschonend sind, wie oftmals behauptet wird.

Einleiten möchte ich dieses Kapitel mit ein paar Gedanken und Berechnungen zum Flächengewicht und Volumen von Papieren. Mit diesen beiden Faktoren können Sie die ökologische und ästhetische Dimension Ihrer Druckvorhaben maßgeblich beeinflussen. Weiter geht es mit Frischfaser- und Recyclingpapieren, mit Papieren, die ganz oder teilweise ohne Bäume auskommen, um Effektpapiere, die tolle Geschichten erzählen, und um ganz besondere Materialien, wie beispielsweise Kork und Apfelleder. Viele der vorgestellten Drucksubstrate finden Sie in diesem Buch wieder. Abgerundet wird dieser Abschnitt ab Seite 198, wo Sie ein paar einfache Empfehlungen finden, die Sie dabei unterstützen, Bedruckstoffe auszuwählen, die sich bestmöglich mit Ihren individuellen Projektanforderungen decken. Wenn Sie ein passendes Drucksubstrat aufgespürt haben, dann schließen sich technische und ästhetische Entscheidungen an, die ich im anschließenden Kapitel mit Ihnen erkunde.

Federleicht oder bleischwer? Papiergrammaturen

Wenn Sie sich für ein Papier entscheiden, stellen Sie sich vermutlich die Frage, in welcher Grammatur Sie und Ihre Kund:innen es einsetzen möchten. Dabei definiert die Papiergrammatur das Gewicht pro Quadratmeter Papier, also das Flächengewicht. Ein Quadratmeter Papier mit einer Grammatur von 80 g/m² wiegt somit – Sie ahnen es – 80 Gramm. Pauschal lässt sich behaupten, dass die Papierdicke mit dem Flächengewicht steigt. Papiersorten werden unter anderem anhand ihres Flächengewichts kategorisiert. In meiner beruflichen Praxis verwende ich diese Einteilung:

- **DÜNNDRUCKPAPIER** bis ca. 60 g/m²
- **WERKDRUCKPAPIER** zwischen 60 g/m² und 120 g/m²
- **HALBKARTON** zwischen 120 g/m² und 250 g/m²
- **KARTON** zwischen 250 g/m² und 600 g/m²
- **PAPPE** ab ca. 600 g/m²

Für eine möglichst umweltschonende Umsetzung Ihrer Druckjobs ist das Flächengewicht relevant, denn es beeinflusst sehr direkt den Ressourcenverbrauch. Das ist logisch: Ein Karton mit einem Flächengewicht von 500 g/m² benötigt rund zehnmal mehr Faserstoffe als ein 50 g/m²-Dünndruckpapier. Das macht sich deutlich in der CO_2-Bilanz und auch im Portmonee Ihrer Auftraggeber:innen bemerkbar.

Im Berufsalltag tendieren Sie vermutlich zu festeren Papieren, denn sie vermitteln alleine durch ihr Gewicht eine gewisse Wertigkeit. Sie kennen das: Der Flyer auf einem 350 g/m² Bilderdruckpapier macht eindeutig mehr her als ein Handzettel auf dem gleichen Papier in einer Grammatur von nur 80 g/m². Höhere Grammaturen verursachen jedoch immer ökologische und ökonomische Mehrkosten. Diesen Zusammenhang verdeutliche ich Ihnen gerne anhand des Referenz-Flyers und einer Beispielrechnung:

PAPIERGEWICHT: EMISSIONEN UND KOSTEN PRO FLYER

GRAMMATUR	GRAMM CO_2 PRO STÜCK	STÜCKPREIS IN EURO
90 g/m²	5 (-44 %)	0,06 (-45 %)
170 g/m²	9	0,11
300 g/m²	16 (+78 %)	0,18 (+64 %)

Haben Sie geahnt, dass die Unterschiede sowohl bei den CO_2-Emissionen als auch beim Stückpreis derart ausgeprägt sind? Wenn

Sie Druckprojekte ökologisch und wirtschaftlich nachhaltiger gestalten möchten, dann sinnieren Sie mit Ihren Kund:innen darüber, ob ein hohes Flächengewicht für Ihr Vorhaben wirklich zielführend ist. Ganz klar: Manchmal muss es einfach der Bedruckstoff mit der höheren Grammatur sein. Insbesondere dort, wo die Haptik, Wertigkeit und Langlebigkeit im Vordergrund steht oder wo es technische Sachzwänge gibt. Manchmal passt aber ein niedrigeres Gewicht ebenfalls oder sogar besser zum Projekt.

MERKENSWERT Ein dünneres Papier neigt zu einer geringeren Opazität. Es ist also weniger blickdicht und somit lichtdurchlässiger. Texte, Bilder und Grafiken können durchscheinen. Bei etwa 80 % Opazität ist ein Papier duplexfähig, also gut von beiden Seiten bedruckbar, ohne das ein Druckbild das jeweils andere unter Lichteinwirkung überdeckt

IHR WISSENSVORSPRUNG Sollen Druckerzeugnisse postalisch zugestellt werden? Dann prüfen Sie frühzeitig, wie schwer das Versandgut maximal sein darf, damit bestimmte Portogrenzen nicht überschritten werden. Passen Sie die Grammatur entsprechend an.

BLICK INS BUCH Dieses Papier hat eine Opazität von 95,5 %.

Tragen Sie dick auf! Papiervolumen

Sie möchten das Flächengewicht reduzieren, haben aber Bedenken bezüglich der Haptik und Wertigkeit? Dann ziehen Sie Volumenpapiere in Betracht. Sie sind bei identischem Flächengewicht bis zu 2,2-mal dicker. So ist ein Papier mit zweifachem Volumen doppelt so dick wie ein Papier mit einfachem Volumen. Oder anders ausgedrückt: Bei einer Grammatur von 100 g/m² und einem Volumen von 1,0 ist das Papier 0,1 mm dick. Bei einem Volumen von 2,0 trägt es mit 0,2 mm doppelt so stark auf. Das Papiervolumen beschreibt somit das Verhältnis zwischen Papierdicke und Papiergewicht.

BLICK INS BUCH Dieses Inhaltspapier hat ein Flächengewicht von 100 g/m² und ein Volumen von 1,25. Es ist somit 0,125 mm dick; das Hauptpapier im vorderen Teil ist 0,15 mm dick.
MERKENSWERT Nicht nur die Grammatur, sondern auch das Volumen bestimmt die Papierdicke.

Volumenpapiere benötigen anteilig Zellstoffe aus besonders kurzen Fasern, die aus Laubbäumen, wie Birke oder Eukalyptus, gewonnen werden. Diese sogenannten Kurzfaserzellstoffe richten sich bei der Papierherstellung verschachtelt auf. Die so entstehenden Hohl- und Zwischenräume führen zu einem hohen Volumen des Papierkörpers und machen ihn saugfähiger, griffiger und weicher. Volumenpapiere sind für fast alle Papiersorten erhältlich, die mögliche Ausprägung variiert stark. Pappen, Werk- und Feinstdruckpapiere sind mit einem bis zu 2,2-fachen Volumen ausgestattet. Bilderdruckpapiere haben ein maximales Volumen von circa 1,3. Stark verdichtete gestrichene Papiere weisen ein negatives Volumen auf.

GEWUSST WIE Nutzen Sie voluminöse Papiere nicht nur, um die Umweltbelastung und Kosten Ihrer Druckprojekte zu reduzieren, sondern auch, um Publikationen mit wenigen Seiten umfangreicher erscheinen zu lassen.
IHR WISSENSVORSPRUNG Bei Publikationen mit größeren Seitenumfängen können Volumenpapiere ein Gewicht suggerieren, dass den Erwartungen nicht entspricht. Kund:innen sind möglicherweise enttäuscht, wenn sie es in die Hand nehmen. Die Rauheit der Papieroberfläche steigt mit dem Volumen und die mögliche Druckschärfe nimmt ab. Für sehr hochwertige Publikationen, bei denen Ihren Kunden sehr scharfe und farbechte Bilder wichtig sind, sind Papiere mit einem großen Volumen eher ungeeignet. Falls möglich, verwenden Sie einfach unterschiedliche Papiere für Text und Bilder.
JETZT ENTDECKEN Auf der Seite 269 finden Sie ein ungestrichenes Papier mit einem zweifachen Volumen. Bei nur 80 g/m² ist es so dick, wie ein 160 g/m² Papier mit einfachem Volumen.

Sicherlich wurde Ihnen schon dazu geraten, Recyclingpapiere einzusetzen. Die sind umweltschonend und nachhaltig, heißt es. Aber was genau verleitet zu dieser Empfehlung? Lassen sich Bedruckstoffe aus Altpapier überhaupt mit Frischfaserpapieren vergleichen? Und welche konkreten Vor- und Nachteile ergeben aus dem Einsatz von Recyclingpapieren? Es lohnt sich, diese Fragen etwas differenzierter zu betrachten, denn verfügbare Informationen sind meinem Empfinden nach sehr einseitig pro Recyclingpapier aufgebaut. Einige Branchenstimmen behaupten sogar, dass Druckprodukte nur ökologisch nachhaltig sind, wenn Sie Recyclingpapiere verwenden. Ich sehe das nicht so, denn es gibt für den Einsatz beider Papiersorten gute Argumente, die ich in diesem Abschnitt gerne erläutere.

Auch weil Papierfasern durch eine mechanische Beanspruchung während der Nutzungs- und Recyclingphase kürzer werden und Fasermasse beim Deinking verloren geht, ist das Papierrecycling kein immerwährender, komplett geschlossener Kreislauf. Zu kurze Fasern verlieren die Fähigkeit, sich zu verfilzen und somit ein Blatt zu bilden. Hinzu kommt, dass nicht alle Papiere, Pappen und Kartons recycelbar sind. So bereiten beispielsweise Beschichtungen, Verschmutzungen, bestimmte Veredelungen und Farben, durchgefärbte Papiere sowie Faserstoffe aus beispielsweise Gras Probleme beim Recycling. Eine falsche Entsorgung, sogenannte Fehlwürfe, führen ebenfalls dazu, dass Papier für das Recycling verloren geht. Ihnen ist bestimmt schon zu Ohren gekommen, dass sich Papier fünfmal, siebenmal oder sogar 25-mal recyceln lässt. Das sind theoretische Werte, denn aufgrund der genannten Faserverluste und der Qualitätseinbußen hat eine Papierfaser laut dem Interessensverband Two Sides rechnerisch 3,8 Leben. Daher ist das Papierrecycling zwingend auf einen stetigen Primärfaserstrom angewiesen. Oder etwas eindringlicher ausgedrückt: Ohne Frischfaserpapiere kollabiert das Papierrecyclingsystem innerhalb kürzester Zeit!

GEKLÄRT Die TU Darmstadt widerlegte 2018 in einer Studie den Mythos, dass Papierfasern maximal siebenmal recycelbar sind. Im Laborversuch wurde festgestellt, dass selbst nach 25 durchgeführten Recyclingzyklen keine signifikanten Veränderungen der Faserlänge stattfindet. Nicht die Abnutzung von Papierfasern durch den Nutzungs- und Recyclingprozess ist folglich der Hauptgrund für die begrenzte Zahl an Recyclingzyklen, sondern Faser- und Masseverluste durch beispielsweise Fehlwürfe, faserfremder Stoffe und nicht recycelbarer Bedruckstoffe.

Das Hauptargument für den Einsatz von Recyclingpapieren ist meiner Meinung nach die Schonung des Waldes. Denn wie Sie bereits wissen, werden für die Herstellung einer Tonne Recyclingpapier circa 1,2 Tonnen Altpapier und für eine Tonne Frischfaserpapier rund 2,2 Tonnen Holz benötigt.

Weitere gern angeführte Argumente pro Recyclingpapier sind ein geringerer Chemikalien-, Wasser und Energieeinsatz als bei der Produktion von Frischfaserpapieren. So hat das Umweltbundesamt in einer 2022 durchgeführten Studie festgestellt, das die Produktion eines 80 g/m² Büropapiers aus Altpapier durchschnittlich 78 Prozent Wasser, 68 Prozent Energie und 15 Prozent CO_2-Emissionen gegenüber einem Frischfaserpapier einspart. Diese Studie wird oft zitiert und als allgemeingültig dargestellt. Darüber, ob diese Werte auf grafische Papiere, andere Flächengewichte und ein spezifisches Druckprojekt übertragbar sind, gibt die Studie meiner Meinung nach keine Auskunft.

MEINUNGSBILDEND Wenn Sie die Zeit und Muße haben, machen Sie sich ein eigenes Bild von den Ergebnissen der hier zitierten Studie des Umweltbundesamts.

Aber völlig unabhängig davon, ob im Einzelfall Wasser, Energie, Chemikalien und Emissionen eingespart werden: Wenn Sie Recyclingpapiere einsetzten, dann ist das schon alleine aufgrund der unmittelbaren Waldschonung ökologisch sehr sinnvoll.

Fasern aus Altpapier sind jedoch nicht für jede der über 3.000 Papiersorten geeignet. Feinstpapiere, Fotopapiere, gefärbte, sehr weiße, dünne oder besonders reißfeste Papiere beispielsweise, werden meist aus Primärfasern hergestellt. Da beim Deinking gesundheitlich bedenkliche Stoffe aus beispielsweise Kassenbons, Druckfarben und Klebstoffen an den Fasern anhaften können, sind unbeschichtete Recyclingpapiere nur selten für den direkten Lebensmittelkontakt zugelassen. Recyclingpapiere können sichtbare Einschlüsse etwa aus Farb- oder Folienresten aufweisen. Diese können bei Vollflächen oder Texten durchaus störend wirken. In vielen Fällen sind Recyclingpapiere aber optisch, haptisch und drucktechnisch kaum von Frischfaserpapieren zu unterscheiden.

Setzten Sie Recyclingpapiere insbesondere bei kurzlebigen Printmedien ein. Ist das Druckerzeugnis nicht recycelbar, wie es bei Hygienepapieren, doppelseitigen Kaschierungen oder To-Go-Verpackungen der Fall ist, sind Recyclingpapiere ebenfalls empfehlenswert. Aber Achtung: Je nach Marktlage können Recyclingpapiere weniger schnell verfügbar und paradoxerweise teurer als Frischfaserpapiere sein.

Ist der qualitative Anspruch in puncto Bildwiedergabe, Haltbarkeit, oder Weißgrad hoch, setzen Sie auf Frischfaserpapiere. Das gilt ebenfalls für Prägearbeiten. Aber auch der goldene Mittelweg ist möglich: Der Markt hält eine große Bedruckstoffauswahl mit Fasermischungen aus Primär- und Sekundärfasern für Sie bereit.

JETZT ENTDECKEN Das Papier »Birch« auf Seite 273 besteht zu 50 % aus Upcycling-Kartonagefasern und zu 50 % aus Primärfasern.

Und was mir ganz wichtig ist: Wenn Sie und Ihre Kund:innen Frischfaserpapiere verwenden, dann belasten Sie aufgrund dieser Entscheidung bitte nicht ihr ökologisches Gewissen. Das Papierrecycling ist zwingend auf Frischfaserpapiere angewiesen und der ausschließliche Gebrauch von Recyclingpapieren ist technisch unmöglich. Die Aussage, dass Druckprodukte nur nachhaltig sind, wenn Recyclingpapiere eingesetzt werden, halte ich daher, um es scharf auszudrücken, für parasitär. Aufgrund des wachsenden Versandhandels, des Verpackungswahns und des zunehmenden Konsums digitaler Nachrichten gelangt immer weniger dringend benötigtes langfaseriges, weißes grafisches Papier in den Recyclingkreislauf. Fehlt es, kommen wiederum verstärkt Frischfaserzellstoffe zum Einsatz. Auch wichtig: Altpapier ist eine begrenzte Ressource und Deutschland importiert jährlich über fünf Millionen Tonnen davon aus aller Welt. Dieses Altpapier fehlt natürlich in den Exportländern und steht dort nicht mehr für die eigene Recyclingpapierproduktion zur Verfügung.

JETZT ENTDECKEN Dieses und viele Papiere, die wir am Ende dieses Buchs für Sie kuratiert haben, sind Recyclingpapiere.
BLICK INS BUCH Dieses Papier nennt sich CoffeeCup Paper. Es besteht aus bis zu 25 % aus gebrauchten Einweg-Papierbechern, die von Gastronomiebetrieben eingesammelt und in einem eigens dafür entwickelten Verfahren von ihrer Kunststoffbeschichtung befreit werden. So können bis zu 90 % der in den Bechern enthaltenen Papierfasern recycelt werden. Bei jährlich deutschlandweit circa 1,7 Milliarden verbrauchten Einwegbechern ergibt sich somit ein enormes Potential an wiederverwertbaren, hochwertigen Faserstoffen, die ansonsten in der Müllverbrennung landen. Und die restlichen 75 %? Die bestehen aus Altpapier! CoffeeCup Paper wird in Deutschland hergestellt, es ist mit dem Blauen Engel, dem EU Ecolabel und FSC Recycled zertifiziert. Bei aller Umweltfreundlichkeit, die dieses Papier auszeichnet: Genießen Sie nach Möglichkeit Ihre Heißgetränke aus eigenen Bechern und Tassen, die fast unbegrenzt wiederverwendbar sind und nicht nach kurzer Nutzungszeit in der Tonne landen.
GRAUSTUFEN McDonald's verwendet ein Drittel der vor Ort in den Restaurants gesammelten Einwegbecher für ein Papier, das für deren Happy Meal-Bücher eingesetzt wird. Dennoch steht das Unternehmen in der Kritik, da es (bewusst oder unbewusst) nicht erwähnt, das ein Großteil des Papiers aus Frischfasern stammt.
EINE WORTMELDUNG VOM VERLAG Wir versuchen bei unseren Schmidt-Büchern zunehmend nachhaltig zu produzieren; seit über 20 Jahren verwenden wir FSC-Papiere und beschreiben im Impressum, was das bedeutet. Recyclingpapiere werden immer

schöner und immer besser, daher setzen wir sie auch zunehmend ein. Grundsätzlich aber gilt, dass die Schönheit und Stimmigkeit des Buchobjekts (und damit der Impact) vor der letzten Ökologie-Entscheidung steht. Zumal Bücher von Schmidt auch insofern nachhaltig sind, als sie deutlich weniger weggeworfen und länger aufgehoben, umgezogen und als CO_2-Speicher genutzt werden.

IHR WISSENSVORSPRUNG Recycling- und Frischfaserpapiere sind keine Konkurrenten, sondern unterschiedliche Generationen einer Materialfamilie.

Freunde des Waldes? Baumfreie Papiere

Wussten Sie, dass Papier ursprünglich aus beispielsweise Flachs, Hanf oder Leinen gewonnen wurde? Bis zur zweiten Hälfte des 19. Jahrhunderts verwendeten die Europäer für die Papierherstellung ausschließlich abgenutzte Textilien, Spinnerei- und Seilereiabfälle. Das aus diesen Abfallstoffen geschöpfte Hadernpapier war so begehrt, dass die Faserstoffe knapp wurden. Und da Not bekanntlich erfinderisch macht, forschten schlaue Köpfe bereits im 17. Jahrhundert intensiv an Faseralternativen zur Papierherstellung. Der Erfolg blieb aus und erst seit Mitte des 18. Jahrhunderts kommen Fasern aus Holz zum Einsatz. Der deutsche Tüftler und Erfinder Friedrich Gottlob Keller (*27. Juni 1816; † 8. September 1895) entwickelte 1843 ein Mahlverfahren zur Gewinnung von Holzschliff, das für die Fabrikation von kostengünstigem und hochwertigem Papier brauchbar war. Dieser Zeitpunkt markiert den Startschuss der anhaltenden industriellen Massenfertigung von Papier aus Holzfasern.

FUN FACT Friedrich Gottlob Keller hatte durch eine Naturbeobachtung seinen Geistesblitz: Er stellte fest, dass Wespen ihre Nester aus zerkauten und mit Speichel vermischten Holzfasern bauen.

Die seit einigen Jahren intensiv geführte Nachhaltigkeitsdebatte in Bezug auf Holz als Rohstoff für die Papierherstellung bringt alternative Faserstoffe wieder stärker in den Fokus der Papierindustrie. Durch das Ergänzen (Supplementieren) oder Ersetzen (Substituieren) baumfreier Pflanzenfasern aus beispielsweise Hanf, Gras oder Agrarabfällen verspricht sich die Industrie eine ganze Reihe ökologischer Vorteile. Dazu gehören: Waldschonung, Reduktion von Transportwegen und Minimierung klimaschädlicher Emissionen. Ob diese Versprechen eingelöst werden, ist aufgrund widersprüchlicher oder fehlender Studien und nicht unbedingt miteinander vergleichbarer Papierqualitäten unklar. Ungewiss ist auch, ob und wie sich die holzfreien Planzenfasern im größeren Maßstab gewinnen lassen, ohne beispielsweise Flächen für den Nahrungsmittelanbau zu verdrängen. Sollen Agrarabfälle für die Gewinnung von Primärfasern genutzt werden, sind diese möglicherweise nicht in ausreichend großen Mengen verfügbar.

Aber auch aus einem anderen Grund sind einige dieser baumfreien Faserstoffe in der Gesamtbetrachtung nicht unbedingt zukunftsfähig: Sie lassen sich aufgrund ihrer Färbung und Faserstruktur nicht oder nur unzureichend recyceln und können den auf Holzfasern ausgelegten Recyclingprozess bei größeren Einträgen empfindlich stören. Und das ist der größte Knackpunkt, denn die Recyclingfähigkeit von Papieren ist ein Kernelement der Konsistenzstrategie, die auf eine naturverträgliche Produktion und geschlossene Kreislaufwirtschaft abzielt. Viele ökologische Vorteile holzfreier Faserstoffe können durch eine mangelhafte Recyclingfähigkeit verloren gehen. Da aber 90 bis 95 Prozent des weltweit erzeugten Zellstoffs aus Holz gewonnen wird und alternative Faserstoffe noch selten anzutreffen sind, verursachen sie gegenwärtig keine größeren Probleme beim Papierrecycling. Das Substitutionspotenzial ist auch begrenzt, da sich aus holzfreien Fasern alleine (noch) kein Recyclingpapier herstellen lässt.

Für die hier genannten Papiere existieren keine eindeutigen Bezeichnungen. Pseudopapiere, waldfreie oder holzfreie Papiere, Tree Free Paper und Alternativpapiere sind Oberbegriffe, die mir in den letzten Jahren begegnet sind. Viele Ausdrücke sind irreführend. So enthalten die wenigsten Papiere zu 100 Prozent die namensgebenden Faserstoffe. Graspapier beispielsweise besteht nur zu 30 bis 40 Prozent aus Gras, die übrigen Fasern sind Primär- oder Sekundärfasern aus Holz. Es werden Fasern unterschiedlichster Pflanzen eingesetzt. Hier ein unvollständiger Überblick:

- Hanf
- Baumwolle
- Zuckerrohr (Bagasse)
- Gras
- Fasern aus Agrarabfällen
- Bambus
- Stroh
- Silphie
- Chinaschilf (Miscanthus)

Trotz dieser Entwicklungen scheint aus einer rein ökologischen Perspektive betrachtet Holz noch immer das vorteilhafteste Fasermaterial zu sein. So schätzt es auch Jukka Valkama, Professor für Papiertechnik in Karlsruhe ein, der in Primär- und Sekundärfasern aus Holz den »ökologischen Königsweg« sieht. Aus einer rein drucktechnischen Perspektive sind meiner Meinung nach nur Hanf- oder Baumwollpapiere im Vorteil, die aufgrund ihrer Faserlänge für extreme Prägungen prädestiniert sind. Auch wenn baumfreie Faserstoffe nicht unbedingt so umweltschonend sind, wie Hersteller, Händler und Drucker dies gerne behaupten, haben sie dennoch eine Daseinsberechtigung: Einige bringen erzählerische, ästhetische, haptische und olfaktorische Eigenschaften mit, die klassisches Papier nicht liefert. Sie versprühen einen eigenen Charme, den Sie, das passende Projekt und Budget vorausgesetzt, hervorragend für sensorische Meisterwerke nutzen können. Wenn Sie und Ihre Kund:innen jedoch streng umweltorientiert vorgehen möchten, vertrauen Sie weiterhin auf Bedruckstoffe aus Holzfasern. Aber wer weiß: Vielleicht dreht sich auch der Wind und in ein paar Jahren sind holzfreie Faserstoffe im Recyclingprozess besser zu verwerten als heute. Über den Einsatz entsprechender Bedruckstoffe unterstützen Sie natürlich die Forschung an besseren Prozessen. Denn wünschenswert ist es allemal, Holzfasern durch beispielsweise Rest- und Abfallstoffe zu ersetzen.

KLARGESTELLT Steinpapier ist kein Papier, denn es enthält keine Fasern. Es basiert auf pulverisierten Kalkstein, der in einem Kunststoff gebunden ist. Steinpapier ist daher eher als eine Folie zu klassifizieren.

HÖRENSWERT Unter dem Titel »Holzpapier: Gras, Stein oder Hanf (noch) keine Alternative« beleuchtet der Radiosender Deutschlandfunk die ökologische Qualität alternativer Faserstoffe. Fünf hörenswerte Minuten, die Sie sich unbedingt gönnen sollten.

Eine detailliertere Beurteilung aller entsprechenden Bedruckstoffe würde den Rahmen dieses Werks sprengen. Dennoch möchte ich Ihnen gerne einige Papiersorten näher vorstellen:

HANFPAPIER

Seit über 2.000 Jahren wird Papier aus Hanf gewonnen. Bis zum Ende des 19. Jahrhunderts lag der weltweite Hanfpapieranteil bei bis zu 90 Prozent. Dann eroberten die kostengünstigeren holzhaltigen Papiere den Weltmarkt. Hanfpapier ist mit bis zu 100 Prozent Hanffasern und in verschiedenen Fasermischungen erhältlich. Hanf wächst auch in Deutschland und rückt aufgrund der zunehmenden Legalisierung von Cannabis wieder in das Bewusstsein der Landwirte.

PRO

+ hervorragend recycelbar
+ vergilbt kaum, da geringer Ligninanteil
+ helle Fasern, die kaum gebleicht werden müssen
+ Hanf wächst in der EU, daher kurze Transportwege
+ vier- bis fünfmal mehr Ertrag als eine Waldfläche
+ geringer Einsatz von Pestiziden und Herbiziden
+ sehr Zug-, Nass- und reißfest

+ für tiefe Prägungen bestens geeignet
+ Hanffaseranteil bis zu 100 % möglich

KONTRA

- Hanf ist nicht ganzjährig verfügbar

FUN FACT Hanfpapier macht nicht high!
JETZT ENTDECKEN Ein Papier aus europäischem Hanf finden Sie auf der Seite 277.

GRASPAPIER

Graspapier wird mit einer Reduktion von Zellstoffimporten, Schaffung regionaler Arbeitsplätze und Unterstützung der hiesigen Landwirtschaft beworben. Das Gras stammt überwiegend von Ausgleichsflächen, die in der Nähe der Papierfabriken liegen und landwirtschaftlich nicht genutzt werden. 99 Prozent Wasser und 95 Prozent CO_2 soll der grüne Faserstoff gegenüber einem Frischfaserzellstoff aus Holz einsparen. Ich bin skeptisch, zumal die zitierte Studie nicht einsehbar ist. Die Bezeichnung Graspapier ist irreführend, da es nur zu maximal 40 Prozent aus getrocknetem Gras besteht. Die Basis bilden Primärfasern und/oder Altpapier. Für Druckveredelungen jeglicher Art ist es eher ungeeignet und aufgrund der dunklen Färbung kann ein weißer Unterdruck vorteilhaft sein. Die Bildwiedergabe ist in meinen Augen eher mangelhaft. Graspapier ist dennoch ein interessanter Bedruckstoff: Es riecht leicht nach Heu, ist in der Färbung braun-grünlich und Graseinschlüsse sind sichtbar.

BLICK INS BUCH Das beigelegte Lesezeichen besteht zur Hälfte aus Grünschnitt von oberbayerischen Wiesen. Durch die Zugabe von Chlorophyll leuchtet es in einem effektvollen Grün. Es nennt sich Chlorophyll - Blattgrün, stammt von der Papierfabrik Gmund und ist das in meinen Augen mit Abstand hochwertigste Graspapier am Markt. Die Papierspezifikationen dazu finden Sie auf Seite 287.

PRO

- + einmalige Optik
- + riecht leicht nach Wiese
- + kurze Transportwege
- + Gras muss nicht extra angebaut werden

KONTRA

- - eingeschränkt recyclingfähig
- - geringe Festigkeitswerte
- - Papierfärbung kann von Charge zu Charge schwanken
- - ggf. weißer Unterdruck notwendig

ZITAT »Graspapier führt zu Grasflecken und verringert die Festigkeit. Damit ist es für ein Recycling zu grafischem Altpapier ungeeignet und im Altpapier aufgrund der Gefahr der Verwechslung mit hellem Altpapier unerwünscht.« – Axel Fischer von der Internationalen Forschungsgemeinschaft Deinking-Technik e. V., INGEDE.

PAPIER AUS AGRARABFÄLLEN

Paperwise, ein Unternehmen aus den Niederlanden, nutzt landwirtschaftliche Abfälle, wie Stängel und Blätter, die bei der Ernte von beispielsweise Reis, Korn und Mais anfallen. Und tatsächlich ist es so, dass nur rund 20 Prozent dieser Pflanzen für Nahrungsmittel nutzbar sind – die restlichen 80 Prozent sind Reststoffe, die überwiegend in Kraftwerken oder direkt auf dem Anbauland verbrannt werden, was laut WHO als eine der größten Quellen der weltweiten Luftverschmutzung gilt. Die Papiere und Kartons von Paperwise bestehen aus bis zu 100 Prozent Agrarabfällen. Laut eigenen Angaben sind die Bedruckstoffe problemlos recycelbar und die Herstellung soll, obwohl in Asien und Südamerika produziert wird, eine 50 Prozent niedrigere Umweltbelastung aufweisen als Frischfaserpapier. Und das Konzept scheint sogar zukunftsfähig zu sein, denn um den gesamten europäischen Papierbedarf zu decken, würde Papierwise nur 1,8 Prozent der weltweit verfügbaren Agrarabfälle benötigen.

PRO

+ Faserstoffe müssen nicht extra angebaut werden
+ reduziert die Waldnutzung und Smogbildung
+ niedrige Umweltbelastung
+ ideal für kurzlebige Druckprodukte und Verpackungen

KONTRA

- das Papier wirkt nicht sehr hochwertig
- beigemengte Holzfasern sind Frischfasern

BLICK INS BUCH Wir hätten Ihnen gerne ein Papier rein aus Agrarabfällen vorgestellt. Aufgrund deutlich sichtbarer Einschlüsse hatten wir aber Bedenken bezüglich der Lesbarkeit bei kleiner Schrift.

BAUMWOLLPAPIER

Mit Fasern aus Baumwolle sind wir dank unserer Kleidung ständig auf Tuchfühlung. Die Samenhaare dieses bis zu sechs Meter hohen Strauchs sind nicht nur gut für Gewebe. Auch Papier wird seit Jahrtausenden daraus hergestellt. Sie können einen Anteil von bis zu 100 Prozent im Papier ausmachen und stammen häufig aus Nebenprodukten der Bekleidungsindustrie, weshalb sie nicht extra angebaut werden müssen. Dieser Aspekt hat seinen Charme, ist aber keineswegs neu. Baumwollpapier hat einen weichen Griff, eine raue Oberflächenstruktur und ist prädestiniert für Letterpress und Prägungen. Ziehen Sie es für edle Geschäftsausstattungen, Karten, Kunstdrucke sowie Buch- und Magazinumschläge in Erwägung.

PRO

+ sehr hochwertige Fasern, die oft aus Nebenprodukten gewonnen werden
+ perfekt geeignet für eindrucksvolle Druckveredelungen
+ ideal recycelbar
+ weicher Griff und raue Oberfläche
+ hundertprozentiger Faseranteil möglich

KONTRA

- teuer

BLICK INS BUCH Auf Seite 257 finden Sie ein Baumwollpapier, das zu 100 % aus Baumwollfasern besteht und in Deutschland von der Papierfabrik Gmund hergestellt wird.

PAPIER AUS ZUCKERROHR (BAGASSE)

Zuckerrohr dient in vielen asiatischen und lateinamerikanischen Ländern zur Herstellung von Zucker. Das Zuckerrohr wird hierfür ausgepresst und als Nebenprodukt fallen faserige Pressreste an, die durch Mahlen und Trocknen zu Bagasse verarbeitet werden. Bagasse besteht zu 40 bis 60 Prozent aus Cellulose und wird als Futtermittel, als Dünger, zur Energiegewinnung, in der Chemieindustrie und auch für die Papier- und Verpackungsproduktion eingesetzt. Bagasse kann in Bedruckstoffen Holzfasern komplett ersetzen. Zuckerrohr wächst schnell und ist ertragreich: 100 Tonnen ergeben rund zehn Tonnen Zucker und 34 Tonnen Bagasse. Da Bagasse als Abfallprodukt bei der Zuckergewinnung ohnehin anfällt, ergeben sich gegenüber Holzfasern ökologische Vorteile in der Flächen- und Waldnutzung. Bagassepapiere können von Fabrik zu Fabrik ganz unterschiedliche Färbungen aufweisen und sind laut vielen Herstellerangaben recycelbar und kompostierbar.

PRO

+ Fasern werden aus Abfallprodukten gewonnen
+ hundertprozentiger Faseranteil möglich
+ reduziert den Nutzungsdruck auf Wälder
+ laut Herstellerangaben recycelbar und kompostierbar

KONTRA

- lange Transportwege
- Bagassepapier wird nicht in Europa hergestellt
- einige Zuckerrohrpapiere sind gelbstichig und muten minderwertig an
- für viele Druckveredelungen eher ungeeignet

BLICK INS BUCH Das »Bagasse de Colombia« vom Papiergroßhändler Metapaper ist ein sehr schönes Bagassepapier, das zu 100 % aus Zuckerrohrfasern besteht. Sie finden es auf Seite 285.

WISSENSWERT Viele Einwegverpackungen aus Zuckerrohr und anderen Agrarabfällen erhalten ihre Formen und Eigenschaften durch das Beimengen synthetischer Harze oder Polymere.

LESENSWERT Eine von der CEPI 2023 beauftrage Studie kommt zu dem Schluss, dass die Verwendung von holzfreien Faserstoffen und Textilabfällen der Industrie bei der Diversifizierung und Erhöhung der Verfügbarkeit von Fasern hilft. Diese Fasern können ein Treiber für zukünftige Innovationen bei Prozessen und Produkten sein, so die 2023 durchgeführte Untersuchung, die ich Ihnen gerne empfehlen möchte.

Die Storyteller unter den Bedruckstoffen: Effektpapiere

Haben Sie bei der Durchsicht von Papiermustern schon einmal echte Begeisterung empfunden? Obwohl ich schon lange in der Branche unterwegs bin, geht es mir noch immer so. Die Papierindustrie fördert laufend regelrechte Meisterwerke zu Tage, die in ihrer ästhetischen Qualität Standardpapiersorten weit übertreffen. Erwähnen möchte ich durchgefärbte und oberflächenveredelte Bedruckstoffe, die beispielsweise mit einem metallischen oder samtigen Effekt ausgestattet sind. Bei dem Versuch einer ökologischen Beurteilung im Vergleich zu konventionellen Papieren schneiden diese Bedruckstoffe vermutlich schlechter ab. Verborgen ist auch, mit welchen Stoffen bestimmte Effekte realisiert werden. Die Papierfabriken hüten verständlicherweise ihre Rezepturen. Hinzu kommt, dass diese Papiere im Recyclingprozess Probleme verursachen können. So müssen durchgefärbte Fasern intensiv gebleicht werden oder sie sind nur noch für minderwertige Sorten, wie Wellpappe, zu gebrauchen.

Unter den Effektpapieren verorte ich auch Bedruckstoffe, die aufgrund von Füllstoffen, wie beispielsweise nicht faserige Agrarabfälle oder Rückstände aus der Kaffeeproduktion, als besonders nachhaltig vermarktet werden. Diese faserfremden Füllstoffe sind oft als Einschlüsse sichtbar und schaffen somit einen ganz eigenen ästhetischen und erzählerischen Charme. Gekonnt in Szene gesetzt eignen sich diese Papiere hervorragend für die Nachhaltigkeitskommunikation Ihrer Kund:innen. Das Ersetzen von Faserstoffen durch sichtbare Füllstoffe entlastet die Waldnutzung, was wiederum zu ökologischen Vorteilen führt. Und die Nachteile? Diese Papiere können ebenfalls das Papierrecycling negativ beeinflussen und sie sind damit in der Gesamtbetrachtung nicht unbedingt umweltfreundlicher als das konventionelle Papier. Aber wie bereits erwähnt, ist der Anteil dieser Papiere verschwindend gering und sie sind daher keine Bedrohung für den Recyclingprozess.

Wenn Sie sich für ein Effektpapier entscheiden, dann haben Sie dafür gute Gründe. Ohne die akzeptieren Ihre Kund:innen ohnehin nicht die mitunter saftigen Mehrkosten. Wie Sie wissen, bin ich der Meinung, dass Sie durchaus ökologische Nachteile in Kauf nehmen dürfen, wenn am Ende dabei ein attraktives Druckprodukt entsteht. Wenn Sie aber streng ökologisch vorgehen möchten, dann sind Effektpapiere trotz der propagierten Vorteile vermutlich keine sinnvolle Alternative.

Wenn Sie auf der Suche nach besonderen Bedruckstoffen sind, dann wagen Sie einen Blick auf diese Sorten:

- **COFFEE VON REFLEX** Die Papierfabrik Reflex aus Deutschland verarbeitet Röstrückstände aus der Kaffeeproduktion im Effektpapier mit dem Namen Coffee. Das ergibt eine gute Story und sichtbare Papiereinschlüsse. Die Basis bildet Altpapier. Sie finden das Papier auf Seite 99.

- **REMAKE CARAPACE OYSTER VON FAVINI** Favini, eine Papiermanufaktur aus Italien, ersetzt 25 Prozent der Papierfasern durch Lederreste, die bei der Lederherstellung anfallen. Das Papier ist laut eigenen Aussagen recycelbar und biologisch abbaubar. Es besteht zu 40 Prozent aus Sekundärfasern. Sie können es auf Seite 57 entdecken.

- **BIER PAPIER VON GMUND** Die Papierfabrik Gmund aus Tegern am Tegernsee ist weltweit bekannt für ihre spektakulären Papierkreationen. Die Serie Bier Papier enthält sichtbare Einschlüsse aus Treber, das sind Rückstände des Braumalzes, die bei der Bierherstellung anfallen. Gmund hält fünf verschiedene Sorten für Sie bereit. Die Basis bildet FSC-zertifiziertes Frischfaserpapier.

TIPP Bevor Sie sich auf ein Papier festlegen, erkundigen Sie sich, für welche Druck- und Veredelungsverfahren es geeignet ist.

Besondere Bedruckstoffe: Von Acryl bis Zedernholz

Sie haben ein besonderes Projekt an der Angel und suchen ein Material mit Eigenschaften, die Papier nicht liefert? Dann können Sie aus einem riesigen Fundus extravaganter Drucksubstrate schöpfen. Ob Buchdecken aus recyceltem Meeresplastik, Einladungskarten aus Schwämmen, Uhrenverpackungen aus veganem Leder, Visitenkarten aus Zedernholz oder Magazinumschläge aus blauen Kornblumenblüten: Die Auswahl ist grenzenlos und mit der richtigen Drucktechnologie wird jedes noch so ungewöhnliche Material zu einem prickelnden Bedruckstoff. Einige Werkstoffe werden mit Weltretter-Storys als nachhaltig vermarktet. Ob Aussagen zutreffen und ob bestimmte Materialien ökologisch vorteilhafter sind als das gute alte Papier, können Sie oft nicht validieren. Ich möchte keinem Hersteller bewusstes Greenwashing unterstellen, denn viele Bemühungen beruhen auf guten Absichten. Fakt ist jedoch, dass sich als nachhaltig deklarierte Produkte besonders gut und mit saftigen Aufpreisen verkaufen lassen. Wenn Sie sich für ein exotisches Material interessieren, dann leihen Sie auch kritischen Stimmen Ihr Ohr. Denn nicht alles, was gut gemeint ist, ist gut gemacht. Bilden Sie sich eine eigene Meinung, wägen Sie ab und treffen Sie eine solide Entscheidung auf der Basis verschiedener Perspektiven.

Die Widersprüche, die dem Verlag und mir bei der intensiven Auseinandersetzung mit als nachhaltig propagierten Materialien für dieses Buch begegneten, möchte ich Ihnen anhand dieser Beispiele aufzeigen:

- **BUCHBINDERLEINEN AUS MEERESPLASTIK** Plastikmüll in den Weltmeeren verursacht zweifelsfrei gravierende Probleme. Da liegt es nahe, Ozeane und Strände von diesem Unrat zu befreien, die eingesammelten Kunststoffe zu recyceln und beispielsweise zu Buchbinderleinen zu verarbeiten. Sie wiederum haben eine gute Geschichte, ein tolles Überzugsmaterial für Ihr Buchprojekt und eine weiße Weste. Klingt das für Sie nach einem sauberen Deal? Kritiker:innen sehen das etwas anders, auch wenn sie nicht bemängeln, dass Kunststoffabfälle aus den Meeren gefischt werden. Sie bezweifeln jedoch, dass recycelte Kunststofffasern aus Meeresplastik eine vorteilhaftere Ökobilanz gegenüber konventionell hergestellten Fasern aufweisen. Und wenn ich mir vorstelle, dass Kunststoffabfälle mit Booten aus beispielsweise dem Golf von Thailand gesammelt werden, um sie per Containerschiff nach Europa zu bringen, wo sie unter großem Energie- und Chemikalienaufwand recycelt werden, dann haben diese Kritiker vermutlich Recht. Und falls das so ist, dann lautet die traurige Nachricht: Eine Verbrennung dieser Kunststoffabfälle in modernen Energiegewinnungsanlagen in der Nähe der Sammelstellen ist der am wenigsten umweltschädliche Umgang mit Meeresplastik. Und natürlich wirkt es etwas paradox, denn der recycelte Kunststoff kommt in einem anderen Gewand wieder in den Umlauf und landet möglicherweise erneut im Meer. Dennoch: Das Material ist eine optische und haptische Sensation und es erzählt natürlich eine tolle Geschichte. Es ist nur nicht so ökologisch, wie es scheint. Wir haben uns schlussendlich gegen einen Überzug aus Meeresplastik entschieden.

- **APFELLEDER** Wir haben für den Buchüberzug ein Lederimitat aus Apfelresten verwendet. Es wird aus nicht kompostierbaren Abfallprodukten hergestellt, die bei der Produktion von beispielsweise Säften oder Marmeladen anfallen. Diese Pressrückstände, auch Trester genannt, bestehen aus Apfelschalen, Kernen und Stängeln. Die italienische Firma Mabel Industries sammelt im großen europäischen Apfelanbaugebiet in Südtirol diese Reststoffe ein und rettet sie so vorm Verbrennen oder der Deponie. Das Unternehmen erzeugt daraus ein Mehl, das wiederum die Basis für das wasserfeste und robuste Imitat bildet. Das Ausgangsmaterial reduziert somit Transportwege im Vergleich zum Leder tierischen Ursprungs, das oft aus China oder Indien stammt. Über fünf Kilogramm CO_2 pro Kilogramm Trester, das anstelle von Polyurethan für Kunstleder verwendet wird, will das Unternehmen einsparen. Das klingt nach einer guten Geschichte, finden Sie nicht auch? Was denken Sie, wo ist der Pferdefuß? Leider besteht das Apfelleder nur zu 50 Prozent aus den Pressresten und die andere Hälfte aus – Sie ahnen es – fossilem Kunststoff. Ob Sie das Apfelleder nun als nachhaltig deklarieren möchten oder nicht, liegt wieder an Ihrer Perspektive. Verglichen mit einem echten Leder oder einem konventionellen Kunstleder scheinen sich tatsächlich ökologische Vorteile zu ergeben. Dennoch basiert der eingesetzte Kunststoff auf Erdöl. Nicht trotz, sondern wegen dieser Unstimmigkeiten haben wir uns für das Lederimitat entschieden. Es zeigt wunderbar auf, wie ambivalent das Streben nach mehr Nachhaltigkeit in der konkreten Praxis sein kann.
- **KORK** Kork gilt als ein sehr umweltverträgliches Naturmaterial. Bei der Ernte wird lediglich die Rinde der Korkeiche von den

Stämmen und Haupttästen geschält. Der Baum selbst bleibt unversehrt und bildet eine neue Korkschicht, die alle neun Jahre reif für die Ernte ist. Dabei erreicht die Korkeiche ein Alter von mehr als 200 Jahren. Das Herunterschälen des Korks bewirkt, dass der Baum mehr als dreimal soviel CO_2 bindet als eine ungenutzte Korkeiche. Kork wächst auch in Europa, wobei Portugal sogar Weltmarktführer ist. Die Korkeichenwälder im Mittelmeerraum werden nachhaltig bewirtschaftet, sichern wertvollen Lebensraum und eine vielfältige Biodiversität. Laut NABU binden sie jährlich rund 14 Millionen Tonnen CO_2, was den Ausstoß von rund zwei Millionen deutschen Zwei-Personen-Haushalten entspricht. Nach der Ernte wird Kork getrocknet, gekocht, verdichtet und anschließend weiterverarbeitet. Dabei können je nach Einsatzzweck Bindemittel auf Polyurethan-Basis beigemengt werden. Ursprünglich war auch für dieses Buch ein Korkmaterial statt Halbleinen vorgesehen. Meist stammt es aus Spanien oder Portugal und zu Teilen aus Resten, die bei der Produktion von Weinkorken anfallen. Es wird ohne zusätzliche Bindemittel gepresst. Klingt nach einem perfekten Material, oder? Doch das Trägermaterial, ein Kraftpapier, stammt nicht aus einer zertifiziert nachhaltigen Forstwirtschaft und der Leim, der den Kork mit dem Trägermaterial verklebt, ist ein petrochemisch hergestelltes Polyethylen. Wir haben uns daher am Ende dagegen entschieden, obwohl wir im Sinne von »Wow-Produkten« dennoch von diesem Naturstoff angetan sind. Statt dessen nutzen wir ein orangefarbenes veganes FSC-zertifiziertes Leinen, das auf Zellulose, dem Hauptbestandteil pflanzlicher Zellwände, basiert.

BLICK INS BUCH Der Umschlag dieses Buchs ist – wie viele andere Umschläge auch – nicht für das Papierrecycling geeignet. Trennen Sie ihn vor der Entsorgung vom Inhaltsblock und entsorgen Sie ihn über die Restmülltonne.

Wie Sie sehen, entpuppt sich nicht alles, was gut klingt, als so ökologisch sinnvoll, wie es auf den ersten Blick scheint. Manchmal ist es schwierig, überhaupt transparente Informationen zu bekommen, denn nicht alle Unternehmen sind bei kritischen Fragen auskunftsfreudig. Auch wenn die ökologischen Vorteile vieler Materialien noch ungewiss sind, sich bei Ihrer Recherche Widersprüche und Unstimmigkeiten ergeben, möchte ich Sie dazu ermutigen, diese Werkstoffe in Erwägung zu ziehen. Schließlich möchten Sie ein einzigartiges Produkt realisieren, das für Begeisterung sorgt und die Interessen Ihrer Auftraggeber:innen bestmöglich befriedigt. Manchmal ist es schlicht zielführender, mit Diskrepanzen zu leben, als auf ein attraktives und einzigartiges Druckprodukt zu verzichten. Schlussendlich finanzieren Sie damit möglicherweise auch die Forschung an ökologischeren Prozessen, die vielleicht dazu führen, dass der Bucheinband aus Meeresplastik künftig mehr Sinn ergibt als heute.

Wenn Sie sich auf die nächste Pirsch nach ungewöhnlichen Materialien machen, dann lege ich Ihnen diese Unternehmen ans Herz:

- **MODULOR** Ein weites Spektrum unterschiedlicher Werkstoffe liefert Modulor aus Berlin. Die »Modulor Musterkiste total« mit 199 Mustern ist ein hilfreiches Tool bei der Jagd nach ungewöhnlichen Materialien. Selten habe ich 19,50 Euro besser investiert.

- **ORGANOID** Aus Pflanzen wie Margeriten, Moos, Kornblumenblüten oder Tiroler Almheu stellt die Manufaktur Organoid aus Österreich faszinierende Oberflächen her. Ziehen Sie sie für Buchüberzüge, hochwertige Visitenkarten, Einladungen, Menükarten oder Messestände in Erwägung.

- **WINTER & COMPANY** Materialien für luxuriöse Verpackungen, Einbände und Karten aller Art ist das Metier der Firma Winter & Company aus Basel. Viele Rohstoffe werden aus Industrieabfällen gewonnen und münden in überzeugenden Materialien, die beispielsweise wie Stein, oxidiertes Metall oder Leder wirken.

Praktische Tipps für die Papierauswahl

In Kapitel drei haben Sie bereits die relevantesten Umweltkennzeichen, mit denen Sie Druckprodukte auszeichnen können, im Detail kennengelernt. Wenn Ihre Kund:innen Drucksachen mit einem Zeichen ausstatten möchten, dann müssen Sie ein entsprechendes Papier verwenden und eine Druckerei beauftragen, die dieses Siegel vergeben darf. Aber natürlich können und sollten Sie auch entsprechend zertifizierte Papiere verwenden, wenn Sie Printmedien nicht mit einem regulierten Umweltkennzeichen schmücken möchten. Wenn bei der Papierauswahl Ihr primärer Fokus auf Umweltverträglichkeit liegt, dann können Sie sich an der Tabelle auf Seite 276 orientieren. Sie ordnet die Papierzertifizierungen grob nach ihrer ökologischen Aussagekraft ein. Mit dieser Übersicht können Sie schnell und gezielt nach gewünschten Papieren suchen oder sich welche empfehlen lassen. Denken Sie dabei auch an die Papiergrammatur und das Papiervolumen! Wenn Ihnen und Ihren Kund:innen Regionalität wichtig ist, fragen Sie Ihre Druckerei oder Papiergroßhändler nach Bedruckstoffen aus beispielsweise deutscher Produktion.

Wenn Sie eine Auswahl getroffen haben, können Sie noch einen Schritt weitergehen: Erkundigen Sie sich, ob es zu den Papieren sogenannte Paper Profiles gibt. Das sind international einheitliche Umweltdatenblätter, die auf nur einer Seite Auskunft über die Papierzusammensetzung und spezifische Umweltparameter wie CO_2-Emissionen und Energiebedarf der Produktion geben. Die Erstellung der Profile ist freiwillig, weshalb sie noch nicht sehr verbreitet sind. Wenn Sie aber Paper Profiles zu Ihren Wunschpapieren bekommen, können sie eine recht fundierte Grundlage für Ihre Auswahl liefern. Eine weitere Verbreitung dieser Datenblätter ist in meinen Augen wünschenswert, da Sie einen ökologischen Teilbereich einfach und gut erfassbar darstellen. Behalten Sie die Entwicklungen im Blick!

WISSENSWERT Paper Profiles geben ausschließlich Auskunft über Umweltparameter der Produktion. So werden beispielsweise transportbedingte Emissionen ab der Fabrik ausgeklammert.

BLICK INS BUCH Finden Sie unter diesem Link exemplarisch das Paper Profile des HOLMEN TRND das wir auf Seite 269 eingesetzt haben. Zu den meisten in diesem Buch verwendeten Papiere gibt es leider noch keine Profile.

LESENSWERT Wenn Sie etwas mehr über Paper Profiles in Erfahrung bringen möchten, dann empfehle ich Ihnen diese kleine Broschüre. Sie hilft Ihnen auch dabei, besser zu verstehen, wie diese Umweltdatenblätter zu lesen und interpretieren sind.

Steht die Pirsch nach einem besonderen Papier im Vordergrund, dann lautet mein Rat: Vergessen Sie zunächst alle Umweltkennzeichen und Ökobilanzen und erstellen Sie eine Auswahl an Papieren, die den ästhetischen und sensorischen Ansprüchen Ihres Projekts bestmöglich entsprechen. Wählen Sie aus Ihrer Vorauswahl eines aus, das den besten Kompromiss zwischen Attraktivität, Kosten, Verfügbarkeit und ökologischen Aspekten bietet.

Technische und ästhetische Aspekte der nachhaltigen Druckproduktion

Wenn Sie eine Auswahl an Papieren ins Visier genommen oder sich für einen Bedruckstoff entschieden haben, dann schließen sich darauf aufbauend weitere Aspekte im Sinne einer nachhaltig gedachten Druckproduktion an. Denn klar ist: Sie befinden sich nun ganz tief in der Phase der Produktentwicklung, die mir persönlich immer besonders viel Spaß macht. In diesem Kapitel beleuchte ich, wie Sie mit einer vorausschauenden Kalkulation der Seitenzahlen Ressourcen und Kosten sparen, wie Sie unkonventionelle Endformate und die für ein individuelles Projekt geeigneten Druckveredelungen und Bindetechniken aufspüren. Und da Druckprodukte nach der Herstellung von A nach B bewegt werden, schließe ich dieses Kapitel mit einigen Gedanken und Empfehlungen zum Produktschutz und Transportverpackungen ab.

Papiergrenzen: Druck- und Endformate

Es leuchtet Ihnen sofort ein: Je kleiner das Endformat einer Publikation, desto weniger Papier wird benötigt. Und je weniger davon Ihre Kund:innen für ihre Drucksachen einsetzen, desto geringer sind die finanziellen und ökologischen Kosten.

Aber wenn Sie durch diese einfache Maßnahme Kosten, Ressourcen und Emissionen signifikant reduzieren können, warum wird dann insbesondere im werblichen Umfeld überwiegend im A4-Format produziert? Liegt es tatsächlich am benötigten Platzbedarf? Was denken Sie?

Ich vermute, es liegt daran, dass wir Menschen Gewohnheitstiere sind. Das A4-Format begleitet uns seit unserer Kindheit. Unzählige Mal- und Schreibblöcke, Schmier- und Kopierpapiere wanderten im Format 21,0 × 29,7 cm durch unsere Hände. Es ist ein gelerntes und liebgewonnenes Standardformat, an dem wir uns gerne buchstäblich festhalten. Aber Gewohntes zu durchbrechen, führt zu mehr Aufmerksamkeit. Daher ziehen Sie es in Erwägung, unkonventionelle Endformate aufzuspüren.

Es geht mir in diesem Abschnitt nicht um eine einfache Reduzierung auf das nächstkleinere DIN-Format, sondern um das Ermitteln normwidriger Maße bei gleichzeitiger Optimierung von Kosten und Ressourcen. Pauschale Empfehlungen kann es nicht geben, da die in ihren Dimensionen sinnvollen Endformate von vielen Faktoren abhängig sind. Dazu gehören das Druckbogenformat und die Laufrichtung des Papiers, das Druckformat der Druckmaschine und notwendige Druckkennzeichen wie Druckkontrollstreifen, Greiferkanten, Passer-, Schnitt- und Falzmarken. Dabei nehmen diese Elemente durchaus viel Raum ein. Bei dem A4-Referenz-Flyer, gedruckt zu neun Nutzen im Offsetdruck auf dem weitverbreiteten Druckbogenformat 70 × 100 cm, liegt die Ausbeute bei 80 Prozent. Sprich: 20 Prozent des Papiers fließt nicht in das Druckprodukt, sondern wandert noch in der Druckerei in den Altpapiercontainer. Bei diesem Beispiel verbleibt also Raum, den Sie für eine Veränderung des Endformats nutzen können.

Zur Optimierung des Formats haben Sie drei Möglichkeiten:

- **ERSTENS** Sie vergrößern das Endformat und erhöhen die Papierausbeute des Druckbogens. Die Druckkosten, Emissionen und der absolute Papierverbrauch bleiben unverändert.

AUSGESCHOSSENER BOGEN ENDFORMATE 22 × 32 CM

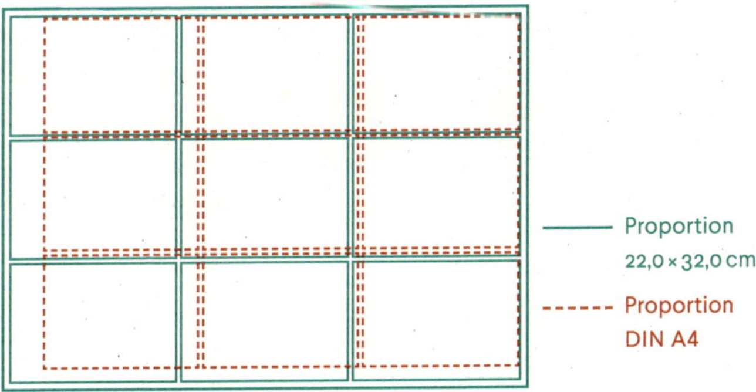

BEISPIEL Unter Beibehaltung aller Druckkennzeichen können Sie das Format des Referenz-Flyers von 21,0 × 29,7 cm auf 22,0 × 32,0 cm vergrößern, ohne die Nutzenanzahl zu reduzieren. Das entspricht einer Flächenzunahme pro Flyer von rund 13 %. Die Kosten, der Papierverbrauch und die Gesamtemissionen bleiben durch diese Maßnahme unangetastet.

- **ZWEITENS** Sie verkleinern das Endformat und erhöhen die Anzahl der Nutzen. Die Druckkosten, Emissionen und der Papierverbrauch sinken.

AUSGESCHOSSENER BOGEN ENDFORMAT 16 × 24 CM

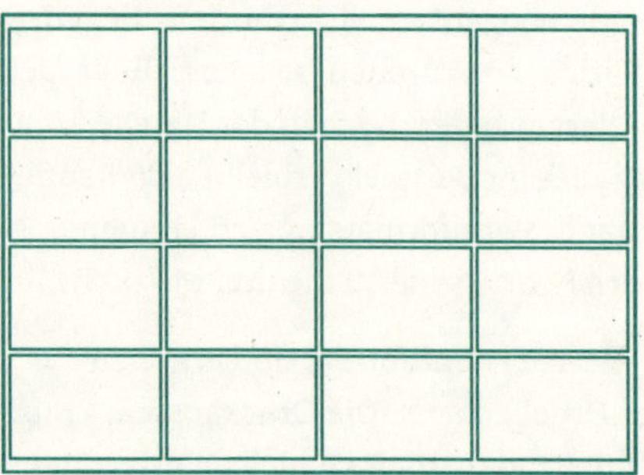

BEISPIEL Wenn Sie den Referenz-Flyer von 21,0 × 29,7 cm auf beispielsweise 16,0 × 24,0 cm verkleinern, dann passt er 16 Mal anstatt neunmal auf den Druckbogen. Der Papierbedarf, die Emissionen und die Kosten sinken entsprechend.

- **DRITTENS** Sie vergrößern das Endformat und reduzieren die Anzahl der Nutzen. Die Druckkosten, Emissionen und der Papierverbrauch steigen.

AUSGESCHOSSENER BOGEN ENDFORMATE 33 × 24 CM

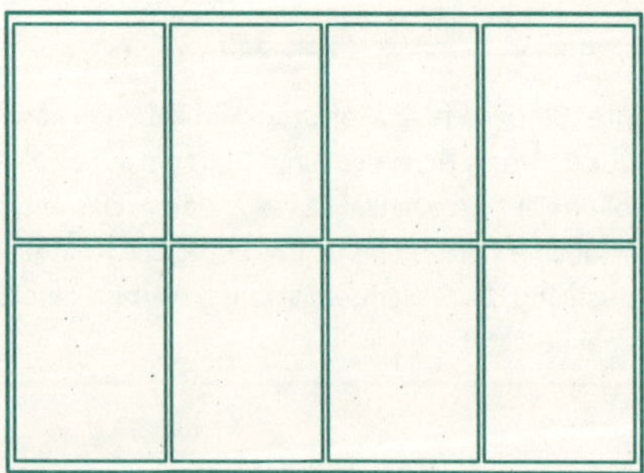

BEISPIEL Vergrößern Sie das Endformat auf 24,0 × 33,0 cm, dann entspricht das einer Zunahme der bedruckbaren Fläche von 27 % im Vergleich zu A4. Da der Flyer nun nur noch achtmal auf den Druckbogen passt, benötigen Sie mehr Papier und die Kosten sowie Emissionen steigen.

Das Verschieben von Papiergrenzen in die eine oder andere Richtung ist ein einfacher und gangbarer Weg zu mehr ökologischer und ökonomischer Effizienz. Zementieren Sie daher nicht zu früh das Endformat. Bestimmen Sie zunächst den Bedruckstoff und finden Sie heraus, in welchen Formaten und Laufrichtungen dieser erhältlich ist. Während Sie besondere Papiere oft nur im Format 70 × 100 cm bekommen, sind viele Standardsorten auch oder ausschließlich in kleineren Formaten lieferbar. Bevor Sie ein Endformat festlegen, sprechen Sie unbedingt mit Ihrer Druckerei. Sie hilft Ihnen dabei, auf Grundlage Ihrer Papierauswahl unkonventionelle Endformate zu finden, die das Druckbogenformat unter Berücksichtigung technischer Unverrückbarkeiten optimal ausnutzen.

IHR WISSENSVORSPRUNG Aus einer technisch-ökologischen Perspektive betrachtet, ist es meist zielführender, zuerst das Endformat und erst dann die Seitenumfänge zu bestimmen.

TIPP Möchten Ihre Kund:innen Printmedien postalisch versenden, dann bewegen sich mögliche Anpassungen innerhalb der Formatgrenzen der eingesetzten Umschläge und der Vorgaben der Post. Briefpapiere eignen sich nur bedingt für eine Formatanpassung, da Vorlagen in Programmen, wie Buchhaltungssoftware, aber auch Office-Drucker oder Archivordner nicht auf Sonderformate ausgelegt sind.

BLICK INS BUCH Das kleine Format dieses Buchs ist natürlich kein Zufallsergebnis. Bei einem Endformat von 12,7 × 19,0 cm konnten wir 50 Seiten pro Druckbogen realisieren. Damit haben wir das Druckbogenformat von 70 × 100 cm für die beiden Hauptpapiersorten mit 86 % maximal ausgelastet. Der verbleibende Papierabfall ist technisch bedingt und lässt sich nicht weiter reduzieren.

Ermitteln Sie günstige Seitenumfänge

Mit einem gut überlegten Seitenumfang können Sie ganz einfach die ökologischen und ökonomischen Qualitäten Ihrer Druckproduktionen steuern. Denn ungünstige Seitenumfänge führen zu zusätzlichen Durchgängen im Druck und in der Buchbinderei, zu mehr Makulatur und, sofern im Offset gedruckt wird, zu mehr Aluminiumdruckplatten. So können wenige Seiten mehr Umfang durchaus zu einer relevanten Zusatzbelastung führen.

Daher meine Empfehlung: Ermitteln Sie zunächst den ungefähren Seitenumfang. Passen Sie anschließend durch beispielsweise ein platzsparendes Design die Seitenanzahl auf die Empfehlungen der Druckerei hin an. Möglicherweise können Sie sogar mehr Seiten als angedacht ohne ökologische und finanzielle Mehrkosten realisieren.

Druckveredelungen: Ökologischer Unsinn oder sensorischer Mehrwert?

Mit Veredelungen heben Sie die Druckprodukte Ihrer Klient:innen von den allgegenwärtigen Massendrucksachen ab. Druckveredelungen sorgen für mehr Aufmerksamkeit, Wertschätzung, sie steigern die Betrachtungsdauer und können Kaufentscheidungen positiv beeinflussen. Aber: Druckveredelungen führen immer zu einer ökologischen Mehrbelastung! Denn um Druckerzeugnisse aufzuwerten, werden beispielsweise Lacke oder Folien appliziert, beziehungsweise werden Werkzeuge benötigt, wie es beim Stanzen oder Prägen der Fall ist. Für das Einrichten der Maschinen wird in der Regel zusätzliches Papier benötigt. Zwei bis vier Prozent Papierzuschuss pro Veredelung können so anfallen. Druckveredelungen führen folglich immer zu einem höheren Energie- und Ressourceneinsatz im Vergleich zum unveredelten Pendant. Hinzu kommt, dass einige Druckveredelungen das Papierrecycling negativ beeinflussen, auf endlichen Rohstoffen basieren oder für Mensch und Natur problematische Stoffe beinhalten. In Ihrer beruflichen Praxis müssen Sie daher zwischen dem sensorischen Gewinn, dem Verlust an Umweltverträglichkeit, höheren Kosten und höheren Erfolgschancen der veredelten Printmedien abwägen.

WISSENSWERT Veredelungen ohne Materialeintrag, wie Sie sie beispielsweise von Stanzungen oder Blindprägungen kennen, gelten als ökologisch vorteilhaft, da sie das Papierrecycling nicht beeinflussen.

Damit Sie die Umweltrelevanz einzelner Druckveredelungen mit einem Blick einschätzen können, habe ich auf Seite 277 eine Veredelungsmatrix für Sie erstellt. Mit dieser Übersicht beschränke ich mich auf die geläufigsten Veredelungen.

Verstehen Sie meine Einordnung bitte als Richtschnur, denn pauschal lässt sich die Umweltverträglichkeit einzelner Veredelungen kaum bestimmen. So ist in der Gesamtbetrachtung beispielsweise ein flächenmäßig sparsam aufgetragener UV-Lack für eine große Druckauflage pro Exemplar ökologisch möglicherweise günstiger als eine großflächige Blindprägung für eine Kleinstauflage. Die exakte Ermittlung der Umweltrelevanz ist ohnehin eine wackelige Angelegenheit, denn die Emissionen vieler Druckveredelungen bleiben in den CO_2-Rechner unberücksichtigt und werden über einen pauschalen Sicherheitsaufschlag von fünf bis zehn Prozent kompensiert.

Folgend beleuchte ich diejenigen Veredelungen detaillierter, die als besonders umweltschonend gelten oder im ökologischen Kontext häufig falsch eingeschätzt werden.

Bedruckstoffe mit Licht veredeln? Was futuristisch anmutet, machen Sie mit Lasern möglich. Bei der Lasergravur verändert ein hochenergetischer Laserstrahl die Papieroberfläche durch hitzebedingte und chemische Umwandlungsreaktionen. Somit verändern Sie Farbe und Struktur der lasergravierten Elemente. Weiße Papiere verfärben sich ins bräunliche, bei farbigen Substraten entstehen völlig neue Farbtöne.

Der Laserschnitt, der auch Laserstanzung genannt wird, kratzt nicht nur an der Oberfläche, sondern der Laser »schneidet« komplett durch den Bedruckstoff und bringt so Ihre Produkte in die gewünschte Form.

PRO

+ kein Materialeintrag und kein Werkzeug
+ kaum Einfluss auf das Papierrecycling
+ sehr filigrane Motive und Formen möglich
+ sehr viele unterschiedliche Materialien
+ Gravur und Schnitt in einem Durchgang möglich
+ individualisierbar
+ hervorragend für die Anfertigung von Prototypen geeignet

KONTRA

- minimaler Faserverlust durch Gravur

JETZT ENTDECKEN Das beiliegende Lesezeichen wurde mit einem Laser geschnitten. Die Spezifikationen finden Sie im Impressum auf Seite 287.

AUS DER PRAXIS Die Laserbearbeitung wird zeitbasiert kalkuliert. Je feiner das Motiv, desto kostenintensiver ist die Ausführung. Mit einem Laser sind auch Rasterbilder, Nutungen, Perforationen und Anstanzungen möglich.

SEHENSWERT Das Fachmagazin *Graphische Revue* aus Österreich hat das Magazincover der Ausgabe 03/2022 per Laser graviert und geschnitten. Die Motive verfärbten sich auf dem blauen Karton in ein Türkis. Wagen Sie einen Blick auf diesen kurzen Clip, welcher den Prozess und das Ergebnis anschaulich illustriert.

STANZUNG

Die Stanzung ist eine einfache und gleichzeitig effektvolle Druckveredelung, die ohne Materialeintrag auskommt. Mit einer Konturstanzung bringen Sie die äußere, mit einer Ausstanzung die innere Gestalt Ihrer Druckprodukte in Form. Neben Gestaltungsaspekten ist die Stanzung für die Formgebung von beispielsweise Mappen und Verpackungen verantwortlich. Stanzarbeiten werden unter großem Druck und mit Stanzwerkzeugen ausgeführt. Für größere Druckauflagen kommen Holz, Stahlbänder und Auswerfergummis zum Einsatz. Kleinere Stückzahlen begnügen sich mit Blechwerkzeugen.

PRO

+ einfach, kostengünstig und effektvoll
+ kein Materialeintrag
+ kein Einfluss auf das Papierrecycling

KONTRA

- relativ ressourcen- und energieintensiv durch Werkzeugbau und Stanzvorgang

TIPP Erkundigen Sie sich bei Ihrer Druckerei nach vorhandenen Stanzformen. Passen Sie Ihr Design darauf an und sparen Sie Kosten und Ressourcen.

JETZT ENTDECKEN Die abgerundeten Ecken dieses Buchs wurden mit einem Werkzeug, das Sie in nahezu allen Druckereien und Buchbindereien finden, in Form gestanzt.

BLINDPRÄGUNG

Die Blindprägung ist eine der buchstäblich eindrucksvollsten Druckveredelungen. Ohne Materialeintrag erzeugt sie einen fühl- und sichtbaren dreidimensionalen Effekt. Dabei ist die Blindprägung vielseitig, denn sie ermöglicht Hoch-, Tief- und mehrstufige Strukturprägungen, die durch ein Licht- und Schattenspiel eine elegante und plastische Gestaltung ermöglichen. Dabei bestimmen das Volumen, die Grammatur und die Faserlänge des Bedruckstoffs über die Tiefe beziehungsweise über die Höhe der Prägung. Durch einen Prägestempel (Patrize) und einen Gegenstempel (Matrize), wird der Bedruckstoff von der Patrize in die Matrize gepresst und somit verformt. Prägestempel und oft auch die Gegenform bestehen aus Metall, das gewünschte Motiv wird ausgefräst. Die Herstellung der Stempel und der Prägeprozess sind durchaus energieintensiv. Die eingesetzten Metalle können nahezu beliebig oft wieder eingeschmolzen werden. Blindgeprägte Printmedien sind problemlos recycelbar und wirken aufgrund des ausbleibenden Materialeintrags besonders nachhaltig.

PRO

+ deutlich fühlbare Effekte sind möglich
+ kein Materialeintrag
+ kein Einfluss auf das Papierrecycling

KONTRA

- relativ ressourcen- und energieintensiv durch Prägewerkzeug und extra Prägevorgang

JETZT ENTDECKEN Die Vertiefungen auf dem Apfelleder haben wir mit einer Blindprägung realisiert.

IHR WISSENSVORSPRUNG Mit dem Veredelungsfächer »Druckveredelung von A–Z« verschaffen Sie sich für 39,00 Euro den in meinen Augen branchenweit besten Eindruck zu Blind- und Heißfolienprägungen.

HEISSFOLIENPRÄGUNG

Das farbige Pendant zur Blindprägung ist die Heißfolienprägung, mit der Sie edel wirkende Effekte gestalten können. Dieses Verfahren benötigt ebenfalls Prägestempel, die unter Hitze und Druck eine extrem dünne aber deckende Dekorschicht auf den Bedruckstoff applizieren. So kommt neben dem plastischen Effekt der Blindprägung eine meist metallische Farbgebung hinzu. Die Schicht lässt sich aber auch ohne deutlich spürbare Prägung auftragen. Der Begriff Heißfolienprägung ist irreführend, denn eine Folie geht nicht in das Produkt über. Sie dient als Trägermaterial für die Dekorschicht, die circa viermal dünner als ein menschliches Haar ist. Die Trägerfolie wird aus recycelbaren PET, also aus Erdöl oder Erdgas gewonnen. Die Dekorschicht besteht überwiegend aus aufgedampften Metall und einem Klebstoff, der bei Hitzeeinwirkung aktiviert wird. Die Heißfolienprägung gilt als relativ verschwenderisch, da je nach Motiv nur ein kleiner Teil der Dekorschicht appliziert wird.

PRO

+ riesige Auswahl verschiedener Metallic- und Effektfolien
+ wirkt sehr edel
+ sehr geringer Materialeintrag
+ Dekorschicht ist für das Papierrecycling unproblematisch
+ Trägerschicht ist recycelbar

KONTRA

- relativ ressourcen- und energieintensiv durch Werkzeugbau und Prägevorgang
- Trägermaterial besteht aus Kunststoff
- je nach Motiv relativ verschwenderisch

BLICK INS BUCH Das Apfelleder des Umschlags haben wir mit einer Blind- und Heißfolienprägung veredelt.

FOLIENKASCHIERUNG

Eine Folienkaschierung, auch Cellophanierung genannt, ist eine hauchdünne Folie, die mittels eines Klebstoffs ein- oder beidseitig vollflächig auf einen Bedruckstoff appliziert wird. Als Effektfolie eingesetzt, verleihen Sie den Druckprodukten Ihrer Kund:innen glänzende, matte, metallische, holografische oder haptische Eigenschaften. Werden Printmedien intensiv genutzt, dann schützen Folienkaschierungen vor Verschmutzung, Feuchtigkeit und Abnutzung. Cellophanierungen dienen auch als homogener

Untergrund für Druckveredelungen, wie UV-Lacke oder Prägungen. Konventionelle Kaschierfolien bestehen aus erdölbasierten Polypropylen (PP) oder Polyester (PET) und werden mit einem Leim fest mit dem Bedruckstoff verklebt. Möchten Ihre Kund:innen keine erdölbasierten Folien einsetzen, dann können Sie auf sogenannte Bio-Folien ausweichen, die aus nachwachsenden Rohstoffen hergestellt werden. Diese Alternativen sind deutlich teurer und nur wenige Betriebe haben sie standardmäßig in ihrem Programm. Bio-Folien sind laut Bundesumweltamt ökologisch nicht sinnvoller als das konventionelle Pendant. Mehr zu Bio-Folien erfahren Sie auf Seite 216.

PRO

- \+ große Auswahl verschiedener Folien
- \+ kaschierte Produkte sind langlebiger
- \+ schützt vor Verschmutzung
- \+ erhöht die Abrieb- und Kratzfestigkeit
- \+ einige Folien (z. B. Softtouch) bieten eine einmalige Haptik

KONTRA

- \- konventionelle Folien bestehen aus Kunststoff
- \- beidseitig kaschierte Drucke sind nicht recycelbar

AUS DER PRAXIS Kaschierfolien beeinflussen die Farbgebung von Druckfarben. Ist Ihren Kund:innen Farbverbindlichkeit wichtig, dann führen Sie vor Drucklegung unbedingt Tests durch.

WISSENSWERT Papierfasern lösen sich im Deinking-Prozess nur von einseitig folienkaschierten Druckerzeugnissen. Möchten Sie Druckprodukte recyclingfähig gestalten, verzichten Sie auf beidseitige Kaschierungen.

LACKE

Verwenden Sie Lacke, um Printmedien sensorisch aufzuwerten, um sie zu schützen oder fälschungssicher zu machen. Dabei liefern Lacke eine breite Auswahl möglicher Effekte: Sie glänzen, sind matt, duften, und/oder sie verleihen Oberflächen taktile Reize und besondere Eigenschaften, wie es beispielsweise bei Sandlacken oder thermoreaktiven Lacken der Fall ist. Sie werden hauchdünn, deutlich fühlbar, vollflächig oder partiell mit vielen Druckverfahren in einem Arbeitsgang (Inline-Fertigung) oder auf gesonderten Maschinen (Offline-Fertigung) aufgetragen. Kurz vorstellen möchte ich die Lackarten, die für Werbe- und Verlagsprodukte besonders häufig verwendet werden.

DISPERSIONSLACK

Schützt Druckprodukte vor Abrieb, Fingerabdrücken und Verschmutzungen. Er wird meist vollflächig im Offsetdruck aufgetragen, ist in matt, seidenmatt und glänzend verfügbar und besteht im Wesentlichen aus Wasser und (synthetischen) Harzen.

PRO

+ geruchsfrei
+ günstig
+ schöne Matt-Glanz-Effekte möglich
+ kein Abplatzen bei Veredelung und Weiterverarbeitung

KONTRA

- Deinkbarkeit ist nicht bei allen Lacken gegeben
- nur sehr dünne Lackschichten möglich

WISSENSWERT Nutzen Sie partielle Lackierungen, die auch Spot-Lackierung genannt werden, um die Aufmerksamkeit von Lesenden auf bestimme Punkte zu lenken. Die Wirkung von Farben können Sie über eine Lackierung intensivieren.

AUS DER PRAXIS Um die Scheuerfestigkeit und Langlebigkeit zu erhöhen, verdrucken viele Druckereien standardmäßig und vollflächig Dispersionsdrucklacke im Offsetdruck. Sie können die Papieroberfläche verändern und möglicherweise lassen sich die Drucke nicht mehr mit einem Füller beschreiben oder mit einem Stempel markieren.

ÖLDRUCKLACK

Ein Öldrucklack kommt häufig im Offsetdruck zum Einsatz. Er wird meist verwendet, um den Druckfarbenglanz und die Scheuerfestigkeit zu erhöhen und um Matteffekte zu realisieren. Öldrucklacke basieren auf Ölen und Harzen, die mineralischen Ursprungs sein können.

PRO

+ elastischer Lack, der sich gut weiterverarbeiten lässt
+ günstig
+ in der Regel gut deinkbar

KONTRA

- neigt zum Vergilben, vor allem bei Glanzlack
- lange Trocknungszeiten
- leichter Eigengeruch
- glänzt nicht sehr stark

UV-LACK

UV-Lacke werden mit allen gängigen Druckverfahren appliziert. Sie erreichen deutlich sichtbare und fühlbare Schichtdicken, glänzen stark und werden daher meist partiell für Dekorzwecke aufgetragen. UV-Lacke basieren auf synthetischen Polymeren, härten unter UV-Bestrahlung schlagartig aus und hinterlassen eine Kunststoffschicht auf dem Bedruckstoff. Einige der dem Lack beigemischten Fotoinitiatoren stehen im Verdacht, gesundheitlich problematisch zu sein. UV-Lacke können die Faserwäsche beeinträchtigen.

PRO

+ deutlich sichtbare und fühlbare Schichtdicke
+ hoher Glanzwert
+ einmalige und eindrucksvolle Effekte möglich
+ Im Digitaldruck von Bogen zu Bogen unterschiedliche Motive möglich

KONTRA

- relativ teuer

- ungestrichene Papiere und raue Oberflächen sind eher ungeeignet
- kann bei der Weiterverarbeitung abplatzen
- problematisch für das Papierrecycling

GUT ZU WISSEN UV-Lacke »stehen« besonders gut auf dem Bedruckstoff, wenn er zuvor mit einer Folie kaschiert wurde. Es sind sogar Schichtdicken möglich, die für Blindenschriften nutzbar sind.

TRANSPARENTTONER

Diese pulverförmigen Lacke werden ausschließlich im tonerbasierten Digitaldruck verdruckt. Sie basieren im Wesentlichen auf Kunstharz, magnetisierbaren Metalloxiden und verschiedenen Hilfsstoffen und gelten als unproblematisch beim Deinken. Sie können inline in einem Arbeitsgang verdruckt werden und die Motive können von Druck zu Druck variieren.

PRO

+ als Sicherheitsmerkmal geeignet
+ gilt als unproblematisch beim Deinken
+ relativ kostengünstig
+ von Bogen zu Bogen unterschiedliche Motive möglich

KONTRA

- nur dünne Schichtdicken möglich
- Toner neigen beim Rillen, Falzen, Prägen und Stanzen zum Aufplatzen

AUS DER PRAXIS Nutzen Sie Transparenttoner, um auf weißem Papier ein latentes Bild, ähnlich einem Wasserzeichen, zu drucken, das nicht kopiert oder gescannt werden kann. Sie können so ein einfach umzusetzendes und kostengünstiges Sicherheitsmerkmal realisieren.

BLICK INS BUCH Wir haben bewusst keine Lacke in diesem Buch verarbeitet.

Festes Bündnis oder lockere Affäre? Wie Sie die richtige Bindung für ein Projekt finden

Das, was Papier zusammenhält, ist die Bindung. Lose Blätter und Falzbogen werden erst durch sie zu einem gebrauchsfertigen Druckprodukt. Die Auswahl einer Bindung erfolgt in Ihrer beruflichen Praxis vermutlich nicht nach ökologischen Kriterien. Das ist in Ordnung, denn sie vereinnahmt nur einen kleinen materiellen Anteil am Druckprodukt und ist im ökologischen Gesamtkontext eher nebensächlich. Die in einer Bindung eingesetzten papierfremden Materialien wie Klebstoffe, Fäden oder Drähte werden im Recyclingprozess als sogenannter Spuckstoff ausgeschleust. Metalle werden recycelt, die übrigen Reststoffe in der Regel zur Energiegewinnung verbrannt. Bei einer streng ökologischen Beurteilung sind Klebstoffe trotz geringer Einträge in Ihr Druckprodukt relevant. Sie beruhen häufig auf erdölbasierten Polymeren oder Kunstharzen und können in Spuren problematische Substanzen enthalten. Eingesetzte Fäden bestehen meist aus einem Baumwoll-Polymer-Gemisch. Metalle, wie sie für Heftdrähte, Ösen und Schrauben benötigt werden, sind aufgrund der energieintensiven Herstellung ökologisch bedeutsam. Aber wie erwähnt: Die materiellen Einträge sind gering und die in einer Bindung eingesetzten Stoffe ökologisch betrachtet deutlich weniger relevant als beispielsweise das Papier. Bei vielen Druckbetrieben bleiben Emissionen, die durch die Bindung entstehen, in den CO_2-Rechnern unberücksichtigt und werden durch den Sicherheitsaufschlag aufgefangen. Viel wichtiger als die Frage nach der Umweltverträglichkeit finde ich es, die optimale Bindung für den jeweiligen Einsatzzweck zu finden. Dabei sollten Sie und Ihre Kund:innen folgende Aspekte klären:

- Wie viele Seiten müssen zusammengehalten werden?
- Wie langlebig und robust muss das Druckprodukt sein?

- Wie gut sollen sich die Seiten aufschlagen lassen?
- Was darf die Bindung kosten?
- Müssen die Produkte stapelbar sein?

Sobald Ihre Auftraggeber:innen Antworten auf diese Fragen gefunden haben, können Sie systematisch nach passenden Bindetechniken suchen. Auf den Seiten 278 und 279 habe ich Ihnen die geläufigsten in einer Übersicht dargestellt und die einzelnen Faktoren bewertet in dem Versuch, die Öko-Relevanz der Bindungen einzuordnen. Verstehen Sie alle Angaben bitte nur als eine Richtschnur, an der Sie sich grob orientieren können.

Sie haben eine oder mehrere Bindetechniken gefunden, die sich mit den Projektanforderungen decken? Wunderbar! Dann wählen Sie diejenigen aus, die mit möglichst wenig Material auskommen. Prüfen Sie auch, ob Sie die visuelle Qualität der Bindung verbessern können. Ob Leime, Fäden, Fälzelbänder, Klammern, Ösen, Schrauben, Gummibänder oder Lesezeichen: Nahezu alle buchbinderischen Materialien sind in vielen Farben realisierbar. Oft sogar ohne größere Mehrkosten. Farbige Akzente werten Publikation visuell enorm auf. Es lohnt sich immer, diese kleine und wirkungsvolle Modifikation in Betracht zu ziehen!

MERKENSWERT Klammer-, Gummiband-, Steppstich- und Fadenheftungen verlangen nach Seitenumfängen, die glatt durch vier teilbar sind. Es sei denn, Sie legen einen Einklapper an.

STUDIE 2019 bestätigte eine Studie des Umweltbundesamt, dass viele der in Buchbindereien verwendeten Klebstoffe das Papierrecycling nicht beeinträchtigen. Wenn Sie es genauer wissen möchten, dann erkundigen Sie sich, ob die für Ihr Druckprodukt eingesetzten Klebstoffe nach der Ingede-Methode 12 in der »Adhesive Removal Scorecard« einen Mindestwert von 70 erreichen.

LESENSWERT Sie möchten tief Eintauchen in die Welt der buchbinderischen Möglichkeiten? Dann empfehle ich Ihnen das Standardwerk *Vom Blatt zum Blättern*, das ebenfalls im Verlag Hermann Schmidt erschienen ist.

Gut behütet oder schutzlos ausgeliefert? Produktschutz, Versand- und Transportverpackungen

Der Schutz von Druckprodukten auf ihrer Reise zum Ziel ist im Nachhaltigkeitskontext eine knifflige Angelegenheit. Denn auf der einen Seite müssen Sie sicherstellen, dass die Printmedien Ihrer Kund:innen einwandfrei und bezahlbar am Bestimmungsort eintreffen. Auf der anderen Seite möchten Sie die durch Produkt-, Versand- und Transportverpackungen entstehenden Umweltauswirkungen möglichst gering halten. Und dann sind da auch Ihre Auftraggeber:innen und deren Kund:innen, die vielleicht bestimmte Verpackungen ablehnen. Woran erinnert Sie das? Richtig! An die drei primären Anspruchsgruppen, die Sie bereits an mehreren Stellen dieses Buchs kennenlernten.

Damit Sie deren Bedürfnisse bestmöglich befriedigen können, differenziere ich in diesem Kapitel zwischen den drei genannten Verpackungsarten, beleuchte mögliche Ziele und Anforderungen und stelle Verpackungsoptionen vor. Auch hier kann es keine allgemeingültigen Empfehlungen geben, denn es macht natürlichen einen Unterschied, ob Sie ein hochwertiges Coffee Table Book oder einen einfachen Flyer von A nach B befördern müssen. Nutzen Sie dieses Kapitel, um sich einen Überblick zu verschaffen und um sich klar darüber zu werden, dass es auch im Verpackungsbereich vielmehr um ein Abwägen geht und es nicht immer eine perfekte Lösung geben kann. Da die Verpackungen durchaus Einfluss auf die Produktentwicklung nehmen können, ist es hilfreich, wenn Sie sich möglichst früh mit entsprechenden Fragestellungen auseinandersetzen.

PRODUKTSCHUTZ

Mit einem Produktschutz sorgen Sie dafür, dass Printmedien unversehrt bei den Empfängern und Empfängerinnen ankommen.

Er wird vor der Benutzung entfernt und erfüllt keine zusätzlichen Transportanforderungen. Gemeint sind also beispielsweise Folien, Seiden-, Pack- oder Pergamentpapiere wie sie für Bücher, Magazine oder mehrteilige Druckprodukte eingesetzt werden. Damit Sie feststellen können wie ein Produktschutz beschaffen sein muss, macht es Sinn, herauszufinden, welche Ziele und Anforderungen damit einhergehen.

MÖGLICHE ZIELE, DIE SIE MIT EINEM PRODUKTSCHUTZ VERFOLGEN:

- Schutz vor Staub, Feuchtigkeit und Fingerabdrücken am POS
- Schutz vorm Durchblättern am POS
- Schutz vor mechanischer Beanspruchung und Temperaturschwankungen im Lager
- Schutz vor Beschädigungen am Packtisch und in der Versandlogistik
- Verringerung von Reklamationen und Remissionen durch beschädigte Produkte
- Schutz vorm Herausfallen von Beilagen, wie Werbung oder Lesezeichen
- Beleg dafür, dass das Produkt ungenutzt ist

MÖGLICHE ANFORDERUNGEN, DIE SIE AN EINEN PRODUKTSCHUTZ STELLEN:

- durchsichtig
- recycelbar
- bedruckbar
- kostengünstig
- Akzeptanz in der Zielgruppe
- Beklebbarkeit mit z. B. Stickern
- idealerweise wiederverwendbar, beispielsweise für einen Rückversand

Eine Option, die viele mögliche Ziele und Anforderungen erfüllt, ist die Einschweißfolie. Die wird aber von vielen Konsument:innen als ein ökologisches Unding empfunden. Nicht umsonst verzichten mittlerweile viele Verlage auf diesen oder sogar jeglichen Produktschutz. Das muss in der ökologischen und ökonomischen Gesamtbetrachtung nicht immer Sinn ergeben, denn Alternativen sind teurer, benötigen mehr Ressourcen, erfüllen viele Anforderungen nicht und sind nicht unbedingt umweltschonender. Ein kompletter Verzicht auf einen Produktschutz ist meist auch nicht zielführend, da er zu höheren Reklamations- und Remissionsquoten führen kann. Sie kennen das sicherlich aus der Diskussion um eingeschweißte Gurken. Niemand will sie, aber folierte Gurken halbieren die Menge der Gurken, die unverkäuflich im Container landen. Der klimabezogene Nutzen eingeschweißter Gurken ist dreimal höher als der des Verzichts auf die Folie, so die österreichische Beratungsfirma Denkstatt.

Leider honorieren Verpackungskritiker:innen die Vorteile von Folien nicht. Somit ist es nicht einfach, einen guten Kompromiss zwischen gesellschaftlicher Akzeptanz, ökologischen, ökonomischen, funktionellen und ästhetischen Ansprüchen zu finden. Das soll hier kein Plädoyer für Plastik sein – es verursacht zweifelsfrei ökologische Probleme – aber die »Buchpelle« wie die Kunststofffolie in der Verlagswelt genannt wird, ist ein wunderbares Beispiel dafür, wir kontrovers und ambivalent das Nachhaltigkeitsthema im Einzelfall sein kann. Daher meine Empfehlung: Analysieren Sie zusammen mit Ihren Auftraggeber:innen, welchen Einflüssen das Druckprodukt ausgesetzt ist und welche Anforderungen der Produktschutz zwingend erfüllen muss. Bestenfalls stellen Sie fest, dass das Produkt überhaupt keine Verpackung benötigt. Oder Sie bringen Ihre Kund:innen dazu, es mal ohne auszuprobieren, um Erfahrungen zu sammeln. Auch hier bietet sich ein A/B-Test an.

Lehnen Ihre Kund:innen Kunststoff fossilen Ursprungs kategorisch ab, können die bereits im Abschnitt über Folienkaschierungen erwähnten Bio-Folien, die ganz oder teilweise auf nachwachsenden Rohstoffen wie Mais, Zuckerrohr oder Cellulose basieren, eine auf den ersten Blick gute Alternative sein. Sie sind aber deutlich teurer, härter, sie lassen sich schlechter verarbeiten, können sich mit der

Zeit verfärben und sind in der ökologischen Gesamtbetrachtung laut Umweltbundesamt nicht vorteilhafter als das konventionelle Pendant. Der Grund: Verdrängung von Ackerflächen für den Lebensmittelanbau, lange Transportwege, fehlende Recyclingfähigkeit und der Einsatz von Chemikalien. Bio-Folien werden oft als biologisch abbaubar angepriesen, was nur theoretisch der Fall ist. Tatsächlich müssen sie in Kompostierungsanlagen aufwendig aussortiert werden, da sie sich nicht schnell genug zersetzen. Kurz: Biobasierte Folien beruhigen vielleicht das angekratzte Öko-Gewissen uninformierter Konsument:innen, sie sind jedoch keine empfehlenswerte Alternative zu Folien aus fossilen Rohstoffen.

Und wie sieht es mit Folienalternativen aus? Die sind leider rar gesät! Produktverpackungen aus Papier, wie Pack-, Seiden- oder Pergamentpapier kommen vermutlich nur selten zum Zug. Sie sind schlicht zu teuer, können nicht maschinell verarbeitet werden, sind meist viel schwerer und versperren den Blick auf das Produkt. Banderolen oder Sticker, mit denen Sie die Seiten von Büchern oder Magazinen verschließen können, sind eine Möglichkeit, sie bieten aber einen nur unzureichenden Schutz.

BLICK INS BUCH Die auf Maisstärke basierende Folie, die unser Buchbinder getestet hat, legt sich nicht sauber ums Produkt, wirkt schrumpelig, milchig und sie lässt sich im Schrumpftunnel nur mit langsamen Maschinengeschwindigkeiten verarbeiten, was paradoxerweise den Energieeinsatz erhöht. Die Mehrkosten liegen bei 40–60 %. Auch wenn wir Ihnen gerne eine Bio-Folie gezeigt hätten, haben wir uns aufgrund der qualitativen Einbußen, der Mehrkosten und nicht vorhandener ökologischer Vorteile dagegen entschieden und eine konventionelle Folie eingesetzt.
EINE WORTMELDUNG VOM VERLAG Bücher von Schmidt werden nach wie vor eingeschweißt, weil uns eine Gegenrechnung überzeugt hat: Wenn auch nur wenige unserer schönen Bücher wegen leichter Verschmutzungen oder Abnutzung remittiert (wieder zurückgeschickt) werden (und das haben Tests anderer Verlage bestätigt), übersteigt der Aufwand dafür den Effekt der entfallenen Folie bei weitem – ganz abgesehen davon, dass nach wie vor eine große Zahl der Käufer:innen das »unberührte« Buch sehr schätzen.

LESENSWERT Auf der Website des *Buchreport* finden Sie unter dem Titel »Das Ringen der Branche mit der Einschweißfolie« einen umfassenden Artikel darüber, wie die Buchbranche mit Folienverpackungen umgeht. Prädikat: unbedingt lesenswert!

VERSANDVERPACKUNG

Unter Versandverpackungen verstehe ich sowohl Briefumschläge wie sie für Postsendungen genutzt werden als auch Kartons für den Versand größerer Printmedien, wie beispielsweise Bücher, die über einen Händler (meist) an Endkund:innen gehen. Auch hier ist es hilfreich, zunächst die damit einhergehenden Ziele und Anforderungen zu klären.

MÖGLICHE ZIELE, DIE SIE MIT EINEM PRODUKTSCHUTZ VERFOLGEN:

- Schutz vor mechanischer Beanspruchung, vor Verschmutzungen und vor Witterungseinflüssen während des Transports
- Werbewirkung in der Öffentlichkeit
- Schutz vorm Herausfallen von Beilagen
- Sicht- und Diebstahlschutz

MÖGLICHE ANFORDERUNGEN AN EINE VERSANDVERPACKUNG:

- Konformität mit Bedingungen, die von Lettershops, der Post und Versanddienstleistern gestellt werden
- Bedruckbarkeit
- Möglichkeit der maschinellen Konfektion, beispielsweise beim kuvertieren von Postsendungen in einen Umschlag
- Leichte Handhabung am Packtisch
- Verpackung soll selbstschließend sein und ohne zusätzliches Packband auskommen

Bei Postsendungen entscheiden sich Ihre Kund:innen in der Regel für einen Briefumschlag, der in der Fachsprache Versandhülle oder Kuvertierhülle genannt wird. Empfehlen Sie Umschläge aus Recyclingpapier und stimmen Sie die Papiergrammatur auf das Gewicht des Druckprodukts ab. Je schwerer es ist, desto besser schützt ein höheres Flächengewicht des Umschlags. Verzichten Sie auf Versandhüllen mit einem vorgefertigten Innendruck. Der wird oft im Flexodruck aufgetragen. Die Druckfarbenpartikel sind zu klein und nicht hydrophob, weshalb sie sich nicht deinken lassen. Schlagen Sie Sichtfenster aus Pergamin vor. Das ist ein aus fein gemahlenem Zellstoff hergestelltes Transparentpapier, das wie Papier recycelt werden kann. Sichtfenster aus Kunststoff schwimmen bei der Altpapieraufbereitung oben und werden abgesiebt. Sie werden meist thermisch verwertet. Verwenden Sie Umschläge ohne Fenster, lassen Sie die Adressen per Inkjet und nicht über einen Aufkleber aufbringen. Das schont Ressourcen und es gelangen weniger störende Klebstoffe ins Altpapier.

TIPP Sollen Sendungen in einem Lettershop maschinell kuvertiert werden, dann müssen die Briefhüllen kuvertierfähig, sprich, nassklebend sein und bestimmte Maße einhalten. Stimmen Sie die Spezifikationen unbedingt vorab mit Ihrem Lettershop ab.

Bei Versandkartons achten Sie darauf, dass das Druckprodukt gut hineinpasst und möglichst wenig Luft mittransportiert wird. Setzen Sie auf Wellpappkartons mit integrierter Fixierung und Kantenschutz. Stimmen Sie die Kartondicke und die Anzahl und Art der Wellen auf das Gewicht und die Empfindlichkeit des Transportguts ab. Empfehlen Sie Ihren Kund:innen ungebleichte Kartons mit einem hohen Altpapieranteil und arbeiten Sie mit einem weißen Unterdruck, wenn er bedruckt werden soll.

Benötigen Ihre Kund:innen unbedingt Füllmaterial, dann verzichten Sie auf Luftpolsterfolien, Schaumfolie, Verpackungschips und Vergleichbares aus Kunststoff oder Lebensmitteln wie Mais. Holzwolle, Schrenzpapier, Luftkissen aus Papier und Wellpappzuschnitte sind die bessere Wahl. Es lohnt sich, den Markt für Füllmaterialien zu beobachten, denn ständig kommen neue und interessante Möglichkeiten hinzu.

Die Königsdisziplin ist es aber, gänzlich auf Füllmaterialien zu verzichten. Finden Sie keine standardisierten und vorgefertigten Versandkartons, lassen Sie welche anfertigen. Das muss in der Gesamtbetrachtung nicht teurer sein und lohnt sich insbesondere bei größeren Auflagen und Absatzmengen. Finden Sie Verpackungslösungen mit Verschlusskonstruktionen, die ohne oder nur mit wenig Klebeband auskommen.

TRANSPORTSCHUTZ

Die Drucksachen Ihrer Kund:innen müssen fast immer von der Druckerei an einen Lettershop, in ein Lager oder sonst wohin transportiert werden. Bei größeren Auflagen geschieht dies fast ausschließlich über Paletten, bei kleineren Stückzahlen über Versandkartons. Die Ziele und Anforderungen sind hierbei meist weniger umfangreich als beim Produkt- und Versandschutz.

MÖGLICHE ZIELE, DIE SIE MIT EINEM TRANSPORTSCHUTZ VERFOLGEN:

- Schutz vor mechanischer Beanspruchung, vor Verschmutzungen und vor Witterungseinflüssen während des Transports und der Lagerung
- Ladungssicherung
- Lagerfähigkeit

MÖGLICHE ANFORDERUNGEN AN EINEN TRANSPORTSCHUTZ:

- Konformität mit Bedingungen, die von Versanddienstleistern und Logistikunternehmen gestellt werden
- Transportierbarkeit per Hubwagen oder Sackkarre
- Einzelne Produkte müssen sich leicht aus dem Karton oder von der Palette entnehmen lassen
- Stapelbarkeit

Ihr Einfluss auf den Transportschutz ist begrenzt, denn Möglichkeiten werden in der Regel von der Druckerei oder Buchbinderei vorgegeben. Dennoch sollten Sie mit Ihren Kund:innen unbedingt abstimmen, was genau mit den Druckprodukten nach dem Transport geschehen soll. Wird direkt verschickt oder eingelagert? Und falls ja, wie sind die Lagerbedingungen und welche Anforderungen werden an die Entnahme gestellt?

Beim Transport per Palette kann es eine Option sein, auf Umkartons zu verzichten und die Printmedien direkt auf Palette zu stapeln. Das spart große Mengen an Karton, erhöht aber natürlich das Risiko vor Schäden und Verschmutzungen während des Transports und der Lagerung. Für die Ladungssicherung gibt es leider kaum nennenswerte Alternativen für Stretchfolien und Umreifungsbänder.

Zusammenfassung

Was ist nach diesem intensiven Kapitel bei Ihnen hängengeblieben? Welche Empfehlungen und Perspektiven möchten Sie in Ihre Arbeit einfließen lassen? Was entspricht nicht Ihrer beruflichen Realität? Diese kurze Zusammenfassung hilft beim Verarbeiten und Einordnen des vergangenen Kapitels.

- Die Zellstoff- und Papierindustrie nimmt deutlich weniger Einfluss auf unsere Umwelt als Sie und Ihre Kund:innen vermutlich bisher angenommen haben.
- Die Branche arbeitet extrem effizient und das für die Produktion benötigte Holz basiert auf einem nachwachsenden Rohstoff, der unter weitestgehend enkelgerechten Bedingungen kultiviert wird.

- Papier ist eines der am besten recycelten Materialien der Welt. Sekundärfasern haben in der Papierproduktion sogar einen mengenmäßig höheren Anteil als Primärfasern.
- Sofern es Ihr Projekt zulässt, setzten Sie auf Recyclingpapiere. Sie stehen Frischfaserpapieren qualitativ in kaum etwas nach und reduzieren unmittelbar die Waldnutzung.
- Wenn Sie ein Frischfaserpapier empfehlen, dann darf diese Wahl Ihr grünes Gewissen unangetastet lassen, denn das Papierrecycling ist auf einen stetigen Primärfaserstrom angewiesen. Verstehen Sie Frischfaser- und Recyclingpapiere nicht als Öko-Konkurrenten, sondern als unterschiedliche Generationen einer Materialfamilie.
- Holzfreie Faser- und Füllstoffe, Effektpapiere und ausgefallene Bedruckstoffe sind nicht immer ökologisch sinnvoll. Sie liefern aber erzählerische Aspekte und sinnliche Qualitäten, die konventionelles Papier nicht bietet. Ziehen Sie diese Substrate in Erwägung, wenn die Vorhaben Ihrer Kund:innen nach Druckprodukten mit viel Aufmerksamkeitspotenzial verlangen.
- Manchmal ist es zielführender, mit ökologischen Unstimmigkeiten zu leben als auf ein attraktives Produkt zu verzichten.
- Über eine Reduzierung der Papiergrammatur und Seitenumfänge realisieren Sie erhebliche ökologische und ökonomische Einsparungen. Mit einem hochvolumigen Papier kompensieren Sie die haptischen Nachteile geringerer Flächengewichte. Aber Achtung: Die Qualität der Farb- und Bildwiedergabe sinkt mit einem Anstieg des Papiervolumens. Finden Sie heraus, ob Sie niedrig- und hochvolumige Papiere miteinander kombinieren können.

- Mit dem Ausloten ungewöhnlicher Endformate optimieren Sie die Papierausbeute Ihrer Druckbogen und heben ohne Mehrkosten das Produkt aus der Flut der Standardformate hervor.
- Über die Auswahl geeigneter Druckveredelungen garantieren Sie eine optimale Recyclingfähigkeit.
- Die Bindung spielt im ökologischen Kontext kaum eine Rolle. Hier ist es wichtiger, die Ansprüche, die Ihre Kund:innen an das Druckprodukt stellen, mit der richtigen Buchbindetechnik zu synchronisieren.
- Eine Verpackungsfolie ist kein ökologisches Desaster und kann in der Gesamtbilanz sogar umweltschonender als eine Alternative oder keine Verpackung sein.
- Stimmen Sie Versand- und Transportverpackungen auf die individuellen Ziele und Anforderungen Ihrer Druckjobs an. Vermeiden Sie unnötige Verpackungen und Füllmaterialien.

Juwel Offset

MERKMALE Naturpapier mit einer angenehmen Weiße und einer samtigen Anmutung, mit sehr guter Farbannahme und einer hervorragenden Haptik | GRAMMATUREN 60, 70, 80, 90, 100, 110, 120 g/m² | ZERTIFIKATE 100 % PEFC | FASERHERKUNFT 100 % holzfreie Frischfasern | VOLUMEN 1,18 | CIE-WEISSE 144 | DRUCKVERFAHREN Offsetdruck, Digitaldruck | HÄNDLER Berberich Papier, Heilbronn | OPAZITÄT 98 % | DIESES MUSTER 120 g/m², bedruckt im Digitaldruck von der Ottweiler Druckerei

5

Die nachhaltige Druckproduktion

Sie haben längst verinnerlicht, dass die dem Druck vorgelagerten Entscheidungen maßgeblich die Nachhaltigkeit Ihrer Druckprojekte bestimmen. Damit haben Sie und Ihre Kund:innen schon in der Konzeptionsphase viel mehr Gestaltungsraum, als Ihnen vielleicht vor dem Lesen dieses Buchs bewusst war. Denn wenn es um das nachhaltige Drucken geht, dann standen vermutlich auch bei Ihnen die Druckbetriebe im Fokus. Diese aber tragen weniger zu Ihrem Ansinnen bei, als Sie bisher vielleicht dachten. Dennoch können Druckereien einen sinnvollen Beitrag leisten, denn ökologisch progressiv aufgestellte Betriebe arbeiten nachweislich sehr ressourceneffizient und umweltschonend. In diesem Abschnitt beleuchte ich, nach welchen individuellen Kriterien Sie Druckereien auswählen können. Neben der Frage nach dem »Wo« kommt dem »Wie«, sprich dem Druckverfahren und der Produktionsorganisation, eine weitere wichtige Rolle zuteil. Und da Druckprodukte nach der Herstellung von A nach B transportiert werden, beleuchte ich in diesem Kapitel logistische Prozesse in Bezug auf ökologische Fragestellungen. Vorfreude ist erlaubt, denn hier warten neue Erkenntnisse auf Sie!

Druckverfahren

In Ihrer beruflichen Praxis spielte das Druckverfahren im ökologischen Sinne bisher vermutlich keine Rolle. In Ihrer Berufspraxis entscheiden schlicht Druckpreise, technische oder qualitative Sachzwänge darüber, ob Ihre Jobs beispielsweise im Digital- oder Offsetdruck hergestellt werden. Es kann auch vorkommen, dass Sie überhaupt nicht wissen (möchten), mit welcher Technik eine Druckerei druckt, beziehungsweise, welches Druckverfahren sich hinter einem Angebot verbirgt. Sie und Ihre Auftraggeber:innen sind schließlich am Ergebnis und weniger am Prozess interessiert.

Verständlich! Aus einer ökonomischen und ökologischen Perspektive betrachtet ist es jedoch sinnvoll, etwas mehr über die spezifischen Vor- und Nachteile des Offset- und Digitaldrucks zu wissen. Ich bin mir sicher: Dieser Abschnitt hält einige Überraschungen für Sie bereit!

Offsetdruck

Der Offsetdruck ist trotz Konkurrenz durch den Digitaldruck noch immer das dominierende Verfahren. Es zeichnet sich durch eine hohe Wirtschaftlichkeit bei mittleren bis hohen Auflagen und durch eine große Auswahl bedruckbarer Substrate aus. Anders als beim Digitaldruck wird pro Farbe eine statische Druckplatte benötigt. Diese werden energieintensiv aus hochreinem Aluminium gewonnen, in einem chemischen Verfahren mit einer Bebilderungsschicht versehen und mit Lasern oder UV-Licht bebildert. Die aktuellste Druckplattengeneration kommt ohne Chemie und Wasser für die Druckplattenentwicklung in der Druckvorstufe aus.

BLICK INS BUCH Die ersten 244 Inhaltsseiten dieses Buchs (mit Ausnahme der Kapiteltrenner) haben wir im Offsetdruck bedruckt. Dabei sind 20 Druckplatten mit einer Fläche von rund 18 m² und 13 kg Gewicht angefallen. Da wir nur zwei- anstatt vierfarbig gedruckt haben, konnten wir die Druckplattenmenge halbieren

Auch wenn beim Offsetdruck enorme Effizienzgewinne im Materialverbrauch zu verbuchen sind, wird noch immer relativ viel Makulatur benötigt. Diese sogenannten Einrichtebogen sind notwendig, um die Maschineneinstellungen und die gewünschte Farbgebung vorzubereiten. Erst dann erfolgt der qualitative Fortdruck. Bei kleinen Auflagen kann die Anzahl der für das Einrichten benötigten Druckbogen sogar über denen für das eigentliche Produkt liegen.

Hier geht es weiter mit dem CoffeeCup Paper. Die zugehörigen Spezifikationen finden Sie auf Seite 137.

BLICK INS BUCH Die kalkulierte Makulaturquote bei der Herstellung der zwei Hauptpapiersorten liegt bei circa 1,2 Prozent. Sprich: Mit 207 Papierbogen im Format 70 × 100 cm hat die Druckerei für das Einrichten der Druckmaschine gerechnet. Wie viel es tatsächlich war, lässt sich natürlich nur im Nachgang feststellen, weshalb der exakte Wert hier nicht darstellbar ist.

Die Farben im Offsetdruck bestehen überwiegend aus Bindemitteln (Öle und Harze) und Pigmenten. Sie setzen sich in der Regel wie folgt zusammen:

- **FARBMITTEL** Die farbgebenden Bestandteile einer Druckfarbe bestehen hauptsächlich aus Pigmenten. Diese werden vornehmlich aus Erdöl, Mineralien und Ruß gewonnen. Metallische Effekte werden mit Pigmenten aus Aluminium, Messing und Kupfer erzeugt. Der Anteil der Farbmittel in der Druckfarbe liegt bei etwa zehn bis 20 Prozent.

- **BINDEMITTEL** Die Pigmente einer Farbe werden in einem Bindemittel, das als Trägerfluid dient, gebunden. Bindemittel, auch als Firnisse bezeichnet, bestehen hauptsächlich aus flüssigen und festen petrochemischen oder natürlichen Harzen und Ölen. Sie machen bis zu 80 Prozent einer Druckfarbe aus.

- **HILFSSTOFFE** Hilfsstoffe werden in der Fachsprache Additive genannt. Mit diesen steuern Farbhersteller beispielsweise Trocknungseigenschaften, Glanz oder die Scheuerfestigkeit von Druckfarben. Sie basieren zum Beispiel auf Wachsen, Metall-Seifen und Weichmachern. Bis zu acht Prozent Additive werden einer Druckfarbe zugesetzt.

Sie erkennen leicht: Konventionelle Druckfarben sind ein komplexes Chemieprodukt, deren Zutaten nur in Teilen auf »natürlichen« Stoffen beruhen. Aber wie sieht es mit sogenannten Bio- oder Öko-Druckfarben aus? Diese unterscheiden sich zu den konventionellen Farben darin, dass sämtliche auf Mineralölen basierende Bindemittel und Hilfsstoffe durch pflanzliche Alternativen ersetzt werden. Ein Anteil nachwachsender Rohstoffe von rund 80 Prozent ist so möglich. Per Definition ökologisch nachhaltig sind Bio-Druckfarben aber nicht, da mindestens die Pigmente weiterhin auf endlichen Ressourcen basieren – Alternativen sind nicht in Sicht. Sinnvoll sind Öko-Druckfarben dennoch, da sie den Mineralölanteil im Papierrecycling reduzieren und biologisch besser abbaubar sind. Zudem können Mineralöle, die unter anderem aus dem grafischen Altpapier von zum Beispiel Zeitungen stammen, von Verpackungen auf Lebensmittel übergehen. Ab 2028 sollen laut einer Selbstverpflichtungserklärung der ArbeitsGemeinschaft GRAphische PApiere (AGRAPA) alle Druckfarben mineralölfrei sein. Auch wenn ich Offsetdruckfarben, ob konventionell oder Bio, als ein Chemieprodukt klassifizieren würde, gelten sie in der Regel weder als giftig, reizend noch kanzerogen. Aber Achtung: Die Begriffe Bio- und Öko-Druckfarbe sind nicht geschützt.

KLARGESTELLT Sogenannte mineralölfreie Bio- oder Öko-Druckfarben enthalten Pigmente, die auf Mineralöl beruhen. Sie sind lediglich chemisch betrachtet frei von Mineralölen, da die in Pigmenten verwendeten Benzol-Derivate keine nachweisbaren Benzolverbindungen mehr enthalten. Lassen Sie sich nicht von Aussagen wie »frei von giftigen Schwermetallen« beeindrucken. Die meisten gängigen Druckfarben sind frei von Schwermetallen.

GRAUSTUFEN Inwiefern pflanzliche Inhaltsstoffe in Druckfarben als nachhaltig gelten, ist Gegenstand vieler Diskussionen, Meinungen und Perspektiven. Nachwachsende Rohstoffe sollten Sie nicht unreflektiert als ökologisch sinnvoll und unbedenklich einordnen. Öle aus Soja oder Leinsamen beispielsweise werden teilweise in riesigen Monokulturen angebaut, für die zuvor Regenwald gerodet wurde. Einige Sorten sind gentechnisch manipuliert, was von einigen Akteuren kritisch und von anderen als ökologisch fortschrittlich bewertet wird. Viele pflanzliche Alternativen benötigen indirekt Mineralöl, da sie mit mineralölbasierten Kunstdünger gedüngt werden. Hinzu kommt, dass einige Öko-Druckfarben bei der Deinkbarkeit schlechter abschneiden als konventionelle Farben.

TIPP Fragen Sie Ihr Druckunternehmen nach den eingesetzten Farben. Diese sollten nach der Deinkability Scorecard des European Paper Recycling Council (EPRC) mindestens 51 Punkte erreichen und kennzeichnungsfrei sein. Wenn Ihnen das wichtig ist, erkundigen Sie sich, ob die eingesetzten Öle frei von Gentechnik sind. Die eingesetzten Rohstoffe, wie Harze und Öle, sollten aus einer nachweislich nachhaltigen Bewirtschaftung stammen. Aber Achtung: Farbhersteller sind nicht immer auskunftsfreudig!

BLICK INS BUCH Die verwendeten Offsetdruckfarben sind pflanzenölbasiert, schadstofffrei und Cradle to Cradle (Gold) zertifiziert. Sie gelten damit nach dem heutigen Wissensstand als absolut unschädlich. Allerdings hütet der Hersteller die genaue Rezeptur, weshalb Sie hier keine genaueren Angaben zu den verwendeten Pflanzenölen und Inhaltsstoffen finden. Etwa 2 Gramm dieser Offsetdruckfarbe finden Sie in diesem Buch.

Eine eigene Klasse bilden UV-Druckfarben, die nicht trocknen, sondern unter UV-Bestrahlung auf der Papieroberfläche aushärten und dort einen hauchdünnen Kunststofffilm hinterlassen. Neben synthetischen Polymeren enthalten diese Farben Fotoinitiatoren, die im Verdacht stehen, gesundheitlich problematisch zu sein. Die Strahlungseinheit der Druckmaschine verbraucht zudem zusätzliche Energie und einige UV-Druckfarben und UV-Lacke trennen sich im Recyclingprozess nicht oder nur unzureichend von den Papierfasern. Der UV-Druck eignet sich besonders für nicht-saugende Bedruckstoffe, wie stark beschichtete Effektpapiere, Kunststofffolien und Pergamentpapiere. Auf Naturpapieren realisieren Sie mit dem UV-Druck brillante Farbeindrücke, die im konventionellen Offsetdruck kaum zu erreichen sind. Da die Farbe direkt aushärtet, können entsprechende Drucke sofort weiterverarbeitet werden. Bei sehr zeitkritischen Jobs kann das ein Vorteil sein. Meine Empfehlung: Sofern Sie keine guten Gründe für den UV-Druck haben, setzen Sie auf den konventionellen Offsetdruck, der als deutlich umweltschonender gilt.

WISSENSWERT Mit »earthCOLORS« gab es schon in den 90ern einen Versuch, konsequent ökologische Bogenoffsetfarben zu etablieren. Die mineralischen Pigmente, die ohne Petrochemie auskommen, erfüllen jedoch nicht die hohen Ansprüche, die an die Leuchtkraft und Brillanz von Druckfarben gestellt werden. Obwohl die earthCOLORS bis zur Serienreife getestet wurden, hat sich bis heute kein Hersteller für sie gefunden.

Neben Druckplatten und Druckfarben ist das sogenannte Feuchtwasser die dritte wichtige Größe im Offsetdruck. Denn gedruckt wird mit Farbe und Wasser. Die Bildstellen auf der Druckplatte sind oleophil, bedeutet, sie nehmen die fettigen Druckfarben an und stoßen das Feuchtwasser ab. Die nicht druckenden, hydrophilen Stellen wiederum benetzen sich mit dem Wasser und stoßen die Druckfarbe ab. Das Feuchtwasser wird mit diversen Chemikalien und mit Alkohol versetzt. Der Alkohol ist Isopropanol (IPA), das die Oberflächenspannung des Feuchtwassers reduziert und somit für eine feine Benetzung der Druckplatten sorgt. IPA gilt als kritisch. Es gehört zu den leicht verdunstenden organischen Verbindungen (VOC), welche durch Ozonbildung Schäden in der Atmosphäre bewirken. Im Drucksaal kann eine hohe IPA-Konzentration zu Kopfschmerzen, Übelkeit und Konzentrationsschwäche führen. Viele Druckbetriebe sind bestrebt, den IPA-Anteil im Feuchtwasser zu reduzieren. Sogar ein gänzlicher Verzicht ist mithilfe von Zusätzen möglich. Für diverse Reinigungsvorgänge werden Waschmittel eingesetzt, die ebenfalls VOC-Emissionen verursachen können. Hier gibt es mittlerweile Alternativen ohne schädliche Lösungsmittel, die zunehmend Verbreitung im Drucksaal finden. Für die automatische Reinigung der Gummitücher kommen nicht recycelbare und auf synthetischen Polymeren basierende Vliestücher zum Einsatz.

Da Druckfarben eine gewisse Trocknungszeit benötigen, sind sie in der Druckmaschinenauslage noch leicht feucht und klebrig. Das birgt die Gefahr, dass Teile der Farbe an den nächsten Bogen übertragen werden (Ablegen) oder der gesamte Stapel miteinander verklebt (Verblocken). Um diesen ungewollten Effekt zu vermeiden, werden sogenannte Druckbestäubungspuder eingesetzt, die einen minimalen Abstand zwischen den gestapelten Bogen erzeugen. Diese Pulver bestehen aus mineralischen Stoffen wie Calziumcarbonat oder sie sind pflanzlichen Ursprungs und werden aus Stärke von Kartoffeln, Mais, Weizen, Reis oder Maniok gewonnen. Druckbestäubungspuder sind keine Gefahrstoffe nach dem Chemikaliengesetz und bei richtiger Anwendung gesundheitlich unbedenklich.

BLICK INS BUCH Ungefähr zwei Kilogramm Waschmittel, 250 g Druckbestäubungspuder, 60 g Waschvlies und 3,5 l Feuchtwasser mit einem vierprozentigen Alkoholanteil wurden für die im Offset bedruckten Seiten der gesamten Auflage benötigt.

VOR- UND NACHTEILE DES OFFSETDRUCKS:

PRO

+ sehr wirtschaftlich bei mittleren bis hohen Auflagen
+ große Auswahl bedruckbarer Substrate
+ homogenes Druckbild auch bei Vollflächen

KONTRA

- Einsatz energieintensiver Aluminiumdruckplatten
- relativ hoher Makulatureinsatz
- höherer Verbrauch von Hilfsstoffen, wie Puder, Feucht- und Reinigungsmitteln
- eingeschränkte Recyclingfähigkeit bei einigen Farben
- UV-Farben basieren auf Polymeren
- Personalisierungen von Bogen zu Bogen sind nicht möglich
- aufgrund geringer Fortdruckpreise Gefahr zu hoher Auflagen, die dann unnötig entsorgt werden

WISSENSWERT Die Herstellung einer durchschnittlichen Druckmaschine des Marktführers Heidelberg verursacht circa 260 t CO_2. Ungefähr 500 Millionen Drucke sind damit möglich. Das macht ungefähr 1 g CO_2 pro pro doppelseitig bedrucktem Druckbogen. Die durch die Herstellung einer Druckmaschine bedingten Emissionen sind somit in Relation zum Output vernachlässigbar.

Digitaldruck

Der Digitaldruck unterscheidet sich zum Offsetdruck im Wesentlichen dadurch, dass er ohne starre Druckformen auskommt. So können Sie jeden Bogen individuell bedrucken und mehrseitige Produkte sofort in der richtigen Reihenfolge ausgeben. Sie kennen dieses Verfahren von Ihrem Bürodrucker, der nichts anderes ist, als eine Digitaldruckmaschine im Kleinstformat. Der Farbraum kann im Digitaldruck deutlich größer als im Offsetdruck sein; Vollflächen neigen jedoch zu Inhomogenität. Die Toner und Tinten können speckig glänzen, was nicht jedem gefällt. In puncto Sonderfarben und Druckveredelungen steht der Digitaldruck den klassischen Verfahren in kaum etwas nach. Es sind sogar eindrucksvolle Effekte möglich, die konventionell nicht machbar sind.

Da der Digitaldruck geringe Fixkosten verursacht, ist er besonders für kleine Auflagen wirtschaftlich attraktiv. Ihre Kund:innen können diesen Vorteil nutzen, um bedarfsgerechter zu produzieren. Das spart Lagerkosten, unnötig hohe Auflagen und verringert die Gefahr, dass inhaltlich überholte Drucksachen entsorgt und in einer aktualisierten Fassung nachgedruckt werden. Auch aus einem anderen Grund sind digitale Druckverfahren ökologisch vorteilhaft: Sie benötigen kaum Papier für das Vorbereiten und Einrichten Ihrer Druckjobs und die energieintensiven Offsetdruckplatten entfallen komplett.

BEISPIEL Für 1.000 Stück der Referenz-Broschüre würden im Digitaldruck etwa 5-mal weniger Einrichtungsbögen anfallen als im Offsetdruck.

Innerhalb des Digitaldrucks können Sie grob zwischen zwei Verfahren unterscheiden: Dem Laserdruck (Elektrofotografie), der mit flüssigen oder trockenen Tonern arbeitet und dem Tintenstrahldruck (Inkjet), der wässrige Tinten einsetzt. Unabhängig davon, ob Toner oder Tinten: Sie sind petrochemische Produkte, die zu weiten Teilen auf fossilen Rohstoffen beruhen. Einige Hersteller verdrucken dünne Kunststofffilme, ähnlich wie beim UV-Offsetdruck. Sind die Farben jedoch lebensmittelecht, ist das zumindest ein guter Hinweis auf die toxikologische Unbedenklichkeit. Lassen Sie sich nicht von wasserbasierten Tonern oder Tinten beeindrucken, denn das Medium gibt kaum Auskunft über die Umweltverträglichkeit.

KLARGESTELLT Der von Hewlett-Packard (HP) für seine Indigo-Maschinen verwendeten Flüssigtoner bildet eine dünne Plastikschicht auf dem Papier. Gleiches gilt für die NanoInks von Landa Digital Printing, deren Maschinen noch selten anzutreffen sind. Diese Schichten, in der die farbgebenden Pigmente gebunden sind, lassen sich nicht entfernen und führen zu bunten Sprenkeln im Recyclingpapier. Mit diesen Farben bedruckte Papiere sollen nicht ins grafische Altpapier gelangen, da sie nur noch für die Wellpappenproduktion geeignet sind. In Druckbetrieben sind entsprechende Papiere gesondert zu entsorgen. Im Gewerbe- und Haushaltsmüll erfolgt keine getrennte Erfassung. HP und Landa forschen daran, die verwendeten Farben deinkbar zu gestalten. Behalten Sie die Entwicklungen im Blick!

Der Inkjet-Druck gilt als qualitativ hochwertiger und ist meist teurer als der tonerbasierte Druck. Die große Anzahl unterschiedlicher Maschinenhersteller, die eigene Farbrezepturen und Übertragungstechniken hervorbringen, macht einen ökologischen Vergleich nahezu unmöglich. Auch eine pauschale Aussage zur Deinkbarkeit ist schwierig, da hier die Kombination aus Papier und Farbe entscheidend ist. Der trockentonerbasierte Druck gilt jedoch als weitestgehend unproblematisch für die Faserwäsche. Anders sieht es aus bei Inkjet-Tinten auf Wasserbasis: Obwohl sie sich im

Recyclingprozess leicht von den Papierfasern lösen, verbleiben Sie im System und wirken dort wie eine rote Socke, die sich unter die Weißwäsche gemogelt hat. Bei der Auswahl einer Druckerei kann die Deinkbarkeit der dort eingesetzten Farben und Toner meiner Meinung nach durchaus ein Entscheidungskriterium sein. Erkundigen Sie sich!

VOR- UND NACHTEILE DES DIGITALDRUCKS:

PRO

+ geringer Makulatureinsatz
+ keine Druckplatten
+ niedrige Kosten bei Klein- und Kleinstauflagen
+ Möglichkeit der Personalisierung
+ bedarfsgerechte Produktionsmengen
+ teilweise größerer Farbumfang als im Offsetdruck
+ hohe Farbintensität, insbesondere auf ungestrichenen Papieren

KONTRA

- Eingeschränkte Recyclingfähigkeit bei einigen Farben
- bei höheren Auflagen nur im Rollen-Inkjet wirtschaftlich
- Farben können speckig glänzen
- große Vollflächen neigen zur Streifenbildung
- einige Farben basieren auf Polymeren
- geringere Papierauswahl

IHR WISSENSVORSPRUNG Tonerbasierte Drucke verblassen in der Regel deutlich schneller als Inkjet-Tinten. Möchten Sie langlebige Druckprodukte oder Drucksachen, die im Außenbereich eingesetzt werden, realisieren, fragen Sie Ihre Druckerei nach der Lichtechtheit der eingesetzten Farben und stimmen diese Faktoren auf Ihre individuellen Projektanforderungen ab.

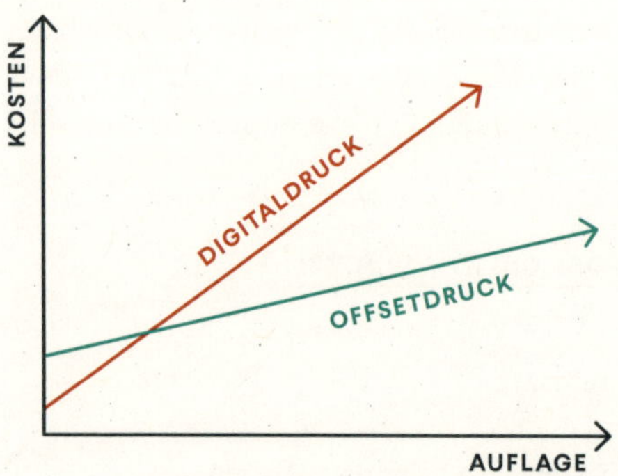

PLAN B ALS ALTERNATIVE ZUM DIGITALDRUCK

Die Risographie ist ein Schablonendruckverfahren, das ich zwischen dem Sieb- und Digitaldruck verorte. Es gilt als besonders umweltfreundlich, denn die Maschinen sind klein, begnügen sich mit wenig Energie und kommen ohne Hitze und Chemikalien aus. Üblicherweise wird schwarz oder mit Sonderfarben farbig monochrom gedruckt und es erreicht im Druckbild eine ganz eigene DIY-Ästhetik. Da die auf Sojaöl basierenden Farben langsam trocknen, eignen sich nur ungestrichene Papiere für die Risographie. Statt Druckplatten oder Siebe werden sogenannte Masterfolien eingesetzt, die häufig auf Hanf- oder Bananenfasern basieren. Selbst Auflagen ab wenigen Stück können ökonomisch sinnvoll hergestellt werden. Ziehen Sie es für kleinere und besondere Projekte in Erwägung!

Ebenso gilt der Siebdruck als besonders ökologisch. Auch hier werden in der Regel umweltschonende Farben und Chemikalien eingesetzt sowie wiederverwendbare Siebe verwendet. Außerdem können Sie im Siebdruck Farben besonders dick auftragen, was zu fühlbaren Farbschichten und einer satten Farbwirkung führt. Auch der Siebdruck eignet sich hervorragend für Ihre kleinen und feinen Druckjobs mit künstlerischen Anspruch.

BLICK INS BUCH Auf den Seiten 13, 145 und 273 finden Sie Papiere, die wir mit der Risographie für Sie bedruckt haben.

TIPP Herr und Frau Rio, ein Risographie-Studio aus München, hat die Riso-Drucke in diesem Buch für uns angefertigt. Wenn Sie ein passendes Projekt in der Pipeline haben, sind Sie dort an der richtigen Adresse.

BLICK INS BUCH Das Glossar ab Seite 281 ist im Siebdruck gedruckt. Kreye-Siebdruck in Koblenz ist der Lieblings-Siebdrucker des Verlages; sie scheuen auch vor größten Herausforderungen nicht zurück.

Digital oder analog? Druckverfahren im Vergleich

Sie haben die relevantesten Vor- und Nachteile des Digital- und Offsetdrucks kennengelernt. Daraus eine pauschale Empfehlung abzuleiten ist schwierig, da für Ihre Kund:innen meist wirtschaftliche Aspekte im Vordergrund stehen. Sprich: Sofern keine technischen, organisatorischen oder qualitativen Sachzwänge für oder gegen ein Verfahren sprechen, werden Ihre Klient:innen in der Regel das günstigste und nicht das umweltschonendste bevorzugen. So wird bei kleinen bis mittleren Auflagen der Digitaldruck das Rennen machen; bei mittleren bis hohen Auflagen der Offsetdruck. Und genau diesen Grenzbereich, in dem sich viele Auflagenhöhen abspielen, möchte ich etwas näher beleuchten. Folgend betrachten Sie ökologische Einflussfaktoren, bezogen auf CO_2-Emissionen und Makulaturquote sowie die jeweiligen Druckkosten. Ich bin mir sicher: Die Ergebnisse werden Sie ebenso überraschen, wie es bei mir der Fall war.

Betrachten möchte ich für diesen Vergleich die Referenz-Broschüre. Als Maschinenreferenzen dienen übliche Offset- und Digitaldruckmaschinen. Die Berechnungen basieren auf der entsprechenden Ökobilanz, die Sie auf Seite 39 finden. Die dargestellten Relationen sind nicht allgemeingültig. Sie sind abhängig von der ausführenden Druckerei, dem Produkt und den installierten Maschinen und können durchaus von den Werten anderer Druckbetriebe abweichen. Verstehen Sie diese Aufstellung daher als eine Faustformel, die Ihnen lediglich ein Gefühl für die Unterschiede zwischen den beiden Verfahren vermitteln soll.

DRUCKVERFAHREN IM VERGLEICH

DIGITALDRUCK VS. OFFSETDRUCK:

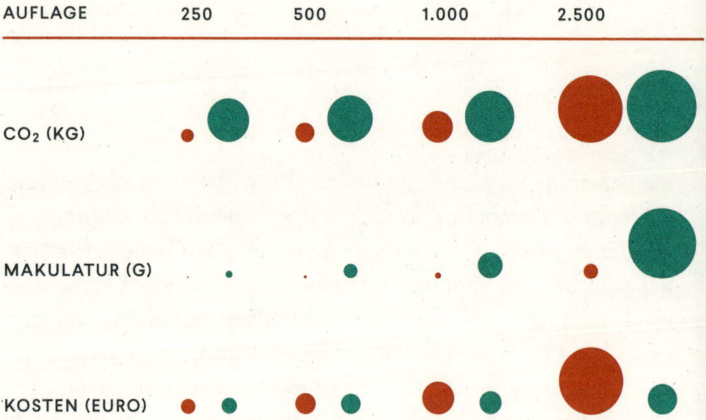

Wie Sie leicht erkennen können, ist der Offsetdruck trotz des höheren Ressourceneinsatzes bereits ab einigen hundert Exemplaren kostengünstiger als der Digitaldruck. Ökologisch vorteilhafter ist der Digitaldruck allerdings über alle Auflagen hinweg. Bei der Auswahl einer Druckerei kann es hilfreich sein, den Fokus auf Betriebe zu legen, die beide Verfahren anbieten. Für eine Entscheidungsgrundlage bitten Sie Ihren Druckpartner vor Auftragsvergabe darum, die spezifischen CO_2-Bilanzen, den Papierverbrauch und die Kosten beider Verfahren offenzulegen. Anhand dieser Daten können Ihre Kund:innen eine Entscheidung treffen, die sich an den ökonomischen und ökologischen Kosten orientiert. Ich finde es übrigens völlig okay, wenn Ihre Auftraggeber:innen das kostengünstigere Verfahren vorziehen. Sie brauchen deswegen kein schlechtes Gewissen zu haben, denn sie legen mehr Wert auf die ökonomische Nachhaltigkeit. Das ist nachvollziehbar! Mit diesem Vorgehen geben Sie ihnen aber eine Auswahlmöglichkeit und machen die ökologischen Folgen ihres Handelns sichtbar. Es springt also mindestens ein Erkenntnisgewinn dabei raus. Und wer weiß: Vielleicht bringen Sie Ihre Kund:innen dazu, ein Teil der Preisdifferenz in etwas anderes zu investieren. Beispielsweise in Sie, in Ihre Kreativität und in Ihre neue Beratungsleistung.

AUS DER PRAXIS Ein Kunde von mir produziert pro Jahr circa 30 Immobilien-Exposés in Auflagen zwischen 250 und 1.000 Stück. Die Konzernvorgabe lautete, dass alle Drucksachen im Offsetdruck zu produzieren sind. Nachdem ich die Verantwortlichen auf die Vorteile des Digitaldrucks aufmerksam machte, entschied sich das Unternehmen nach diversen Tests für den Digitaldruck. Die jährliche Ersparnis? Rund 35 % der Kosten, 40 % CO_2 und 600 Druckplatten mit einem Gewicht von knapp 400 kg.

TIPP Wenn Sie eine kleine Nachauflage von einer zuvor im Offset produzierten Drucksache benötigen, dann entscheiden Sie sich für den Digitaldruck und akzeptieren Sie gegebenenfalls auftretende Farbabweichungen.

BLICK INS BUCH 224 Seiten dieses Werks haben wir im Offsetdruck produziert.

Druckjobs synchronisieren: Vorteile des Sammeldrucks

Erinnern Sie sich an das zweite Kapitel, in dem ich Ihnen von der Relevanz einer realistischen Terminplanung in Bezug auf Nachhaltigkeit berichtete? Ich möchte das Thema hier wieder aufnehmen, denn wenn Sie Ihre Kund:innen dazu bringen, ihre Jobs zeitlich zu synchronisieren, dann können sie bares Geld sparen und deutlich umweltfreundlicher handeln. Der Sammeldruck ist Ihnen von Online-Druckereien bekannt. Deren Erfolg fußt im Wesentlichen darauf, dass sie mehrere Druckjobs auf einen Druckbogen platzieren. Ein einleuchtend einfaches Prinzip, dass eine ganze Reihe von Vorteilen mit sich bringt: Der durch Maschinenrüstzeiten, Papiermakulatur und gegebenenfalls Druckplatten entstehenden finanziellen und ökologischen Kosten teilen sich fast eins zu eins durch die Anzahl der auf einen Druckbogen platzierten Druckjobs. Die Voraussetzungen? Das Papier muss identisch sein, es müssen mehrere Jobs auf einen Druckbogen passen und die Druckdaten müssen zeitgleich druckreif sein. Das Einsparungspotenzial ist aufgrund der höheren Fixkosten und des höheren Materialbedarfs im Offsetdruck deutlich größer als im Digitaldruck.

Ich selbst nutze die Pluspunkte des Sammeldrucks bei der Beratung meiner Kund:innen, die, wenn sie die Benefits verinnerlicht haben, gerne bereit sind, ihre Produktionsplanung zu überdenken und anzupassen. Ein weiterer Vorteil: Die Vereinbarung fixer Tage für die Datenabgabe führt zu mehr Disziplin, Ruhe und Harmonie im Gesamtprozess. Gerne gebe ich Ihnen ein Beispiel aus meiner Praxis:

Ein Industriekunde produziert für Handelspartner regelmäßig 28 bis 40-seitige Verkaufsbroschüren und diverse Falzflyer im Offsetdruck. In der Vergangenheit trafen jährlich rund 200 Jobs und die entsprechenden Druckdaten ohne Vorankündigungen bei mir ein. Eine Planung war so nicht möglich. Mein Kunde wollte seine Druckprodukte aber trotzdem am besten gestern geliefert bekommen. Sie kennen das Spiel. Ich suchte das Gespräch und wir erarbeiteten gemeinsam eine Lösung: Alle Aufträge und Druckdaten treffen nun jeweils an einem Donnerstag bis 12:00 Uhr bei mir ein. Bis 17:00 Uhr am gleichen Tag bekommt der Kunde ein Softproof zugeschickt, das er bis 10:00 Uhr am Folgetag freigibt. Um 15:00 Uhr wird gedruckt, montags erfolgt die Weiterverarbeitung und dienstags der Versand. Angemessene Kapazitäten habe ich bei meiner Druckerei dauerhaft geblockt. Die Folge: Stabilere Prozesse, eine jährliche Kostenersparnis von rund 25 Prozent, eine Reduzierung der CO_2-Emissionen um circa 20 Prozent, etwa 200 Quadratmeter weniger Druckplatten, eine optimierte Versandlogistik, kein Stress und ein zufriedener Kunde, an dem ich trotz der Einsparungen mehr verdiene.

Angenommen, Sie platzieren zeitgleich drei unterschiedliche Aufträge für unsere Flyer in drei verschiedenen Auflagen. Gehen, wir von 1.000 (A), 3.000 (B) und 5.000 (C) Stück aus. Ihre Druckerei wird diesen Sammelauftrag vermutlich wie folgt auf einen Druckbogen positionieren:

AUSGESCHOSSENER BOGEN SAMMELDRUCK

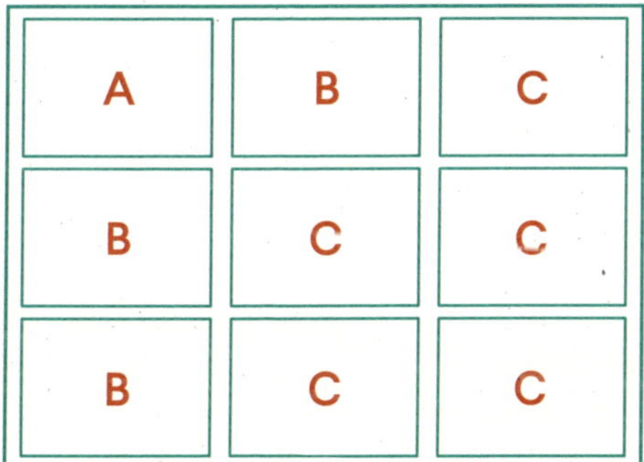

Diese Art der Herangehensweise an die Organisation von Druckjobs funktioniert natürlich nur bei größeren Volumina, identischen Papieren und mit regelmäßigen Aufträgen. Dann aber sorgen Sie und Ihre Kund:innen mit dem Sammeldruckprinzip für deutlich mehr Nachhaltigkeit. Sofern die Rahmenbedingungen passen, ziehen Sie es unbedingt in Erwägung.

AUS DER PRAXIS Die Farbtreue der Produkte, die Sie im Sammeldruck realisieren, ist oft größer als beim Vergleich derjenigen aus einzelnen Aufträgen. Bei Jobs mit größeren Seitenumfängen ist das Potenzial im Druck meist geringer, dafür können sich aber in der Weiterverarbeitung größere Einsparungen ergeben.

Nachhaltigkeitsaspekte bei Ihrer Suche nach Druckereien

Heute handelt jede Druckerei nachhaltig. Diesen Eindruck gewinnen Sie schnell, denn die Branche spart nicht mit entsprechenden Aussagen. Standardisierte und geschützte Bezeichnungen sind rar und so erreichen Sie schwammige Begriffe, die suggerieren sollen, dass ganz sauber, umweltfreundlich und im Einklang mit der Natur gedruckt wird. Hier ein paar Kostproben:

- Nachhaltige Druckerei
- Öko-Druckerei
- Bio-Druckerei
- Green Printing
- Umweltdruckerei
- Klima-Druckerei
- Grüne Druckerei
- Klimapositive Druckerei

Doch der Schein trügt: Viele Ausdrücke gleichen einer Fassade, hinter der Sie nicht viel Substanzielles entdecken können. Aber es gibt sie auch: aufrichtig engagierte, ökologisch progressive Druckereien, die konkrete Umweltziele festlegen und diese konsequent verfolgen. Damit möchte ich jedoch keinesfalls ausdrücken, dass weniger gut aufgestellte Druckbetriebe ökologisch unverantwortlich handeln. Dass die Öko-Pioniere unter den Druckereien die umweltbezogenen Standards der Zukunft definieren, ist für mich eine ausgemachte Sache. Nur diejenigen Betriebe, die ökologisch, sozial und wirtschaftlich verantwortungsvoll handeln und sich neuen gesellschaftlichen und politischen Ansprüchen anpassen, wird es morgen noch geben. Wie Sie bereits wissen, ist Nachhaltigkeit kein Zustand, sondern ein Prozess. Und in diesem befinden sich vermutlich alle Druckbetriebe auf diesem Planeten.

Auch wenn Sie über die Produktionsbedingungen einer Druckerei die ökologische Nachhaltigkeit Ihrer Druckvorhaben nur innerhalb eines bestimmten Rahmens beeinflussen können, lohnt es sich, das Engagement der Branche etwas genauer unter die Lupe zu nehmen. Zunächst möchte ich mit Ihnen erkunden, was Druckereien unternehmen, um (nicht nur) umweltschonender zu handeln. Dabei konzentriere ich mich sowohl auf Faktoren, die im Nachhaltigkeitskontext als Branchenkonsens gelten, als auch auf Aspekte, die kaum mitgedacht werden aber in meinen Augen dennoch essenziell sind. Mit diesen Anregungen möchte ich Sie qualifizieren, Druckereien auszuwählen, die Ihre und die individuellen Ansprüche Ihrer Kund:innen bestmöglich befriedigen. Wie das konkret gelingen kann, erfahren Sie im anschließenden Kapitel.

Anfangen möchte ich mit dem Branchenkonsens einer nachhaltigen Druckproduktion, der sich auf innerbetriebliche Instrumente und deren Zertifizierung stützt und somit ein ökologisches Engagement belegbar, transparent und glaubhaft macht.

Ökobilanzierung und Umweltmanagementsysteme

Viele innerbetriebliche ökologische Handlungsfelder werden in Umweltmanagementsystemen (UMS) freiwillig organisiert. Mit diesen definieren Unternehmen Umweltziele, Zuständigkeiten und Abläufe des betrieblichen Umweltschutzes. Ein Umweltmanagement soll eine kontinuierliche Verbesserung von Umweltleistungen anhand von Kennzahlen sichtbar machen, die

Gmund Colors Matt

MERKMALE Farbintensiv, kombinationsstark, extensiv, durchgefärbt, büttenmatt | **GRAMMATUR** 100–400 g/m² | **FÄRBUNGEN** Farbsystem mit 48 Farben, das mit viel Expertise und Experimentierfreude im Gmund Kreativlabor entwickelt und fein aufeinander abgestimmt wurde | **ZERTIFIKATE** Gmund Eco Zertifikat, FSC, CO_2-neutral, Cradle to Cradle Certified Silber | **FASERHERKUNFT** Europa | **DRUCKVERFAHREN** Offsetdruck, Heißfolie, Prägung, Siebdruck, Buchdruck, Stanzung, Digitaldruck | **FABRIK** Gmund Papier, Gmund am Tegernsee | **DIESES MUSTER** 100 g/m², creme, bedruckt im Digitaldruck von der Ottweiler Druckerei

Einhaltung rechtlicher Anforderungen sicherstellen und umweltbezogene Chancen und Risiken frühzeitig aufdecken. Die durch ein UMS erfassten Umweltaspekte sind beispielsweise: Energie- und Materialverbrauch, Emissionen, Flächennutzung, Abfall, Abwasser und indirekte Aspekte, wie die Beschaffenheit von Materialien, die Arbeitswege der Beschäftigten oder das Verhalten von Lieferanten. Die Umweltfaktoren werden individuell pro Betrieb in konkrete und messbare Umweltziele überführt. Hierzu ein kurzes Beispiel dazu, wie Druckbetriebe Umweltziele gestalten:

- STOFFE Reduktion des IPA-Anteils im Feuchtwasser auf unter 4 %. Sukzessives Einführen von Bio-Druckfarben auf allen Offsetdruckmaschinen.
- BERATUNG Erstellen eines Recyclingpapier-Musterbuchs für die Kundenberatung. Steigerung der Aufträge mit Recyclingpapier von 10 auf 20 %.
- ENERGIE Aufdecken von Energiesparpotenzialen und Reduzierung des Energieeinsatzes pro Tonne bedrucktes Papier um 5 %. Installation einer Photovoltaik-Anlage auf dem Dach. Sukzessiver Austausch von Leuchtmitteln, hin zu LED.
- WASSER Steigerung des Regenwasseranteils am Gesamtwasserbedarf durch Einbau einer Zisterne.
- ABFÄLLE, WERTSTOFFE Kompostierung der anfallenden Grünabfälle und Speisereste mit einer kleinen Kompostierungsanlage auf der Grünfläche des Hinterhofs.
- PERSONAL Implementierung eines internen Vorschlagswesens. Sensibilisierung der Mitarbeitenden mit monatlich stattfindenden Workshops. Kauf von Elektrofahrrädern für Mitarbeitende, die auf ihr Auto für den Arbeitsweg verzichten möchten.
- KOMMUNIKATION Etablierung einer Politik der offenen Tür mit Anwohnern und Behörden.
- SONSTIGES Aufbau einer Trockenmauer auf der Grünfläche als Insektenhotel. Einmal jährlich Nachhaltigkeitsworkshops in Berufsschulen und Fachunis durchführen.

Umweltziele werden zusätzlich nach ihrer Umweltrelevanz und nach der Möglichkeit der Einflussnahme bewertet. Bedeutet: Umweltziele mit einer hohen Umweltrelevanz und einer schnellen Möglichkeit der Einflussnahme werden priorisiert. Zu den Umweltzielen gehören auch die geplanten Umsetzungszeiträume sowie die Verantwortlichen. Unabhängige Prüfer:innen zertifizieren die Unternehmen nach beispielsweise den bekannten Umweltmanagementsystemen EMAS oder ISO 14001. Viele Betriebe kritisieren den hohen bürokratischen Aufwand und die mit einer Zertifizierung verbundenen Kosten, die eine ganze Zertifizierungsindustrie nähren.

DIN EN ISO 14001:2015

Diese international gültige Norm legt Anforderungen an ein betriebliches Umweltmanagementsystem fest. Dieses System hilft zertifizierten Unternehmen dabei, ihre Umweltleistung zu verbessern und rechtliche Verpflichtungen zu erfüllen. Umweltverbesserungen werden mit Kennzahlen mess- und sichtbar gemacht. Die Veröffentlichung eines Leitbildes, das auch als Umweltpolitik bezeichnet wird, ist verpflichtend und bildet eine Orientierungshilfe, an der sich das Umweltmanagementsystem orientiert.

LESENSWERT Lesen Sie hier die fünfseitige Umweltpolitik der Druckerei Vogl aus Bayern.

EMAS (ECO-MANAGEMENT AND AUDIT SCHEME)

EMAS, auch bekannt als EU-Öko-Audit, gilt als das anspruchsvollere Umweltmanagementsystem. Es unterscheidet sich von der DIN-Norm 14001:2015 hauptsächlich dadurch, dass es indirekte Umweltaspekte mit einschließt und die regelmäßige Veröffentlichung einer Umwelterklärung mit umfangreichen Kennzahlen und Ökobilanzen verlangt. Die Umwelterklärung muss alle drei bis vier Jahre vollständig überarbeitet werden. Zertifizierte Unternehmen stellen mit ihr ihre Umweltleistung transparent der interessierten Öffentlichkeit zur Verfügung. EMAS ist in der EU gültig und deckt alle Anforderungen der DIN EN ISO 14001 ab. In Deutschland sind weniger als 50 Druckereien nach EMAS zertifiziert. Diese gelten jedoch als besonders glaubhaft ökologisch aufgestellt.

Für nach EMAS oder ISO 14001 zertifizierte Druckereien sind folgende Aspekte eine Selbstverständlichkeit.

- ROH-, HILFS- UND BETRIEBSSTOFFE Die Auswahl möglichst umweltschonender Materialien, die für die Herstellung von Druckobjekten erforderlich sind. Dazu gehören beispielsweise eine chemiefreie Druckplattenbelichtung, VOC-reduzierte Waschmittel, IPA-freier Druck und gut deinkbare Farben, Lacke und Klebstoffe, möglichst auf der Basis nachwachsender Rohstoffe.
- VERMEIDUNG, REDUZIERUNG UND ENTSORGUNG VON ABFÄLLEN Das Vermeiden, Reduzieren und die gesetzeskonforme Entsorgung von Abfällen ist gelebter Alltag in ökologisch nachhaltig aufgestellten Betrieben.
- LIEFERANTENAUSWAHL Ökologisch progressive Druckereien bevorzugen Lieferanten, die umweltfreundlichere Produkte und Dienstleistungen anbieten, als die der Konkurrenz. Dazu können energieeffiziente Druckmaschinen ebenso gehören, wie reparierbare Smartphones, der Bio-Caterer aus der Region oder ein Farbhersteller, der seine Farben in wiederverwendbaren Fässern anbietet.
- ENERGIE Die Voraussetzung für einen effizienten Energieeinsatz ist die Vermeidung und Verringerung von Verschwendung. Dabei macht ein systematisches Vorgehen, dass unnötige Verbräuche aufspürt und beseitigt, ökologisch und ökonomisch viel Sinn. Auch technische Errungenschaften wie Wärmerückgewinnungsanlagen, Wärmetauscher, Photovoltaikanlagen und bauliche Maßnahmen senken den Energiebedarf. Die Nutzung von Öko-Strom ist bei entsprechend aufgestellten Betrieben obligatorisch.

KLARGESTELLT Da der globale Energiebedarf möglicherweise nie, zumindest aber nicht in absehbarer Zeit, aus komplett regenerativen Quellen gedeckt werden kann, ist die Frage, ob eine Druckerei Ökostrom bezieht oder nicht, gesamtgesellschaftlich betrachtet irrelevant. Da der Ausbau der erneubaren Energien in Deutschland fast ausschließlich über die Erneuerbare-Energien-Gesetz-Förderung realisiert wird, trägt der private und gewerbliche Ökostrombezug nur wenig zur Energiewende bei. Eine größere Nutzung von Ökostrom bedeutet nicht automatisch, dass auch mehr grüner Strom produziert wird. Der Bezug von Strom aus regenerativen Quellen ist daher mehr als ein wünschenswertes Statement zu verstehen. Anders sieht es natürlich aus, wenn Betriebe selbst Strom, zum Beispiel über eine Photovoltaikanlage, erzeugen. Ebenfalls wichtig in diesem Zusammenhang: Ob Strom aus Atomenergie, Wasserkraft oder der Verbrennung von Gas, Holz und Biomasse als ökologisch nachhaltig gilt, ist eine Frage der Perspektive und politischer Entscheidungen.

Das war es auch schon mit den in meinen Augen relevanten Unternehmenszertifizierungen mit einem Fokus auf ökologische Nachhaltigkeit. Der Vorteil für Sie als Kundin oder Kunde einer Druckerei ist offensichtlich: Dritte attestieren diesen Betrieben ein glaubhaftes und nachprüfbares Engagement. Insbesondere EMAS schafft durch die Pflicht zur regelmäßigen Veröffentlichung einer validierten Umwelterklärung Transparenz.

Creative Print

MERKMALE Natürliche Haptik bei hoher Reinheit, chlor-und säurefreie Herstellung, alle eingesetzten Materialien sind vegan | **GRAMMATUREN** 90, 120, 170, 210, 270, 350 g/m² | **FÄRBUNGEN** diamant, champagner | **ZERTIFIKATE** FSC, Blauer Engel | **FASERHERKUNFT** 100 % Recyclingfaser | **OPTISCHE AUHELLER** nein | **VOLUMEN** bis zu 1,4 | **CIE-WEISSE** 135 | **BLEICHUNG** Reduktive Bleiche gem. Richtline Blauer Engel/EU Ecolabel | **DRUCKVERFAHREN** alle Druck- und Prägeverfahren, speziell Offsetdruck | **FABRIK** Koehler Paper, Greiz | **HÄNDLER** Gebrüder Schabert, Strullendorf | **OPAZITÄT** 90 +/- 5 % | **DIESES MUSTER** 120 g/m², bedruckt im Digitaldruck von der Ottweiler Druckerei

LESENSWERT Damit Sie das intensive Engagement entsprechend ausgezeichneter Betriebe besser durchdringen können, lege ich Ihnen die Umwelterklärung der Druckerei O/D Ottweiler ans Herz. Sie ist nach EMAS zertifiziert und hat viele der Musterpapiere im Digitaldruck bedruckt.

Wie Sie bereits seit Kapitel drei wissen, sind Kennzeichen wie der Blaue Engel für Druckerzeugnisse, EU Ecolabel, FSC, PEFC, C2C, veganes Drucken und klimaneutrales Drucken auch Umweltkennzeichen für Druckprodukte. Druckereien, die diese Gütesiegel vergeben dürfen, müssen bestimmte, teilweise strenge Anforderungen erfüllen. Ich möchte Ihnen an dieser Stelle aber noch einmal in Erinnerung rufen, dass nur der Blaue Engel, das EU Ecolabel und Cradle to Cradle Auskunft über die ökologische Qualität der Druckproduktion liefern. Nicht umsonst sind nahezu alle Druckbetriebe, die diese Siegel vergeben dürfen, auch nach EMAS oder ISO 14001 zertifiziert. Alle anderen Umweltkennzeichen geben keinerlei Auskunft über innerbetrieblichen Umweltschutz. Wenn eine Druckerei also behauptet, nachhaltig zu sein, nur weil sie beispielsweise Öko-Strom nutzt, Produkte mit dem FSC-Siegel vergeben darf oder das klimaneutrale Drucken anbietet, dann genießen Sie diese Aussage mit einer gewissen Skepsis. Fragen Sie dort einfach mal nach, auf welche weiteren Maßnahmen sie ihre Behauptung stützt.

Ich möchte Ihren Blick nun für Aspekte schärfen, die nicht über die genannten Unternehmenszertifizierungen und produktbezogenen Umweltkennzeichen abgedeckt werden. Sie werden im Sinne der Nachhaltigkeit und bei der Suche nach Druckereien selten mitgedacht, sind aber meines Erachtens nach ebenfalls relevant.

Qualität

Wie Sie wissen, kommen qualitätssichernden Maßnahmen im Nachhaltigkeitskontext eine wichtige Rolle zu. Während Sie qualitätsentscheidende Prozesse vor der Drucklegung selbst beeinflussen können, haben Sie kaum Einfluss auf die Arbeitsqualität von Druckbetrieben. Und die drückt sich nicht nur in der Farbgebung, sondern in der Güte aller Prozesse aus, die es zu analysieren und stetig zu verbessern gilt. Die Ziele: Steigerung der Arbeits-, Produkt- und Dienstleistungsqualität bei bestenfalls gleichzeitiger Reduzierung von finanziellen und/oder ökologischen Kosten. Ein Grundprinzip ist dabei die konsequente Kundenorientierung. Wenn Sie als Kunde oder Kundin unzufrieden mit Ihrer Druckerei sind, dann stimmt dort oft etwas nicht mit der Qualität. Sprechen Sie Qualitätsprobleme offen an und finden Sie gemeinsam Wege, damit der Betrieb Ihre Erwartungen künftig erfüllt. Gelingt das nicht, sagen Sie »Adieu«. Aus eigener Erfahrung weiß ich: Es lohnt sich nicht, aufgrund von Gewohnheit und Lethargie bei Druckereien zu verbleiben, die Ihren Ansprüchen nicht genügen.

EINE KLEINE REFLEXION Welche negativen Erfahrungen haben Sie mit nicht produktbezogenen Qualitäten bei der Zusammenarbeit mit Druckereien gesammelt? Gab es Termin- oder Abstimmungsprobleme, zeigten sich Mitarbeitende unwillig oder wurden Sie sogar schlecht behandelt? Das Spektrum unschöner Erfahrungen, die ich persönlich mit Druckbetrieben sammeln musste, ist riesig und lies mich oft staunend zurück.

ISO 9001

Die ISO 9001 ist eine branchenunabhängige Norm für Qualitätsmanagementsysteme. Entsprechend zertifizierte Unternehmen belegen mit dieser Zertifizierung, dass sie unter definierten Bedingungen einem stetigen Verbesserungsprozess unterliegen. Darüber, ob Sie mit diesen Druckereien besonders gut zusammen arbeiten können und ob weniger Fehler auftauchen, gibt die Zertifizierung keine Auskunft. Für mich war die ISO 9001 noch nie ein Kriterium bei der Suche nach neuen Betrieben. Haben Sie jedoch große Kund:innen, beispielsweise aus der Industrie oder der öffentlichen Hand, kann es sein, dass nach ISO 9001 zertifizierte Druckereien verlangt oder bevorzugt werden.

PSO steht für ProzessStandard Offsetdruck und PSD, Sie ahnen es, für ProzessStandard Digitaldruck. Mit diesen beiden Zertifikaten beurkunden Druckbetriebe, dass sie von der Datenerzeugung bis zum Druckergebnis unter genormten Bedingungen arbeiten. Das Ziel: Weniger Makulatur, Kostensenkung und eine vorhersehbare sowie reproduzierbare Farbgebung. Diese Zertifizierungen sind ein Quasistandard der Branche und nach meiner Einschätzung erfüllen auch nahezu alle nicht zertifizierte Druckereien die Anforderungen.

Unternehmenskultur und Gemeinwohl

Ich bilde mir ein, schnell zu merken, ob die Kultur innerhalb eines Unternehmens stimmt. Geht es Ihnen auch so? Schlecht gelaunte Mitarbeitende, negative Schwingungen und ein unsensibles Miteinander sind starke Indizien dafür, dass die Unternehmensführung nicht unbedingt im Sinne der Angestellten handelt. Nachhaltig aufgestellte Betriebe bemühen sich nicht nur um ihre Kund:innen und ökologische Fragestellungen. Ihnen liegt das Wohl ihrer Arbeitskräfte, Zulieferer und weiterer Anspruchsgruppen ebenfalls am Herzen. Mitbestimmungsrechte, faire Arbeitsbedingungen und stabile Lieferantenbeziehungen, Gewinnbeteiligungen, Unterstützung sozialer Projekte und Umsetzung sozial-ökologischer Innovationen sind Instrumente, die dem Gemeinwohl dienen und damit Ausdruck einer auf Nachhaltigkeit ausgelegten Unternehmenskultur sind.

Einige Unternehmen gehen weiter und machen ihr soziales Engagement mit Hilfe unabhängiger Dritte und einer Gemeinwohlbilanz sichtbar. Das ferne Ziel dieser visionären Betriebe: Geld und Profit nicht als den Zweck einer Unternehmung zu betrachten, sondern als ein Mittel, um das Gemeinwohl zu maximieren. Es gibt Stimmen, die meinen, dass nur Betriebe, die sich der Gemeinwohlökonomie verschreiben, nachhaltig handeln.

GWÖ – DIE GEMEINWOHL-ÖKONOMIE

Nach GWÖ zertifizierte Unternehmen wirtschaften im besten Sinne nachhaltig, da sie nicht nur an der Verbesserung ihrer Umweltleistung arbeiten, sondern ebenso gemeinschaftorientiertes Handeln fördern. Im Zuge einer Zertifizierung müssen Unternehmen eine Gemeinwohl-Bilanz erstellen und in einem Bericht veröffentlichen. Ich meine, Sie sollten sich entsprechend ausgezeichnete Betriebe etwas genauer ansehen. Meiner Erfahrung nach verbergen sich dahinter oft kluge, soziale, offene und sympathische Köpfe mit einem visionären Blick.

EIN GRUSS AUS DER DRUCKEREI GUGLER* »Als GWÖ-Pionierunternehmen inspiriert uns die Neudefinition von wirtschaftlichem Erfolg seit über zehn Jahren. Besonders die angebotene Vernetzung in der GWÖ-Community schätzen wir sehr. Der regelmäßige Austausch mit anderen GWÖ-Unternehmer:innen ermutigt uns, an dieser Ausrichtung – auch in ökonomisch herausfordernden Zeiten – dranzubleiben. Und: Dank der GWÖ-Crowdfundingplattform konnten wir die Umsetzung eines Natur-Kindergartens realisieren.« – Ernst Gugler
LINK Auch wenn die Auswahl an GWÖ-zertifizierten Druckereien noch überschaubar ist, können Sie unter ecogood.org gezielt nach entsprechenden Betrieben suchen.
HÖRENSWERT Das Podcast-Radio detektor.fm beleuchtet die Gemeinwohl-Ökonomie in diesem dreiteiligen Beitrag.

Extramatt Recycling

MERKMALE Das weißeste Recyclingpapier mit dem »Blauen Engel«, extramatte, leicht gestrichene Oberfläche | **GRAMMATUREN** 100–300 g/m² | **ZERTIFIKATE** Blauer Engel, FSC Recycled | **FASERHERKUNFT** Recycling | **VOLUMEN** 1,1–1,2 | **CIE-WEISSE** 134 | **DRUCKVERFAHREN** HP Indigo, Toner/Laser, Offsetdruck, Letterpress | **HÄNDLER** Metapaper, Stuttgart | **OPAZITÄT** 95–99 % | **DIESES MUSTER** 100 g/m², bedruckt im Digitaldruck von der Ottweiler Druckerei

LESENSWERT Die Druckerei gugler* DruckSinn veröffentlicht ihr Engagement regelmäßig in einer Gemeinwohl-Bilanz. Außerdem interviewte ich den Inhaber und Geschäftsführer der Druckerei. Wir sprachen ganz allgemein und sehr konkret über nachhaltiges Wirtschaften und ökologische Druckproduktionen. Prädikat: lesens- und empfehlenswert!

Kundenberatung

Eine qualifizierte und ergebnisoffene Kundenberatung, die auf eine möglichst ökologische Umsetzung von Druckjobs abzielt, sollte keine Spezialität umweltfreundlich ausgerichteter Druckbetriebe sein. Testen Sie doch einmal bei Ihrer nächsten Druckanfrage die Beratungskompetenz Ihrer Druckerei. Fragen Sie gezielt nach einer umweltfreundlichen Umsetzung Ihres Druckprojekts. Anhand der Beratungsqualität, die Sie inhaltlich aufgrund dieses Buchs nun gut einschätzen können, erkennen Sie schnell, wie aufrichtig das Unternehmen dem Umweltschutz verschrieben ist.

Mitarbeitersensibilisierung

Die Umsetzung und Bedeutung innerbetrieblicher Umweltschutzmaßnahmen muss von der gesamten Belegschaft verinnerlicht und »gelebt« werden. Eine von der Geschäftsleitung oder von externen Beratern verordnete »Umerziehung« wird nicht fruchten. Mitarbeitende sollen durch beispielsweise Arbeitskreise oder ein internes Vorschlagswesen dazu animiert werden, eigenmächtig Verbesserungsvorschläge einzubringen. Sofern Sie persönliche Beziehungen zu Mitarbeitenden in Druckereien pflegen, fragen Sie einfach mal nach, wie betriebsintern mit Veränderungsprozessen umgegangen wird.

Wie Sie Druckereien anhand individueller Kriterien auswählen

Sie haben längst verstanden, dass die Herstellung von Printmedien immer mit einer gewissen Umweltstrapazierung verbunden ist. Das Ausmaß der Belastung können Sie aber mit Hilfe geeigneter Maßnahmen, von denen Sie die relevantesten bereits kennenlernten, massiv verringern. Auch wenn die Produktionsbedingungen von Druckereien nur für einen kleineren Teil der Umweltbelastung eines Druckvorhabens verantwortlich sind, können sie dennoch einen Beitrag leisten. Auf dem Spielfeld der Ökologie betrifft das primär die Reduktion klimaschädlicher Gase, die Auswahl umweltschonender und ungiftiger Produktionsmittel sowie die Wahrung der Recyclingfähigkeit. Wie aber wählen Sie eine »nachhaltige« Druckerei aus? Die Antwort auf diese Frage ist nicht so trivial und eindeutig, wie sie zunächst klingen mag.

Zunächst ist nicht klar, was eine »nachhaltige« Druckerei überhaupt sein soll. Die im vorherigen Kapitel vorgestellten Begriffe sind nicht geschützt und jede Druckerei darf sich entsprechende Titel selbst verleihen. Wie Sie nun wissen, ist es weitestgehender Branchenkonsens, dass diejenigen Unternehmen, die nach einem Umweltmanagementsystem wie EMAS oder ISO 9001 zertifiziert sind und/oder strenge, regulierte Umweltkennzeichen wie den Blauen Engel für Druckerzeugnisse, C2C oder das EU Ecolabel vergeben dürfen, als besonders ökologisch fortschrittlich und glaubwürdig gelten. Wenn Ihre Kund:innen diese Öko-Logos auf ihren Druckprodukten sehen möchten, dann haben Sie ohnehin keine Wahl: Sie müssen diese Jobs bei entsprechend zertifizierten Druckereien platzieren.

Aber sollten Sie nachweislich engagierte Betriebe generell bevorzugen, auch wenn Ihre Kund:innen Printmedien nicht entsprechend auszeichnen möchten? Ich denke, diese Druckereien machen einen super Job und definieren schon heute die umweltbezogenen Branchenstandards der Zukunft. Deren unermüdlicher Einsatz für mehr betrieblichen Umweltschutz halte ich für unbedingt unterstützenswert.

LINK Sind Sie auf der Suche nach Druckereien, die die strengen Umweltzeichen Blauer Engel, C2C oder EU Ecolabel vergeben dürfen? Ich habe Ihnen hier entsprechende Betriebe, nach Postleitzahlen geordnet, aufgeführt.

Ich möchte aber gerne eine weitere Perspektive einbringen: Nachhaltigkeit halte ich für einen gesamtgesellschaftlichen und inklusiven Auftrag. Die Einteilung in »nachhaltige« und »normale« Druckereien halte ich für eine sehr verkürzte Darstellung. Sie spaltet die Branche in zwei Lager und schadet meiner Meinung nach dem Image von Printmedien. Lobenswerte Maßnahmen einzelner Betriebe nehmen für mich lediglich einen Leuchtturmcharakter ein. Denn ob die eine Druckerei im ökologisch-moralischen Wettbewerb besser abschneidet als eine andere, ist für den Moment, global und im Gesamtkontext gesehen völlig irrelevant.

Ich denke, Nachhaltigkeit definiert sich auch, oder vielleicht sogar tonangebend, über Nachsicht, Voraussicht und Fairness. Geben Sie auch denjenigen Druckereien, die noch nicht so weit sind wie die zertifizierten Öko-Pioniere, eine Chance, sich zu verbessern. Das kann nicht gelingen, wenn Sie dort keine Aufträge mehr platzieren. Bringen Sie Verständnis für Druckereien auf, die aufgrund von Sachzwängen, wie bauliche Voraussetzungen, fehlender personeller und finanzieller Ressourcen, nicht in der Lage sind, im gleichen Maße nachzuziehen. Einige Druckereien sind infolge kaum beeinflussbarer Umstände schlicht benachteiligt, auch wenn sie längst verstanden haben, dass die Stimmen, die nach einer (zertifiziert) umweltschonenden Produktion rufen, lauter werden. Sie finden vielleicht ganz andere Wege und geben ihr Geld nicht für Zertifizierungen, sondern für kleine, kreative Lösungen aus, die ihren Mitteln gerecht werden. Ungewiss ist auch, ob im direkten

Vergleich die eine oder andere Druckerei nachhaltiger agiert. »Es kommt darauf an«, heißt es so schön in der Wissenschaft. Nämlich darauf, welche Kriterien für Sie und Ihre Kund:innen gelten sollen. Ich denke, der weit verbreitete Fokus auf Zertifikate ist zu kurz gedacht. Machen Sie es sich nicht so einfach!

Wenn Sie und Ihre Auftraggeber:innen bereits gute, vertrauensvolle Beziehungen zu Druckbetrieben pflegen, dann lautet meine Empfehlung: Bleiben sie ihnen treu! Auch, wenn diese Unternehmen (noch) nicht so weit sind, wie ihre Mitbewerber:innen. Scheuen Sie sich aber nicht davor, mehr Nachhaltigkeit einzufordern. Sind Sie auf der Suche nach neuen Betrieben? Dann erstellen Sie proaktiv oder zusammen mit Ihren Kund:innen einen Kriterienkatalog. Fühlen Sie sich völlig frei, dort alles aufzuführen, was ihnen wichtig ist. Das Rüstzeug hierfür hat Ihnen dieses Buch geliefert. Ihre Kriterien können beispielsweise wie folgt aufgebaut sein.

BEISPIELHAFTE KRITERIEN FÜR DIE AUSWAHL EINER DRUCKEREI:

- **REGIONALITÄT** Umkreis von maximal 100 Kilometern
- **ZERTIFIKATE** GWÖ, EMAS, FSC, klimaneutrales Drucken
- **DRUCKVERFAHREN** Konventioneller Offsetdruck mit kennzeichnungsfreien Bio-Druckfarben. Digitaldruck mit Farben, die nachweislich gut deinkbar sind
- **AUSSTATTUNG** Eigene Buchbinderei mit Fadenheftmaschine und Klebebinder, redundanter Maschinenpark, Stanz- und Prägearbeiten im eigenen Haus
- **SOZIALES ENGAGEMENT** Unterstützung sozialer Projekte, bevorzugt in der Region

Gmund Cotton

MERKMALE Rein aus Baumwollfasern, weich und zart, elegant und super dick **GRAMMATUREN** 110–910 g/m² | **FÄRBUNGEN** Linen Cream, Shiny Cream, New Grey, Gentlemen Blue, Max White, Power Blue, Natural Beige | **ZERTIFIKATE** Gmund ECO-Zertifikat | **FASERHERKUNFT** 100 % Baumwolle aus Europa | **DRUCKVERFAHREN** alle gängigen Druckverfahren wie Offsetdruck, Heißfolie, Prägung, Siebdruck, Buchdruck, Stanzung | **FABRIK** Gmund Papier, Gmund am Tegernsee | **HÄNDLER** Inapa Deutschland, Hamburg | **DIESES MUSTER** 110 g/m², Linen Cream, bedruckt im Digitaldruck von der Ottweiler Druckerei

- SONSTIGES Druckereien, die Geflüchtete und/oder Menschen mit Behinderung beschäftigen, werden bevorzugt. Auch eine Frauenquote von rund 50 % ist wünschenswert.

Diese Kriterien sind selbstredend nur beispielhaft. Ihnen und Ihren Kund:innen sind möglicherweise andere Aspekte viel wichtiger. So kann es sein, dass aufgrund ökonomischer Erwägungen Regionalität irrelevant ist und Ihre Klient:innen lediglich voraussetzen, dass die Druckerei in der EU sitzt. Oder Ihre Kunden und Kundinnen möchten Druckprodukte mit strengen Umweltkennzeichen ausstatten. Oder sie legen vielleicht besonders viel Wert auf eine große Vielfalt an Digitaldruckveredelungen. Finden Sie in einem kleinen Brainstorming heraus, was wirklich zählt!

Da von Ihren Auftraggeber:innen für einen Preisvergleich in der Regel mehrere Angebote eingefordert werden, macht es Sinn, zwei bis drei Druckereien auszuwählen, die ihren Kriterien weitestgehend oder vollständig entsprechen. Natürlich nur, sofern Sie mit der Angebotseinholung und Abwicklung der Aufträge beauftragt werden. Für künftige Jobs kann die proaktive Bestimmung geeigneter Druckdienstleister aber eine zuvorkommende Geste sein. Was ich hierbei wichtig finde: Lernen Sie die Ansprechpartner:innen der Betriebe kennen, prüfen Sie, ob die »Chemie« stimmt und verlassen Sie sich nicht blind auf Behauptungen und Zertifikate. Sprechen Sie miteinander! Es bringt Ihnen und Ihren Kund:innen nichts, wenn Druckereien ihre Kriterien erfüllen, die Zusammenarbeit sich jedoch schwierig gestaltet. Aus eigener Erfahrung und von vielen Kollegen und Kolleginnen weiß ich: Es ist nicht immer einfach mit den Mitarbeitenden in Druckbetrieben. In einem persönlichen Termin vor Ort können Sie direkt das Nachhaltigkeitsengagement, die drucktechnischen Möglichkeiten und die Betriebsstimmung abklopfen.

Mir ist klar: Das klingt nach einer Menge Arbeit. Aber wie Sie wissen, halte ich gute Lieferantenbeziehungen für einen wichtigen Baustein im Nachhaltigkeitskomplex. Verstehen Sie Ihr Engagement daher als Investition, die sich künftig in Form von mehr

Arbeitszufriedenheit, stabileren Prozessen, Qualität und Nachhaltigkeit in jeglicher Form auszahlt. Letztlich ist es natürlich auch ein Alleinstellungsmerkmal, wenn Sie als kreativer Kopf vor Ihren Kund:innen mit guten Kontakten und Beziehungen glänzen.

KLARGESTELLT Öko-Zertifizierungen sind personalintensiv, kostspielig, nähren eine ganze Industrie und sind auch ein Marketinginstrument. Nicht alle Druckereien können und möchten den Zertifizierungsaufwand mitmachen. Einige investieren ihre begrenzten Ressourcen anstatt in Zertifizierungen in Umweltschutzmaßnahmen, Weiterbildungen oder soziale Projekte. Sie sind aufgrund fehlender Beurkundungen nicht automatisch weniger nachhaltig.

GRAUSTUFEN Einige ökologische Verbesserungen der Druckbranche sind meiner Meinung nach nicht unbedingt nachhaltig. Nehmen wir den Blauen Engel, der aus einer rein ökologischen Perspektive betrachtet viel Sinn macht. Würde sich dieses strenge Umweltkennzeichen als Standard für die Auszeichnung von Druckprodukten etablieren, dann würde sich das Spektrum drucktechnischer Möglichkeiten stark verengen. Viele phänomenale Veredelungen und Bedruckstoffe wären dann nicht mehr möglich. Gedrucktes würde weiter massiv an Attraktivität einbüßen. Sehen Sie darin eine nachhaltige Entwicklung? Urteilen Sie selbst!

Günstig, digital und ökologisch? Online-Druckereien

In diesem Kapitel habe ich bisher nur die konventionell aufgestellten Betriebe berücksichtigt. Die spiegeln aber nur einen kleinen Teil Ihrer beruflichen Lebenswirklichkeit wider. Denn was fehlt? Die Online-Druckereien natürlich! Auch Sie haben dort sicherlich schon Druckjobs platziert. Verständlich, denn die

Abwicklung ist bequem und das Preis-Leistungs-Verhältnis insbesondere bei kleineren Auflagen unschlagbar. Da die günstigen Preise (auch) durch das Sammeldruckprinzip, Standardisierungen und extrem effiziente Prozesse realisiert werden, sind diese Betriebe in der Regel ökologisch gut aufgestellt. Wenn Sie sich mit einem Kriterienkatalog auf die Suche nach geeigneten Online-Druckereien machen, werden Sie jedoch im Einzelfall konkrete Nachfragen anstellen müssen. Nicht allen Websites können Sie relevante Informationen entnehmen. Wenn Sie Umweltzeichen auf Printmedien abbilden möchten, dann ist das bei den Onlinern in den allermeisten Fällen nicht möglich. Die Gründe sind vielfältig, oft sind aber die Prozesse der Zeichengeber nicht auf eine automatische Verarbeitung ausgelegt. Viele Online-Druckereien sind auch nicht zertifiziert und damit autorisiert, entsprechende Umweltzeichen zu vergeben. Hinzu kommt, dass sich einige Onliner ausschließlich oder weitestgehend der Plattformökonomie verschrieben haben und ihr Angebot über Partnerbetriebe gewährleisten. Platzieren Sie dort Aufträge, wissen Sie also nicht, wer, wo unter welchen Bedingungen produziert.

IHR WISSENSVORSPRUNG Einige Onliner nutzen den UV-Offsetdruck, der einen dünnen Kunststofffilm auf den Bedruckstoffen hinterlässt und häufig Probleme beim Papierrecycling verursacht. Erkundigen Sie sich nach dem Druckverfahren, den Druckfarben und deren Deinkbarkeit!

Sie und Ihre Kund:innen bevorzugen Online-Druckereien oft schon aus Preisgründen. Meiner Meinung nach begehen Sie damit keinen ökologischen Fehlgriff. Wie erwähnt, sind viele der Druckereien mit digitalen Vertriebswegen ökologisch schon alleine aufgrund des Sammeldruckprinzips gut aufgestellt. Aber wie sieht es mit Aspekten fernab des betrieblichen Umweltschutzes aus? Das Argument, dass Online-Druckereien die Preise der »konventionellen« Druckereien kaputtmachen, ist sicherlich richtig. Die niedrigen Preise sind dem technologischen Fortschritt und dem Geschäftsmodell geschuldet und sollten die klassisch aufgestellten Betriebe dazu animieren, Alleinstellungsmerkmale zu erarbeiten, die online nicht abbildbar sind. Stichwort: Kundenberatung, Produktentwicklung und Fertigungstiefe. Hier gab und gibt es große Versäumnisse, die meiner Meinung nach in der Trägheit der Markteilnehmer liegen und damit hausgemacht sind.

Das Gerücht, dass der Erfolg und die Gewinne auf den Rücken der Mitarbeitenden aufgrund schlechter Gehälter und Arbeitsumstände ausgetragen werden, ist genau das: Ein Gerücht. Denn im »War for Talents«, dem Krieg um die besten Fachkräfte, ziehen die attraktivsten Unternehmen die fähigsten Mitarbeitenden an. Und davon brauchen und bekommen die Online-Druckereien eine ganze Menge.

Aber auch hier gib es zwei Seiten der Medaille: Durch den großen Erfolg der Online-Druckereien benötigen Sie und Ihre Kund:innen kaum noch Fachwissen. Der Zugang zu einer Druckproduktion ist aufgrund der Produktstandardisierungen extrem niedrigschwellig geworden. Ich möchte sogar behaupten, dass die Online-Abwicklung von Druckjobs den Marktzugang demokratisiert hat. Ob Änderungsschneider:in oder Zupfinstrumentenmacher:in: Die eigene gedruckte Geschäftsausstattung kann heute jeder und jede kostengünstig online gestalten und bestellen. Was zunächst vorteilhaft klingt, wird vermutlich zu mehr und mehr Druckprodukten führen, die in einer reizüberfluteten Welt kaum noch Aufmerksamkeit finden. Denn auch wenn sie den Anschein

Reflex Melo

MERKMALE Hochwertiges, ungestrichenes Kreativpapier mit hoher Opazität und sympathischer Haptik durch seine matte Oberfläche | **ZERTIFIKATE** FSC | **FASERHERKUNFT** diverse | **ANTEIL OPTISCHE AUFHELLER** ja | **VOLUMEN** 1,2 | **CIE-WEISSE** 86,7 | **BLEICHUNG** ECF | **DRUCKVERFAHREN** Offset, Thermo-Reliefdruck, UV-Trocknung | **VEREDELUNGEN** Öldrucklacke, UV-Lacke, Dispersionslacke, Prägung | **FABRIK** Reflex, Düren | **HÄNDLER** Inapa Deutschland, Hamburg | **OPAZITÄT** 90 | **DIESES MUSTER** 60 g/m², bedruckt im Digitaldruck von der Ottweiler Druckerei einer grenzenlosen Vielfalt erwecken: Online-Druckereien offerieren nur einen klitzekleinen Ausschnitt aller möglichen Printmedien und Produktvarianten.

Sie und Ihre Auftraggeber:innen werden aufgrund meiner Einschätzung nicht auf den Online-Druck verzichten wollen. Das ist völlig okay. Erwähnenswert finde ich diesen Umstand dennoch, denn wenn Gedrucktes weiter an Attraktivität einbüßt, dürfte die Nachfrage weiter sinken. Und das ist natürlich keine nachhaltige Entwicklung. Aber wer weiß, vielleicht kommt es ganz anders und die Onliner ermöglichen in naher Zukunft einen niedrigschwelligen Einstieg in maßgeschneiderte Druckprodukte. Stichwort: »künstliche« Intelligenz und vernetzte Maschinen.

Meine Empfehlung: Ermitteln Sie die Preise verschiedener Online-Druckereien und erkundigen Sie sich nach dem Druckverfahren und der Deinkbarkeit der Farben. Berücksichtigen Sie bei Ihrer Suche auch die Shops kleinerer, besonders nachhaltig aufgestellter Betriebe. Selbstverständlich können Sie für eine Auswahl auch Ihren Kriterienkatalog verwenden. Konzentrieren Sie sich auf wenige Online-Druckereien und wechseln Sie nicht, nur weil eine Ihnen bisher unbekannte Druckerei marginal günstiger ist. Fragen Sie zusätzlich Ihre Hausdruckereien an und vergleichen Sie das Preis-Leistungs-Verhältnis. Bevor Sie einen Auftrag vergeben, vergegenwärtigen Sie sich noch einmal die Vor- und Nachteile, die sich aus einer Zusammenarbeit mit den Onlinern ergeben. Gleichen Sie diese mit den individuellen Projektanforderungen ab.

DAS SPRICHT FÜR ONLINE-DRUCKEREIEN

+ sehr kostengünstig, insbesondere bei kleineren Auflagen
+ Abwicklung in einem Rutsch
+ öko-effiziente Produktion durch Sammeldruck und Prozessstandards
+ eigener Kundenbereich mit Auftragsverwaltung
+ Tracking des Auftragstatus

UND DIESE PUNKTE SPRECHEN GEGEN DIE ONLINER

- begrenzte Auswahl an Drucksubstraten und Veredelungen
- weitestgehend standardisierte Druckprodukte
- kommunikative Standards und oft kein persönlicher Ansprechpartner
- in der Regel Bezahlung per Vorkasse
- längere Bearbeitungszeit bei Reklamationen
- eingeschränkte logistische Möglichkeiten
- oft feste Auflagenschritte und Formate
- Druckabnahmen sind in der Regel nicht möglich
- oft sehr eingeschränkte Auswahl an Öko-Zertifikaten
- komplexere Jobs, beispielsweise mit Konfektion, meist nicht möglich

HILFREICH Hier finden Sie Onlineshops von kleineren Druckereien, die ebenfalls in meiner Tabelle derer auftauchen, die strenge Öko-Zertifikate vergeben dürfen.

Neben den genannten Vor- und Nachteilen gibt es in meiner Berufspraxis für die allermeisten Druckjobs zwei Kriterien, die eine Produktion bei einer Online-Druckerei kategorisch ausschließen. Diese teile ich gerne mit Ihnen:

- **DER AUFTRAG IST ZEITKRITISCH** Durch den Paketversand der Online-Druckereien können Sie kaum Einfluss auf die Zustellung nehmen. Müssen beispielsweise Drucksachen taggenau auf einer Messe angeliefert werden, dann ist der Paketversand keine gute Idee. Lässt der Job keinen oder nur einen kleinen zeitlichen Puffer zu, dann verzichte ich ebenfalls auf die Produktion in einer Online-Druckerei. Denn im Reklamationsfall können Sie mit der lokalen Druckerei, zu der Sie (hoffentlich) gute Beziehungen pflegen, den Termin vielleicht noch retten. Online-Druckereien sind hier erfahrungsgemäß deutlich schwungloser unterwegs.

- **DER JOB IST ANSPRUCHSVOLL** Bei Aufträgen die aufgrund ihres technischen, finanziellen oder organisatorischen Anspruchs qualitätssichernde, über Proofs hinausgehende Maßnahmen erfordern, platziere ich nicht bei Online-Druckereien. Sie haben dort schlicht keine Möglichkeiten, die Qualität gründlich zu sichern.

AUS DER PRAXIS Wenn Sie komplexere Druckjobs kostengünstig beschaffen möchten, dann können Sie unverarbeitete Druckbogen online bestellen und diese bei einer lokalen Druckerei oder Buchbinderei weiterverarbeiten lassen. So mache ich es gelegentlich bei Aufträgen mit Stanzungen oder manueller Weiterverarbeitung.

Lokal, regional, national oder global? Wie beeinflusst der Druckereistandort die Öko-Bilanz ihrer Druckjobs?

Bei der Auswahl einer Druckerei kann Regionalität ein ausschlaggebender Faktor für die Vergabe von Druckaufträgen sein. Vielleicht möchten Sie und Ihre Kund:innen die regionale Wirtschaft stärken oder, und das ist ein häufig angeführter Grund, sie möchten die Umweltbelastung durch kurze Transportwege schonen. Einige Marktteilnehmer gehen andere Wege und produzieren in der EU oder sogar in Fernost, weil sie nur dort ökonomisch sinnvolle Herstellungskosten realisieren können. Aber was genau machen die transportbedingten CO_2-Emissionen aus, wenn sie Drucksachen von A nach B bewegen müssen? Macht es einen großen Unterschied, ob die Druckerei in der Nachbarstadt, in Prag, Pristina oder Peking sitzt? Ich wollte es etwas genauer wissen und habe ein paar Berechnungen für Sie durchgeführt.

In den allermeisten Fällen werden Drucksachen auf Palette per LKW, in Paketen mit Transportdienstleistern wie DHL oder mit Kleintransportern der Druckerei auf den Weg gebracht. Liegen viele tausend Kilometer zwischen dem Produktions- und Lieferort, machen sich Druckprodukte manchmal sogar per Schiff, Bahn oder Flugzeug auf die Reise. Zunächst ist es interessant zu wissen, wie sich diese Transportmittel im CO_2-Ausstoß pro Kilometer und transportierter Tonne (Tonnenkilometer, tkm) unterscheiden:

EMISSIONEN TRANSPORTMITTEL 1

TRANSPORTMITTEL	KG CO_2/1.000 KILOMETER
Hochseeschiff	0,02
Güterzug	0,02
Binnenschiff	0,05
LKW	0,14
Flugzeug	1,2
Kleintransporter	1,4

Das sind natürlich nur Durchschnittswerte, die auf durchschnittlichen Auslastungen und vereinfachten Annahmen beruhen. Sie sind daher lediglich tendenziös und beziehen sich auf die Daten des Gütertransport-Rechners von Treeze. Leider geben Transportdienstleister wie DHL nur Durchschnittsemissionen pro Paket an, weshalb ich den Paketversand aufgrund dieser großen Ungenauigkeit nicht berücksichtige.

enviro nature

MERKMALE »Echtes« Recyclingpapier durch eigenes Deinking-Verfahren innerhalb der Papierfabrik, sehr gute CO_2-Bilanz bei der Papierherstellung, Verwendung von Ökostrom | **GRAMMATUREN** 70–300 g/m² | **ZERTIFIKATE** Blauer Engel, FSC Recycled, EU Ecolabel, Cradle to Cradle | **FASERHERKUNFT** 100 % Altpapier | **OPTISCHE AUFHELLER** nein | **VOLUMEN** 1,2 | **CIE-WEISSE** 90 | **BLEICHUNG** ECF | **DRUCKVERFAHREN** Offsetdruck, Laser- und Trockentoner geeignet, Rollenoffset | **FABRIK** Lenzing Papier, Lenzing, Österreich | **HÄNDLER** Inapa Deutschland, Hamburg | **OPAZITÄT** 93 % bei 80 g/m² | **DIESES MUSTER** 80 g/m², bedruckt im Digitaldruck von der Ottweiler Druckerei

LINK Die Daten für meine Berechnungen habe ich mit dem Gütertransport-Rechner von Treeze vorgenommen. Nutzen Sie ihn gerne für eigene CO_2-Kalkulationen!

Folgend lege ich verschiedene Streckenkilometer fest, die den Transportweg des Referenz-Magazins von der Druckerei zur Verlagsadresse in Mainz markieren. Ich habe das Magazin ausgewählt, da es aufgrund der hohen Auflage und der einfachen Ausführung für Produktionen im Ausland prädestiniert ist.

Die 2.500 Streckenkilometer entsprechen in etwa der LKW-Strecke ab Istanbul. Die 12.000 Kilometer dienen als Beispiel für einen Bahn-Transport von Shanghai über Hamburg nach Mainz, inklusive 1.000 Kilometer per LKW. Die 22.000 Kilometer wiederum illustrieren den Seeweg ab Shanghai über Hamburg nach Mainz, inklusive 1.500 Kilometer per LKW. Des Weiteren wiegen die 25.000 Magazine insgesamt 16 Tonnen und ich gehe davon aus, dass die produktionsbedingten Emissionen von 8.382 Kilogramm identisch bleiben, auch wenn sich der Produktionsstandort ändert.

EMISSIONEN TRANSPORTMITTEL 2

MAINZ–	TRANSPORT-MITTEL	STRECKE IN KM	EMISSIONEN IN KG CO_2
KOBLENZ	LKW	100	224
DORTMUND	LKW	250	560
HAMBURG	LKW	500	1.120
ISTANBUL	LKW	2.500	5.600
SHANGHAI	LKW + Bahn	12.000	5.760
SHANGHAI	LKW + Schiff	22.000	9.920

Wie Sie leicht erkennen können, macht sich die Entfernung von der Druckerei hin zum Lieferziel deutlich in der CO_2-Bilanz bemerkbar. So verursacht der LKW-Transport von Koblenz nach Mainz mit 224 Kilogramm nur drei Prozent der produktionsbedingten Emissionen, während es ab Hamburg schon 13 Prozent sind. Bei einem LKW-Transport ab Istanbul wiederum wiegen die transportbedingten Emissionen zwei Drittel der produktionsbedingten Emissionen. Gleiches gilt für die fast fünfmal so lange Strecke per LKW und Güterzug ab Shanghai. Die gesamten Emissionen erhöhen sich um den Faktor 1,8, wenn die Magazine in Shanghai hergestellt und per LKW und Hochseeschiff nach Mainz transportiert werden.

Welche konkreten Schlussfolgerungen leiten Sie aus diesen Berechnungen ab? Ganz einfach: Sie sparen tatsächlich signifikant Emissionen, wenn Sie die Transportwege kurz halten und auf das Transportmittel achten. Eine möglichst regionale Produktion macht in diesem Punkt also wirklich Sinn, auch wenn diese Berechnungen selbstverständlich nur einen Modellcharakter haben und die Werte von Rechner zu Rechner unterschiedlich ausfallen können.

Aber: Diese Betrachtung klammert alle Emissionen aus vorgelagerten Transporten aus. So kann es im Einzelfall sein, dass eine Drucksache aus Shanghai in der Gesamtbetrachtung günstiger abschneidet als eine Produktion in der unmittelbaren Nähe des Lieferorts. Warum? Weil Sie nicht wissen, welche Wege die in einer Drucksache verarbeiteten Materialien zuvor zurückgelegt haben. Selbst Altpapier, das in Deutschland zu Recyclingpapier wird, kann weite Strecken nehmen. So importiert und exportiert Deutschland Altpapier aus beispielsweise Asien und Amerika. Diese vorgelagerten Transporte und die daraus resultierenden Emissionen sind im Einzelfall nicht oder nur schwer quantifizierbar. Sie liegen damit weitestgehend außerhalb Ihrer Einflussmöglichkeiten.

Zusammenfassung

Welche Aspekte aus diesem Abschnitt sagten Ihnen zu, was war Ihnen bisher unbekannt? Womit gehen Sie nicht d'accord, was werfen Sie über Ihr geistiges Geländer? Halten Sie kurz inne und studieren Sie diese Zusammenfassung. Das hilft beim Erinnern und Verdauen!

- Der Digitaldruck kann eine ökologisch sinnvolle Alternative zum konventionellen Offsetdruck sein.
- Fragen Sie künftig beide Verfahren an und lassen Sie die jeweiligen Papierverbräuche und Emissionen berechnen. So können sich Ihre Kunden:innen sowohl anhand ökologischer als auch wirtschaftlicher Faktoren für oder gegen ein Druckverfahren entscheiden.
- Achten Sie unabhängig vom Druckverfahren darauf, dass die eingesetzten Druckfarben das Papierrecycling nicht beeinträchtigen.
- Überzeugen Sie Ihre Auftraggeber:innen vom Sammeldruckprinzip. Es verringert die ökologischen und finanziellen Aufwände einer Druckproduktion. Die Vereinbarung fixer Tage für die Datenabgabe kann zu mehr Disziplin, Ruhe und Harmonie im Gesamtprozess führen.
- Ökologisch progressive Druckereien arbeiten ernsthaft, glaubhaft und konsequent an der Umweltverträglichkeit ihres Unternehmens. Ihr Handeln bezeugen Sie oft über Zertifizierungen und Zertifikate.
- Nur wenige Druckereien möchten diesen kostspieligen Zertifizierungsaufwand mitmachen. Sie arbeiten deshalb aber nicht automatisch ökologisch unverantwortlich.

- Bei der Auswahl von Druckereien verlassen Sie sich nicht blind auf Behauptungen und Zertifikate. Finden Sie heraus, was Ihnen und/oder Ihren Kund:innen wichtig ist. Definieren Sie anhand eigener Kriterien, welche Druckbetriebe Ihre Jobs produzieren dürfen.
- Standardisierte Jobs können Sie ökologisch sinnvoll auch bei Online-Druckereien platzieren. Erkundigen Sie sich aber nach der Deinkbarkeit der eingesetzten Druckfarben.
- Bevorzugen Sie nach Möglichkeit regionale Druckereien, denn die Strecke zwischen der Produktion und dem Lieferort hat einen durchaus relevanten Einfluss auf den ökologischen Fußabdruck Ihrer Druckjobs.

Holmen TRND

MERKMALE Sehr hohes Volumen und angenehm angeraute Haptik, das erlaubt den Einsatz niedrigerer Flächengewichte | **GRAMMATUREN** 55–80 g/m² | **ZERTIFIKATE** EU Ecolabel, FSC | **FASERHERKUNFT** Frischfaser | **FÜLLSTOFFE** 9 % | **OPTISCHE AUFHELLER** ja | **CIE-WEISSE** 86 | **BLEICHVERFAHREN** TCF | **VOLUMEN** 1,6–2,0 | **OPAZITÄT** 95–98 %, je nach Grammatur | **DRUCKVERFAHREN** Offset, Rollen Heatset, Rollen Coldset, Digitaldruck | **FABRIK** HOLMEN, Hallstavik, Schweden | **HÄNDLER** IGEPA | **DIESES MUSTER** 80 g/m², vol 2,0, bedruckt im Digitaldruck von der Ottweiler Druckerei

Ausgeliefert: Zurückblicken und nach vorne schauen

Das Druckprojekt ist abgeschlossen, die Ware unbeschadet und in der gewünschten Qualität eingetroffen? Ihre Belegmuster konnten Sie mit allen Sinnen erkunden? Glückwunsch! Atmen Sie kurz einmal durch, schenken Sie den beteiligten Dienstleistern ein »Dankeschön«, schreiben Sie Ihre Rechnung und gönnen Sie sich etwas Schönes. Denn ob Sie mit dem Job zufrieden sind oder auch nicht: Sie haben es sich verdient!

Ich vermute, dass Sie in Ihrer Arbeitsrealität selten über Vergangenes reflektieren. Sogenannte Debriefings sind rar gesät. Oft stürzen Sie sich direkt in ein neues berufliches Abenteuer oder schenken bereits laufenden Projekten mehr Aufmerksamkeit. Auch Ihren Auftraggeber:innen geht es häufig so. Ich denke jedoch, dass das Nachsinnen einen wichtigen Beitrag zu mehr Nachhaltigkeit leistet. Sicherlich nicht für jeden kleinen Auftrag. Aber je mehr Aufwand ein Projekt forderte, desto gehaltvoller ist ein gemeinsames Reflektieren. Was lief gut, was hat Ihnen und Ihren Kund:innen Bauchschmerzen bereitet? Gab es kommunikative Herausforderungen, Qualitätsprobleme oder zeitlichen Stress? Ich bin ein großer Freund davon, abgeschlossene Aufträge gemeinsam mit meinen Kund:innen noch einmal durchzugehen. Qualität durch Reflexion lautet mein Motto. Halten Sie alles möglichst zeitnah und schriftlich fest, was Sie und Ihre Auftraggeber:innen zutage fördern. Diskutieren und verhandeln Sie darüber, wie sie die Arbeits-, Prozess- und Produktqualität verbessern können. Finden Sie heraus, wie sich künftige Druckvorhaben umweltschonender und wirkungsvoller gestalten lassen. Nach herausfordernden Aufträgen nehmen Sie auch Ihre Dienstleister mit ins Boot. Lernen Sie unbedingt aus Fehlern. Das lohnt sich immer, schafft belastbare Bündnisse und damit nachhaltige Geschäftsbeziehungen!

Vor dem nächsten Job, der Ihnen bestenfalls schon in der Nachbesprechung zugesagt wird, erkundigen Sie sich nach den

Ergebnissen durchgeführter A/B-Tests und danach, ob die Auflage passte. Nutzen Sie die Gelegenheit, um zu erfahren, ob Ihre Auftraggeber:innen gewillt sind, etwas mehr Geld in Ihren neuen Nachhaltigkeitsansatz zu investieren, um noch zukunftsfähigere Printmedien in die Welt zu bringen.

Da Sie nun schon fast am Ende dieses Buchs angekommen sind, möchte ich Sie einladen, über das Gelesene zu reflektieren. Was ist Ihnen im Gedächtnis geblieben, mit welchen Gedankengängen, Empfehlungen und Maßnahmen stimmen Sie überein? Hat sich Ihre Sichtweise auf den Nachhaltigkeitskomplex eines Druckjobs geändert? Was sagte Ihnen überhaupt nicht zu, welche Punkte betrachten Sie aus einer anderen Perspektive? Was war für Ihre berufliche Realität irrelevant oder sogar unrealistisch? Werfen Sie alles, was Ihnen nicht zusagte, einfach über Bord. Bewahren Sie das, was Ihren Zuspruch fand. Nutzen Sie Ihr neu erworbenes Wissen, um ganzheitlich gedachte Druckprojekte anzustoßen und somit einen kleinen Beitrag für mehr Nachhaltigkeit zu leisten. Wie auch immer Sie und Ihre Kund:innen diesen omnipräsenten Begriff definieren möchten.

Und da nur rund zehn Prozent einer Lektüre dauerhaft in Ihrem klugen Kopf gespeichert bleiben, breche ich die Inhalte dieses Buchs auf die aus meiner Sicht zehn essenziellen Empfehlungen für ein nachhaltiges Druckvorhaben runter:

1. Entwickeln und produzieren Sie aufmerksamkeitsstarke Druckprodukte. Befriedigen Sie dabei die Bedürfnisse und Ansprüche Ihrer Auftraggeber:innen, deren Kund:innen und die unserer Umwelt bestmöglich. Berücksichtigen Sie ästhetische Codes und kollektive Gedankenmuster in Bezug auf Nachhaltigkeit. Wenn es aber zum Projekt passt, brechen Sie bewusst mit Öko-Konventionen.

2. Schaffen Sie stabile Bündnisse zu Kund:innen und Dienstleister:innen. Seien Sie fair, aufrichtig und verbindlich. Fordern Sie nichts, was Sie nicht selbst bereit sind zu geben.

3. Folgen Sie bei der Projekt- und Produktentwicklung dem Leitsatz »Weniger ist mehr« und »Qualität statt Quantität«. Steigern Sie die inhaltliche Relevanz, die Adressqualität und das Papiervolumen. Verringern Sie Papiergrammaturen, Seitenumfänge und Druckauflagen. Analysieren Sie mit Ihren Kund:innen, wer, wann, wie und warum in den Genuss von Printmedien kommt. Entwickeln Sie kluge Bedingungen für die Herausgabe und verabschieden Sie sich vom Gießkannenprinzip.

4. Sorgen Sie dafür, dass Druckfarben, Folien und Lacke das Papierrecycling nicht stören. Empfehlen Sie, wann immer vertretbar, Recyclingpapiere. Das grüne Gewissen Ihrer Kund:innen darf unangetastet bleiben, wenn sie Frischfaserpapiere verwenden möchten. Denn ohne Primärfasern kollabiert das Papierrecycling innerhalb kürzester Zeit. Holzfreie Faserstoffe und Bedruckstoffe sind ökologisch selten eine sinnvolle Alternative zu Papier aus Holzfasern. Sie bringen aber oft erzählerische, haptische, optische und manchmal sogar olfaktorische Reize mit, die »klassisches« Papier nicht bietet.

5. Bitten Sie Ihre Auftraggeber:innen um realistische Termine und angemessene qualitätssichernde Maßnahmen. So vermeiden Sie Stress und Fehler, die oft zu ungeplanten und vermeidbaren ökologischen, ökonomischen und sozialen Folgen führen. Bringen Sie Produktvarianten auf die Straße und regen Sie A/B-Tests an, mit denen Ihre Kund:innen herausfinden, was besonders gut funktioniert.

6. Nutzen Sie Umweltkennzeichen nicht als Alibi für unterlassende Maßnahmen. Analysieren Sie die Erwartungen Ihrer Kund:innen in Bezug auf Öko-Labels und synchronisieren Sie diese mit deren jeweiligen Systemgrenzen. Wenn Ihre Kund:innen unregulierte Umweltzeichen verwenden möchten, dann achten Sie darauf, dass Angaben der Wahrheit entsprechen und auf Nachfrage belegbar sind.

7. Berücksichtigen Sie bei Ihren Anfragen den Digitaldruck. Fordern Sie Ihre Druckerei auf, neben den Kosten die CO_2-Emissionen für den Offset- und Digitaldruck im Angebot zu berücksichtigen. So können Ihre Kund:innen neben ökonomischen auch ökologische Faktoren bei der Auftragsvergabe berücksichtigen.

8. Wenn es die Auftragsstruktur zulässt, versuchen Sie die Druckaufträge Ihrer Kund:innen zu bündeln. Das schont unsere Umwelt und spart bares Geld.

9. Vertrauen Sie nicht blind auf Zertifikate und Öko-Aussagen von Marktteilnehmern. Entwickeln Sie gemeinsam mit Ihren Kund:innen eigene Kriterien für die Auswahl von beispielsweise Druckereien. Setzen Sie auf regionale Anbieter. Für Standardprodukte in kleineren Auflagen können Online-Druckereien ökonomisch und ökologisch eine sinnvolle Alternative zur regionalen Hausdruckerei sein.

10. Lernen Sie aus Fehlern, kultivieren Sie einen kritischen Geist und bleiben Sie hellwach. Bilden Sie sich eine eigene Meinung.

Schließen möchte ich dieses Buch, lieber Leser, liebe Leserin, mit meiner ganz persönlichen Definition von Nachhaltigkeit. Sie flog mir unverhofft während der Arbeit an diesem Werk zu. Sie lautet: Nachhaltig ist, was positiv nachhallt.

IHR GEDANKENEXPERIMENT Angenommen, Sie müssten dieses Werk drucktechnisch umsetzen. Wie würden Sie das nach der Lektüre dieses Buch anstellen? Und wie wären Sie es angegangen, hätten Sie es nicht gelesen?

Birch

MERKMALE 50 % aus recyceltem Kraftkarton mit leichten Fasereinschlüssen **GRAMMATUREN** 120, 300 g/m² | **FASERHERKUNFT** 50 % Kartonfaserrecycling, 50 % Frischfaser | **VOLUMEN** 1,2, 1,3 | **DRUCKVERFAHREN** Indigo-garantiert, Toner, Riso, Letterpress, Offset | **HÄNDLER** Metapaper, Stuttgart | **DIESES MUSTER** 120 g/m², bedruckt vom Risographiestudio Herr & Frau Rio, München

6

Anhang

Umweltzeichen-Matrix

	C2C[1]	Blauer Engel[2]	EU Ecolabel[3]	FSC[4]	PEFC[5]	Klim neu Dru
Ökologie, Produkt	★★★★★	★★★★★	★★★☆☆	☆☆☆☆☆	☆☆☆☆☆	☆☆☆
Ökologie, Produktion	★★★★★	★★★★★	★★★★☆	☆☆☆☆☆	☆☆☆☆☆	☆☆☆
Deinkbarkeit	☆☆☆☆☆	★★★★★	★★★★★	☆☆☆☆☆	☆☆☆☆☆	☆☆☆
Recyclingpapier	★☆☆☆☆	★★★★★	★★☆☆☆	★★☆☆☆	★★☆☆☆	☆☆☆
Forstwirtschaft	★★★☆☆	☆☆☆☆☆	★★★☆☆	★★★★★	★★★★☆	☆☆☆
Anzahl Druckereien	★☆☆☆☆	★★☆☆☆	★★☆☆☆	★★★☆☆	★★☆☆☆	★★★
Papierauswahl	★☆☆☆☆	★☆☆☆☆	★★★☆☆	★★★★★	★★★★★	★★★
Veredelung	★★★☆☆	★☆☆☆☆	★★☆☆☆	★★★★★	★★★★★	★★★
Bekanntheit	★★☆☆☆	★★★★★	★★☆☆☆	★★★★☆	★★★☆☆	★★★
Direkte Kosten	€€€€€	**€€€**€€	€€€€€	€€€€€	€€€€€	**€**€€

1 C2C
- Ab der Zertifizierungsstufe Silber muss der Zellstoff aus kontrolliert nachhaltiger Forstwirtschaft (FSC) stammen.
- C2C macht keine Vorgaben zur Deinkbarkeit von Farben, Lacken und Klebstoffen. In der Regel lassen sich die verwendeten Komponenten dennoch gut von den Papierfasern trennen.
- Einige wenige Recyclingpapiere sind zertifiziert.
- Garantiert keine krebserregenden, erbgutschädigenden und fortpflanzungsgefährdenden Stoffe ab der Zertifizierungsstufe Silber.

2 BLAUER ENGEL
- Das Papier besteht aus Altpapier und schont daher die Wälder. Das Siegel macht aber keine Vorgaben an die Forstwirtschaft.
- Krebserregende, erbgutschädigende und fortpflanzungsgefährdende Stoffe können bis max. 0,1 Gewichtsprozent in den Druckkomponenten vorkommen.

3 EU ECOLABEL
- Das Papier kann, muss aber kein Altpapier enthalten.

4 FSC
- FSC Mix: kann, muss aber kein Altpapier enthalten.
- FSC Recycled: Papierfasern stammen zu 100 % aus Altpapier.

5 PEFC
- PEFC Recycled: Papierfasern stammen zu 100 % aus Altpapier.

Tabelle Druckveredelungen

Veredelung	Material-eintrag	Werkzeug	Papier-Recycling	Öko-Ranking
Lasergravur	nein	nein	★★★★★	★★★★★
Laserschnitt	nein	nein	★★★★★	★★★★★
Stanzung	nein	ja	★★★★★	★★★★☆
Blindprägung	nein	ja	★★★★★	★★★★☆
Letterpress	nein	ja	★★★★★	★★★★☆
Heißfolienprägung	ja	ja	★★★★☆	★★☆☆☆
1-seitige Folienkaschierung	ja	nein	★★★★☆	★★★★☆
2-seitige Folienkaschierung	ja	nein	☆☆☆☆☆	★★☆☆☆
UV-Lack	ja	nein	★★☆☆☆	★★☆☆☆
Dispersionslack	ja	nein	★★★★★	★★★★☆
Öldrucklack	ja	nein	★★★★★	★★★★☆
Transparenttoner	ja	nein	★★★★★	★★★★☆

Gmund Hanf 100 %

MERKMALE Fest im Gefüge, weiche Haptik: Zellstoff aus Hanf hat fünfmal längere Fasern als solcher aus Holz. Deshalb hat Hanfpapier eine hohe Zug-, Reiß- und Nassfestigkeit. Hanfpapier vergilbt im Gegensatz zu Holzpapier kaum und hat eine wesentlich längere Haltbarkeit. | **GRAMMATUREN** 120, 320 g/m² | **ZERTIFIKATE** Gmund ECO-Zertifikat | **FASERHERKUNFT** 100 % Hanf aus Europa **DRUCKVERFAHREN** Offsetdruck, Siebdruck, Buchdruck | **VEREDELUNGEN** Heißfolie, Prägung, Stanzung | **FABRIK** Gmund Papier, Gmund am Tegernsee **DIESES MUSTER** 120 g/m², bedruckt im Digitaldruck von der Ottweiler Druckerei

Tabelle Öko-Siegel für Papier

	Cradle to Cradle	Blauer Engel	EU Ecolabel	FSC
Faserquelle	Primär- und/oder Sekundärfasern möglich. Ab Stufe Silber Primärfasern aus zertifizierter Forstwirtschaft	100 % Altpapier	Mind. 50 % aus zertifizierter Forstwirtschaft, kein Altpapieranteil vorgeschrieben	100 % aus zertifizie Forstwirtschaft
Chemikalieneinsatz reglementiert	ja	ja	ja	nein

Tabelle Bindetechniken

	Rückstichheftung	Fadenheftung	Klebebindung, PUR	Klebebindu Hotmelt
Seitenumfang	★★★☆☆	★★★★★	★★★★☆	★★★☆☆
Haltbarkeit	★★☆☆☆	★★★★★	★★★★☆	★★★☆☆
Aufschlagverhalten	★★★☆☆	★★★★☆	★★☆☆☆	★★☆☆☆
Stapelbarkeit	★★★☆☆	★★★★★	★★★★★	★★★★★
Öko-Ranking	★★★★★	★★★★☆	★★★☆☆	★★★☆☆
Kosten	**€**€€€€	**€€€€€**	**€€€**€€	**€€**€€€

…-Mix	FSC Recycled	Nordic Swan	PEFC	PEFC Recycled
…d. 70 % aus …ifizierter …stwirtschaft …r mind. …% Altpapier	100 % Altpapier	Mind. 30 % aus zertifizierter Forstwirtschaft oder mind. 75 % Altpapier	100 % aus zertifizierter Forstwirtschaft	100 % Altpapier
…n	nein	ja	nein	nein

…ppstich-…tung	Wire-O-Bindung	Gummibandbindung	Layflat	Ösen, Schrauben	Blockleimung
…☆☆☆	★★★★★	★★☆☆☆	★★★☆☆	★★★★☆	★★★★★
…★★☆	★★★★☆	★★☆☆☆	★★★★★	★★★★☆	★★☆☆☆
…★★☆	★★★★★	★★★☆☆	★★★★★	★★★☆☆	★★★★★
…★☆☆	★★☆☆☆	★★☆☆☆	★★★★★	★★☆☆☆	★★★★★
…★★★	★★★☆☆	★★★☆☆	★☆☆☆☆	★★★★☆	★★★★★
…€€	€€€(€€)	€€€€€	€€€€€	€€(€€€)	€€(€€€)

Glossar

A/B-TEST Eine Testmethode zur Bewertung zweier Varianten, beispielsweise einer gedruckten Werbedrucksache.

ADDITIVE Stoffe, die bei der Druckfarbenherstellung eingesetzt werden, um gewünschte Farbeigenschaften zu erreichen.

ADHESIVE REMOVAL SCORECARD Eine Bewertungsskala für die Entfernbarkeit von Klebstoffen beim Papierrecycling.

BEDRUCKSTOFF Jedes Material wird zum Bedruckstoff, sofern es bedruckbar ist. Geläufig sind auch Begriffe wie Substrate oder Drucksubstrate.

BINDEMITTEL Öle und Harze, in denen die Druckfarbenbestandteile gebunden sind. Bindemittel bestimmen maßgeblich die Eigenschaften von Druckfarben.

BIO-FOLIEN Folien, die auf nachwachsenden anstatt endlichen Ressourcen basieren. Sie sind ökologisch meist nicht vorteilhafter als konventionelle Folien.

BLAUER ENGEL FÜR DRUCKERZEUGNISSE Reguliertes Umweltkennzeichen, das strenge Anforderungen an die Papierherstellung, den Druckprozess und die Produktentwicklung stellt.

CEPI Die Confederation of European Paper Industries (CEPI) ist der paneuropäische Verband der Forst- und Papierindustrie. CEPI vertritt die Interessen der circa 900 Zellstoff- und Papierfabriken in Europa.

CHAIN OF CUSTODY Dokumentationsmethode für Rohstoffe und Materialien vom Ursprung bis zum fertigen Produkt. FSC und PEFC sind typische Anbieter, die zum Beispiel die Holzlieferkette vom Wald bis zum Druckprodukt zertifizieren.

CO_2-BILANZ Ein Maß für klimaschädliche Emissionen, die direkt und indirekt durch beispielsweise die Herstellung, Nutzung und Entsorgung von Konsumgütern entstehen.

CONTROLLED WOOD Holz aus bekannter Herkunft mit einem minimalen Risiko, dass es auf inakzeptable Weise gewonnen wurde.

CRADLE TO CRADLE (C2C) Eine Designphilosophie, die eine durchgängige und konsequente Kreislaufwirtschaft anstrebt, in der es keine Abfälle und Schadstoffe gibt. Als Umweltkennzeichen eingesetzt, deklariert C2C Produkte, die die Bedingungen dieses Ansatzes erfüllen.

DEINKABILITY SCORECARD Eine Bewertungsskala für die Entfernbarkeit von Druckfarben beim Papierrecycling.

DEINKING Eine Faserwäsche, die faserfremde Stoffe, wie Druckfarben und Klebstoffe, von den Papierfasern entfernt.

DIGITALDRUCK Gruppe von Druckverfahren, die ohne starre Druckform auskommen.

DIN EN ISO14001:2015 Eine international gültige Norm für Umweltmanagementsysteme.

DIP (DEINKED PULP) Entfärbter Zellstoff, der der Ausgangsstoff für die Herstellung von Recyclingpapier ist.

DOWNCYCLING Eine Form der Wiederverwertung, bei der Wertstoffe durch den Recyclingprozess an Qualität verlieren und so ein weniger wertiges Endprodukt entsteht. Downcycling kommt beim Papierrecycling häufig vor.

EFFIZIENZSTRATEGIE Eine Nachhaltigkeitsstrategie, die mittels technischer Innovationen oder Verhaltensänderungen das Ziel verfolgt, den Energie- und Ressourceneinsatz pro produzierter Einheit zu senken.

ELEMENTAR CHLORFREI Eine umweltschonende Faserbleiche, bei der Chlordioxid oder Hypochlorit zum Einsatz kommen.

EMAS Das Eco-Management and Audit Scheme, auch bekannt als EU-Öko-Audit oder Öko-Audit, ist eine Norm für Umweltmanagementsysteme. EMAS wird von europäischen Organisationen genutzt, die ihre Umweltleistung verbessern möchten.

EU ECOLABEL Ein europäisches Umweltzeichen, das auch Euroblume oder EU Umweltzeichen genannt wird. Gekennzeichnet werden verschiedene Konsumgüter, darunter auch Papier. Entsprechend zertifizierte Papiere und Papierprodukte zeichnen sich durch eine besondere Umweltverträglichkeit und vergleichsweise geringe Gesundheitsbelastung aus.

FSC Der Forest Stewardship Council (FSC) ist eine internationale, nichtstaatliche Non-Profit-Organisation. Der FSC setzt sich für eine umweltgerechte, sozialverträgliche und ökonomisch tragfähige Nutzung der Wälder weltweit ein.

FÜLLSTOFFE Füllstoffe füllen die Lücken im Papierfasernetz und bestimmen Charakteristika wie Glätte, Gewicht, Opazität und den Weißgrad des Papiers. Sie dienen auch als eine Art kostengünstiges »Streckmittel« und bestehen häufig aus Calciumcarbonat (Kreide), Kaolin oder Titanoxid.

GRAMMATUR Eine Kennzahl, die Auskunft über das Flächengewicht von Materialien gibt. So hat beispielsweise Papier in einer Grammatur von 80 g/m² ein Flächengewicht von 80 Gramm pro Quadratmeter.

GREENWASHING Begriffe wie Greenwashing, Grünfärberei und grüner Etikettenschwindel stützen sich auf umweltbezogene Angaben und Aussagen, die nicht durch Fakten zu beweisen sind.

GWÖ – DIE GEMEINWOHL-ÖKONOMIE Eine Bewegung, die das Wirtschaften auf das Gemeinwohl ausrichten möchte. Gewinne zum Zwecke der persönlichen Bereicherung spielen hierbei eine nur noch untergeordnete Rolle.

HOLZSCHLIFF Überwiegend oder ausschließlich mechanisch gewonnene Fasern, die vornehmlich für kurzlebige und qualitativ anspruchslosere Bedruckstoffe eingesetzt werden. Holzschliff vergilbt schnell.

HYBRIDE PRODUKTION Druckprodukte die teilweise im Offsetdruck und teilweise im Digitaldruck gedruckt werden. So kann beispielsweise der personalisierte Umschlag eines Magazins im Digitaldruck und der Inhalt im Offsetdruck produziert werden.

INGEDE-METHODE 11 UND 12 Methoden, die die Entfernbarkeit von Druckfarben und Klebstoffen bei der Faserwäsche bewerten.

Koehler Eco

MERKMALE Natürlich Optik und Haptik eines Naturpapiers, besonders satte, volle Farben, lichtbeständig, beständig gegen Abrieb, ausblutecht, carbonfrei | **GRAMMATUREN** 120, 350 g/m² | **FÄRBUNGEN** tiefschwarz, dark grey | **ZERTIFIKATE** Blauer Engel, EU Eco-label | **FASERHERKUNFT** 100 % Sekundärstoffe | **DRUCKVERFAHREN** alle gängigen Druckverfahren | **VEREDELUNGEN** geeignet für alle Lackierungen, Prägungen (Blind- und Heißfolie), Stanzungen | **FABRIK** Koehler, Greiz | **HÄNDLER** Römerturm | **DIESES MUSTER** 120 g/m² tiefschwarz, bedruckt im Siebdruck von Kreye Siebdruck, Koblenz

ISO 9001 Eine weltweit gültige Norm für Qualitätsmanagementsysteme.

KLIMANEUTRALES DRUCKEN Produktions- und transportbedingte CO_2-Emissionen, die durch Emissionsminderungszertifikate aus Klimaschutzprojekten kompensiert werden.

KONSISTENZSTRATEGIE Eine Nachhaltigkeitsstrategie, die Technologien und Stoffe verwendet, die umweltverträglicher sind als bisherige. Auch das Recycling und Schließen von Materialkreisläufen ist ein Teil dieses Konzepts.

LIGNIN Ein Bio-Polymer, das an Holzfasern haftet und Bäumen Stabilität gibt. Lignin vergilbt schnell, weshalb es in der Papierproduktion unerwünscht ist.

MAKULATUR Einrichtebögen und schad- oder fehlerhafte Papierbögen.

MÖBIUSBAND Ein unreguliertes Umweltkennzeichen, das recycelbare und/oder recycelte Papiere, Kartons und Pappen auszeichnet.

NUTZEN Eine Bezeichnung für die die Anzahl der auf einem Druckbogen befindlichen Exemplare eines Druckprodukts.

OPAZITÄT Unter Opazität wird in der Druck- und Papierindustrie die Lichtundurchlässigkeit von Bedruckstoffen verstanden. Je geringer die Opazität, desto weniger blickdicht und lichtdurchlässiger ist ein Papier. Bei etwa 80 Prozent Opazität ist ein Papier gut von beiden Seiten bedruckbar.

OPTISCHE AUFHELLER Fluoreszierende Substanzen, die ultraviolettes Licht absorbieren und durch Abgabe von hellerem Licht den Gelbstich von Papieren kompensieren. Strahlen Papiere besonders weiß, dann enthalten Sie oft optische Aufheller.

PAPIERVOLUMEN Beschreibt das Verhältnis zwischen dem Flächengewicht eines Papiers und der Papierdicke. So ist ein Papier mit zweifachem Volumen doppelt so dick wie ein Papier mit einfachem Volumen.

PEFC Das Programme for the Endorsement of Forest Certification Schemes (PEFC) ist ein Umweltkennzeichen der Holzwirtschaft. Es dokumentiert eine ökologisch, sozial, sowie ökonomisch nachhaltige Waldbewirtschaftung und garantiert eine kontrollierte und nachverfolgbare Verarbeitungskette.

PIGMENTE Farbgebende Substanzen in beispielsweise Druckfarben.

PRIMÄRFASERN Holzstoff- und Zellstofffasern, die erstmalig für ein Papier verwendet werden, werden Primärfasern oder auch Frischfasern genannt.

PRINT ON DEMAND Ein auf dem Digitaldruck basierendes Verfahren, bei dem Druckprodukte erst auf Bestellung und teilweise sogar in Einzelstücken gefertigt werden. Es müssen keine fixen Auflagen vorproduziert werden, was ökologische und ökonomische Vorteile mit sich bringen kann.

PROGRAMMATICPRINT Printmedien werden auf Basis von Kundendaten im Digitaldruck individualisiert. Dabei können Inhalte auf jeden einzelnen Empfänger und jede einzelne Empfängerin zugeschnitten werden.

PROZESS CHLORFREI Werden Sekundärfasern ohne Chlor oder Chlorverbindungen gebleicht, wird das Papier mit dem PCF-Siegel (process-chlorine-free) ausgezeichnet.

RECYCLING Wiederaufbereitung von Wertstoffen zu einem neuen Produkt, das eine ähnliche Wertigkeit aufweist wie das Ausgangsmaterial.

SAMMELDRUCK Ein Produktionsprinzip, bei dem mehrere Druckjobs auf einem Druckbogen arrangiert werden. Häufig anzutreffen bei Onlinedruckereien, die durch das Bündeln von Aufträgen ökologische und ökonomische Vorteile realisieren.

SCOPES Emissionsquellen beim Erstellen von CO_2-Bilanzen. Drei Scopes bilden die Systemgrenzen der Bilanzierung.

SEKUNDÄRFASERN Sekundärfasern werden aus Altpapier gewonnen und für die Herstellung von Recyclingpapieren verwendet.

SPUCKSTOFF Materialien, wie Heftklammern und Folien, die für das Papierrecycling ungeeignet sind und aus dem Stoffstrom der Papierrecyclinganlagen ausgeschieden werden.

SUFFIZIENZ Eine Nachhaltigkeitsstrategie, die durch Änderung von Konsummustern und Selbstbegrenzung den Energie- und Materialverbrauch begrenzen möchte.

SYSTEMGRENZEN Betrachtungsgrenzen, die beispielsweise bei der Ökobilanzierung und bei den Bedingungen für die Vergabe von Umweltkennzeichen gezogen werden. Faktoren, die außerhalb dieser Grenzen liegen, bleiben unberücksichtigt.

UMWELTERKLÄRUNG Ein Dokument, das das Umweltmanagementsystem von Organisationen nach außen hin darstellt und so das innerbetriebliche Engagement einer interessieren Öffentlichkeit transparent zur Verfügung stellt. Nach EMAS zertifizierte Organisationen sind zur regelmäßigen Veröffentlichung einer Umwelterklärung verpflichtet.

UMWELTKENNZEICHEN Umweltkennzeichen markieren Produkte und Dienstleistungen, die die jeweiligen (meist ökologischen) Bedingungen erfüllen.

UMWELTMANAGEMENTSYSTEM In einem Umweltmanagementsystem definieren Organisationen Zuständigkeiten und Abläufe des betrieblichen Umweltschutzes.

UPCYCLING Ein Recyclingprozess, bei dem das Endprodukt hochwertiger ist als das Ausgangsmaterial. Upcycling kommt beim Papierrecycling eher selten vor.

UV-DRUCK Beim UV-Druck werden Druckfarben eingesetzt, die unter UV-Bestrahlung schlagartig aushärten.

VOC-EMISSIONEN Flüchtige organische Verbindungen (englisch volatile organic Compounds, kurz VOC) ist eine Bezeichnung für Stoffe, die verdampfen und sich beispielsweise im Drucksaal akkumulieren. Bei Überschreitung von Grenzwerten können sie gesundheitliche Probleme verursachen.

WEISSGRAD Ein Wert, der angibt, wie weiß ein Papier erscheint. Je höher der Wert, desto weißer das Papier. Die Skala reicht dabei in der Regel von 55 bis 171.

ZELLSTOFF Chemisch aufgeschlossene Pflanzenfasern, die ein wichtiger Rohstoff der Papierherstellung sind. 90 Prozent des global erzeugten Zellstoffs wird aus Holz hergestellt.

Literaturempfehlungen

NACHHALTIGER PAPIERKREISLAUF – EINE FAKTENBASIS Das bifa Umweltinstitut hat die in meinen Augen glaubhafteste Studie im Bereich der Forst- und Papierwirtschaft durchgeführt. Die Studie können Sie über den QR-Code auf Seite 46 kostenlos herunterladen.

WIR KONNTEN AUCH ANDERS EINE KURZE GESCHICHTE DER NACHHALTIGKEIT Die Historikerin Annette Kehnel zeigt lebendig auf, dass Teilen, Tauschen und nachhaltiges Handeln schon einmal Teil unserer Geschichte waren. Dieser Blick in die Vergangenheit regt zum Nachdenken an und deckt gleichzeitig auf, dass unser modernes Denken über Konsum, Kapital und Profit unbrauchbar geworden ist.

TOUCH! DER HAPTIK-EFFEKT IM MULTISENSORISCHEN MARKETING Olaf Hartmann und Sebastian Haupt demonstrieren durch zahlreiche praktische Beispiele und aktuelle Forschungsergebnisse, wie Sie den Haptik-Effekt für Ihre Druckprojekte nutzen können, um für mehr Aufmerksamkeit, Wertschätzung und Kaufbereitschaft zu sorgen.

DIE KUNST EIN KREATIVES LEBEN ZU FÜHREN Frank Berzbach versetzt Sie mit diesem Buch in einen Kurzurlaub, der zum Nachdenken darüber anregt, wie Sie ein kreatives Leben unter Berücksichtigung Ihrer persönlichen Lebensumstände und Wünsche gestalten können.

EIN GUTER PLAN Ein Terminkalender für mehr Achtsamkeit und ein entschleunigtes Leben durch Selbstreflexion. Selbst erprobt und für gut befunden.

FAKTENCHECK NACHHALTIGKEIT ÖKOLOGISCHE KRISEN UND RESSOURCENVERBRAUCH UNTER DER LUPE Thomas Unnerstall zeichnet ein frisches und unverstelltes Bild vom Zustand unserer Erde und von den Auswirkungen des menschlichen Konsums. Es belegt anschaulich, dass die Beiträge zu ökologischen Themen in den Medien oft einseitig, überspitzt und damit irreführend sind.

GEMEINWOHL-ÖKONOMIE: DAS ALTERNATIVE WIRTSCHAFTSMODELL FÜR NACHHALTIGKEIT Der Autor und politische Aktivist Christian Felber beschreibt, dass unser Wirtschaften nachhaltiger gelingen kann, wenn Unternehmen, Organisationen und Initiativen für gemeinsame ethische Interessen abseits der persönlichen Gewinnmaximierung eintreten.

2052. DER NEUE BERICHT AN DEN CLUB OF ROME: EINE GLOBALE PROGNOSE FÜR DIE NÄCHSTEN 40 JAHRE Jorgen Randers blickt 40 Jahre nach vorn und wackelt mit seinen Prognosen an den Fundamenten unseres Fortschrittsglaubens und der Idee des ewigen Wachstums. Er setzt mit diesem Werk ein dringendes Signal für einen globalen Kurswechsel.

ÜBER DAS UNBEHAGEN IM WOHLSTAND Der Philosoph Gernot Böhme und die Neurowissenschaftlerin Rebecca Böhme analysieren in diesem Essay, warum sich viele Menschen trotz Wohlstands unbehaglich fühlen. Sie schlagen Strategien für ein unbeschwerteres Leben im Komfort der westlichen Lebensweise vor und behaupten, dass es doch »ein richtiges Leben im Falschen« gibt.

Marko Hanecke, geboren 1978, ist ausgebildeter Offsetdrucker, Industriemeister Print und studierter Druckingenieur. Seit über 25 Jahren ist er in der Druck- und Kreativbranche als Berater, Produktioner und Autor unterwegs. Er arbeitete unter anderem für Universal Music und Axel Springer und schrieb im Auftrag einer Fernuni neun Lernbücher für künftige Druckmeister und Medienfachwirte. Er konzipiert und verlegt Kriminalromane der Druckdetektive Hesse und Winter. Seit seinem Studium der Druck- und Medientechnik, das er im Jahr 2013 in Berlin abschloss, beschäftigt er sich intensiv mit der Frage, wie sich Druckprodukte nachhaltig gestalten lassen. Er hat erkannt, dass der etablierte Fokus auf ökologische Fragestellungen deutlich zu kurz greift. Marko Hanecke berichtet auf Printelligent.de über Wissenswertes aus der Druck- und Kreativbranche. Er liebt spektakuläre Drucksachen, seine Schallplattensammlung, Meditieren und das Leben an sich.

Bagasse de Colombia

MERKMALE Ein Upcycling-Papier aus Zuckerrohr-Abfällen, das direkt neben der Zuckerproduktion in Kolumbien hergestellt wird. Dank der sehr stabilen Fasern kommt das Papier nicht nur in Karten oder Broschüren zum Einsatz, sondern auch in Papiertragetaschen und Verpackungen. | **GRAMMATUREN** 150–295 g/m² | **FASERHERKUNFT** 100 % Zuckerrohrabfälle aus Kolumbien | **OPTISCHE AUFHELLER** nein | **VOLUMEN** 1,35–1,55 | **CIE-WEISSE** 40 | **DRUCKVERFAHREN** Offsetdruck, Risodruck, Digitaldruck: Toner, Letterpress | **HÄNDLER** Metapaper, Stuttgart | **DIESES MUSTER** 150 g/m², bedruckt im Digitaldruck von der Ottweiler Druckerei

Impressum

Der Autor versichert, dass dieses Buch ohne den Einsatz von künstlicher Intelligenz entstanden ist.

Die im Buch verwendeten QR Codes wurden in der Projektphase nach bestem Wissen und Gewissen verwendet und verweisen auf den zu dieser Zeit gültigen Inhalt. Verlag und Autor übernehmen keine Verantwortung für die Richtigkeit eventueller Veränderungen, die nach Drucklegung des Werkes erfolgen.

verlag hermann schmidt
Gonsenheimer Straße 56
55126 Mainz
Tel. 0 61 31/50 60 0
info@verlag-hermann-schmidt.de
facebook: Verlag Hermann Schmidt
twitter/instagram: VerlagHSchmidt

ISBN 978-3-87439-974-6
Printed in Germany with Love.

Autor und Verlag versichern, dass keiner der Lieferanten und Sponsoren Einfluss auf den Text und die Argumentationslinien im Buch genommen haben. Wir bedanken uns herzlich für alle Anregungen, Informationen und Unterstützungen.

TEXT Marko Hanecke
GESTALTUNG Pauline Altmann
SATZ Pauline Altmann, Hannah Antes, Jelka Dreier, Kanna Suzuki
LEKTORAT Bertram Schmidt-Friderichs
KORREKTORAT Sandra Mandl
VERWENDETE SCHRIFTEN Larsseit von Nino Inosanto, Type Dynamic; Premiera von Thomas Gabriel, Typejockeys
PAPIER INHALT 18 verschiedene nachhaltige Papiere aus Sekundär- und Frischfasern mit unterschiedlichen Umweltlabeln. Die genauen Papier- und Druckspezifikationen finden Sie jeweils auf den Auftaktseiten 9; 13; 57; 99; 137; 145; 225; 245; 249; 253; 257; 261; 265; 269, 273; 277; 281 und 285.
Die beiden Hauptpapiere sind Pureprint Nature Ivory (Seite 9) und CoffeeCup Paper (Seite 137) mit herzlichem Dank an Ernst Gugler und Olaf Wiesen von Igepa
DRUCK gugler* DruckSinn, Melk für den Offsetdruck (Seite 1–12, 17–56, 61–98, 17–56, 103–144, 149–224, 229–244), Herr und Frau Rio, München für Risographie (Seite 13; 145; 273), Kreye Siebdruck, Koblenz (Seite 281) und O/D, Ottweiler für zwei weitere digitale Druckverfahren (Seite 57; 99; 225; 249–272; 277; 285).
WEITERARBEITUNG Buchbinderei Spinner, Ottersweier
UMSCHLAG Leinen: Toile du Marais, Tangerine, Winter & Company;
Apfelleder: Melavir, dunkelgrün 2400
LASERSCHNITT DES LESEZEICHENS themediahouse, Division Motioncutter, Mühlacker